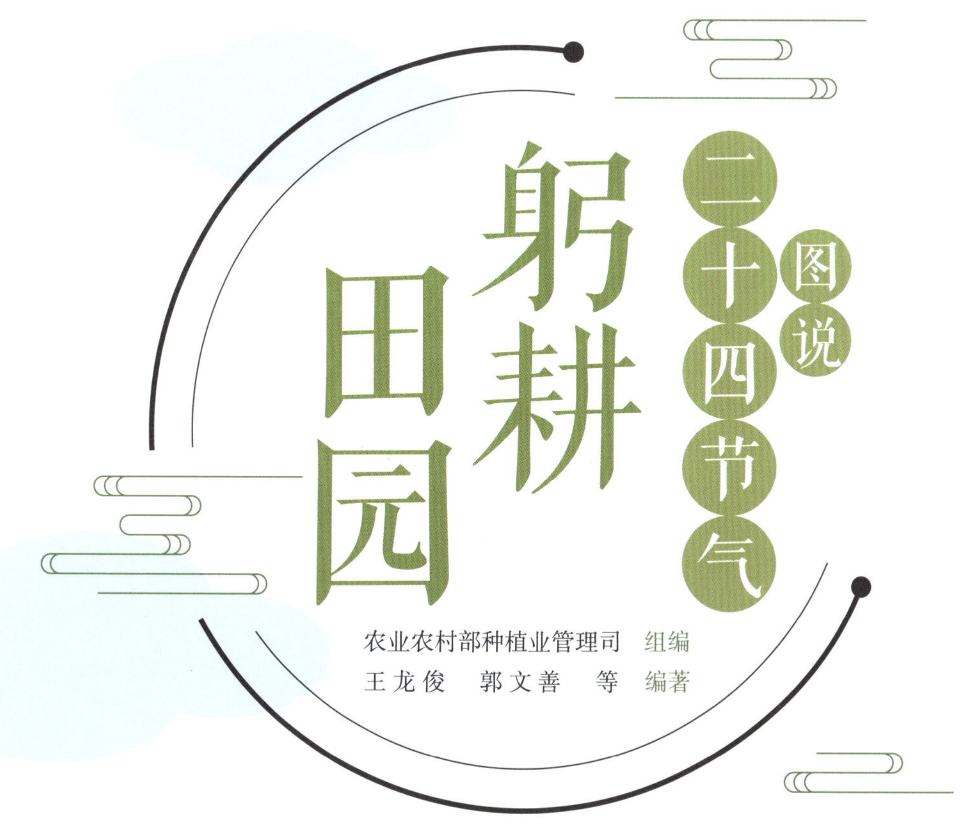

躬耕田园：图说二十四节气

农业农村部种植业管理司 组编
王龙俊 郭文善 等 编著

【节气景物·农时动态】 【节气农事·防灾减灾】 【农耕文化·农谚农诗】

江苏凤凰科学技术出版社
·南京·

图书在版编目（CIP）数据

图说二十四节气：躬耕田园/王龙俊等编著.—
南京：江苏凤凰科学技术出版社，2020.10（2021.4重印）
ISBN 978-7-5713-1200-8

Ⅰ.①图… Ⅱ.①王… Ⅲ.①二十四节气—图解
Ⅳ.①P462-64

中国版本图书馆CIP数据核字（2020）第106990号

审图号：GS（2019）5511号

图说二十四节气　躬耕田园

编　著	王龙俊　郭文善　等
责任编辑	沈燕燕
编辑助理	韩沛华
责任校对	仲　敏
责任监制	刘文洋
出版发行	江苏凤凰科学技术出版社
出版社地址	南京市湖南路1号A楼，邮编：210009
出版社网址	http://www.pspress.cn
制　版	南京紫藤制版印务中心
印　刷	南京新世纪联盟印务有限公司
开　本	787 mm×1 092 mm　1/16
印　张	12
字　数	360 000
版　次	2020年10月第1版
印　次	2021年4月第2次印刷
印　数	8 361～14 800
标准书号	ISBN 978-7-5713-1200-8
定　价	76.00元

图书若有印装质量问题，可随时向我社出版科调换。

“三农”图书出版和订购热线：025-83657552；邮箱：7390075@qq.com。

"农事旬历指导手册"系列 & "图说农业"系列——

《图说二十四节气　躬耕田园》

《图说二十四节气　躬耕田园》编撰人员名单

主　　编　王龙俊　郭文善

副 主 编　黄少华　李春燕　吴华兵　徐　雯　张明伟

编著人员　（按姓氏笔画排序）

丁锦峰　马金骏　王龙俊　朱　敏　朱新开　任义方　刘　俊　李　龙
李　筠　李春燕　杨秀梅　束林华　吴华兵　吴洪颜　吴桂成　吴嘉点
张　佩　张旭晖　张明伟　张春良　陈　迪　陈　震　郁　洁　季春梅
赵晓斌　钟　珉　施菊琴　钱存来　徐　敏　徐　雯　徐　鹏　徐士清
郭文善　陶　涛　黄　梅　黄少华　黄萍霞　蒋小忠　曾晓萍　潘永圣
戴凌云

审　　稿　刘巧泉　丁艳锋　严长杰　姜　东

前 言

2016年11月30日，联合国教科文组织保护非物质文化遗产政府间委员会经过评审，正式将我国申报的“二十四节气——中国人通过观察太阳周年运动而形成的时间知识体系及其实践”列入联合国教科文组织人类非物质文化遗产代表作名录，标志着代表我国几千年农业文明的传统文化得到全世界认可，是人类文化瑰宝。

二十四节气是指中国农历中表示季节变迁、循环往复的24个节令，是我国古代劳动人民长期经验的积累和智慧的结晶。二十四节气虽是根据黄河流域的气候、物候建立起来的，但经历朝历代的演绎补充，外延不断扩大，其内容覆盖我国辽阔的大江南北。如今的二十四节气，内涵更加丰富，不仅可以指导百姓生活，根据节气变化关注衣食住行细节，调整作息和饮食，制订养生计划；而且可以指导农业生产，根据农时动态安排农事活动，根据气候和气象预测进行防灾减灾；同时形成了可以传承的二十四节气农耕文化，如独特的传统节日或因地制宜的节气风俗，源远流长的农谚、农诗、节气歌等。

主创人员之前成功创作出版了江淮地区《农事实用旬历手册》和黄淮海、东北、江南华南、西南、西北等地区的“农事旬历指导手册”系列，呈现形式独特，内容高度集成，结构编排别致，出版后获得领导重视、市场认可，并深受农技人员、农民的欢迎。在此基础上，农业农村部种植业管理司组织相关专家编制汇总而成的《图说二十四节气　躬耕田园》，把全国分成黄淮海、东北、江淮、江南华南、西南、西北等6大农区，跟随二十四节气的节奏，编撰节候节令与农时动态、看苗诊断与农事提醒、农谚农诗与文化传承等内容，并以图文并茂的形式呈现给读者。在内容安排上，每个节气的篇幅包括3个和合面，第1个和合面以展示为重点，介绍节气的节候特征、节日节俗、节令美食并着重描绘节气所对应的大田景物，即农作物生育动态；第2个和合面以指导为重点，着眼于大田生产的看苗诊断，并进行节气农事提醒，兼顾介绍应时收获的农产品物种文化及农业防灾减灾小常识等；第3个和合面以传承为重点，系统梳理和汇总了与节气相呼应的农谚和农诗，去伪存真，去芜存精，并配图注释或译文，便于品味和赏读，力求兼具历史性、科学性、知识性、鉴赏性、实用性。限于篇幅，许多推广应用的农业新品种、新技术、新产品、新机械等现代科普要素不够详尽，本书将专门的网页介绍和制作的小视频以二维码形式放在书中，读者可自行扫码观看，在不增加支出的基础上，用日趋普及的手机和平板电脑，更详尽、更直观地通过影像画面，扩大知识面并增强直观感，提高本书的易读性和吸引力。正文的“绪论”部分综述了中华民族二十四节气的基本知识及其与农作物生育时序的关系，书的末尾添加了两部分附录：一是粮食、油料、纤维、蔬菜、水果等共21种主要作物的生长发育特征诊断图文；二是由农业农村部种植业管理司组织有关专家编写的，按本书6大农业区域将我国主要农作物的生育动态、田间管理目标、主要农事等编制成的与全年12个月和24个节气相对应的主要农作物主产区生育动态简表以及生产情况和农事月历简表，方便读者查看、比较和运用。书中涉及的农作物品种多、地域广，且不同地区对同种作物的生育动态和田间管理目标的描述存在差异，为尊重各地习惯，书中仍保留这种差异。这是一本继承和发扬我国璀璨传统农耕文明和汇集长期客观经验总结的农业参考书，又是一本全面反映我国现代农业科技、农事农艺、农村发展、农民生活的精美图册。

本书适合农业行政管理人员、农业技术推广指导人员、从事农业生产的新型经营主体或专业大户、涉农企业产品营销人员、传统文化爱好者等阅读和参考，也可作为农业院校教学及农业农村培训的辅助教材。衷心感谢所有参编人员精心编撰并提供图文和视频资料，感谢江苏省小麦产业技术体系、江苏省粮食作物现代产业技术协同创新中心、江苏高校品牌专业建设工程项目（扬州大学农学专业）及江苏凤凰科学技术出版社的大力支持和帮助。编制过程中，除参考文献中列出的公开出版物外，还参考了一些其他资料和研究成果，同致谢意。真诚希望《图说二十四节气　躬耕田园》成为广大读者喜爱的读物！

由于时间仓促，加之受编者水平和能力的限制，书中错漏之处在所难免，欢迎广大读者批评指正。

王龙俊　郭文善

2020年9月

目　录

绪　论 008

春	夏	秋	冬
立　春 018	立　夏 054	立　秋 090	立　冬 126
雨　水 024	小　满 060	处　暑 096	小　雪 132
惊　蛰 030	芒　种 066	白　露 102	大　雪 138
春　分 036	夏　至 072	秋　分 108	冬　至 144
清　明 042	小　暑 078	寒　露 114	小　寒 150
谷　雨 048	大　暑 084	霜　降 120	大　寒 156

【节气景物·农时动态】　【节气农事·防灾减灾】　【农耕文化·农谚农诗】

附录A　主要农作物生长发育特征诊断 ········ 162

一、粮食作物·禾谷类 ········ 162
(一)水稻 ········ 162
(二)小麦(大麦、青稞) ········ 162
(三)玉米 ········ 163
二、粮食作物·豆类 ········ 163
(四)大豆 ········ 163
(五)蚕豆 ········ 164
(六)豌豆 ········ 164
三、油料作物 ········ 165
(七)油菜 ········ 165
(八)花生 ········ 165
四、纤维作物 ········ 166
(九)棉花 ········ 166
五、蔬菜作物 ········ 166
(十)结球叶菜·甘蓝 ········ 166
(十一)花菜类·花菜 ········ 167
(十二)茄果类·番茄 ········ 167
(十三)瓜类·黄瓜 ········ 168
(十四)豆类·四季豆 ········ 168
(十五)薯芋类·马铃薯 ········ 169
(十六)根菜类·胡萝卜 ········ 169
(十七)葱蒜类·大蒜 ········ 170
六、水果作物 ········ 170
(十八)仁果·苹果 ········ 170
(十九)核果·樱桃 ········ 171
(二十)葡萄 ········ 171
(二十一)草莓 ········ 171

附录B　我国主要农作物主产区生育动态与农事月历 ········ 172

一、主要农作物主产区生育动态简表 ········ 172
二、水稻生产情况及农事月历简表 ········ 174
三、小麦生产情况及农事月历简表 ········ 176
四、玉米生产情况及农事月历简表 ········ 178
五、大豆生产情况及农事月历简表 ········ 180
六、马铃薯、甘薯主产区生产情况及农事月历简表 ········ 182
七、小宗粮豆主产区生产情况及农事月历简表 ········ 184
八、油菜、花生主产区生产情况及农事月历简表 ········ 186
九、棉花生产情况及农事月历简表 ········ 188
十、苹果、柑橘、大棚蔬菜主产区生产情况及农事月历简表 ········ 190

主要参考文献 ········ 192

绪论

二十四节气是我国的传统历法（干支历 / 太阳历）中表示季节变迁的 24 个特定节令，是根据地球在黄道（即地球绕太阳公转的轨道）上的位置变化而制定的，每一个节气分别对应地球在黄道上每运动 15° 所到达的一定位置，即把太阳周年运动轨迹划分为 24 等份，每等份为一个节气，始于立春，终于大寒，周而复始。它包含丰富的自然地理、历史文化、农耕实践等方面的知识。了解二十四节气对于我们认知自然、继承传统、安排农事、健康生活等均有很大的帮助。

一、二十四节气的基本知识

（一）二十四节气以我国北方黄河流域的气候、物候为依据而建立

二十四节气指 24 个“节”和“气”，包括立春、雨水、惊蛰、春分、清明、谷雨、立夏、小满、芒种、夏至、小暑、大暑、立秋、处暑、白露、秋分、寒露、霜降、立冬、小雪、大雪、冬至、小寒、大寒。

节气与农历月份和公历日期关系如下表：

二十四节气与农历月份、公历日期对照

春季	节气名	立春（正月节）	雨水（正月气）	惊蛰（二月节）	春分（二月气）	清明（三月节）	谷雨（三月气）
	节气日期	2月3—5日	2月18—20日	3月4—7日	3月19—22日	4月4—6日	4月19—21日
夏季	节气名	立夏（四月节）	小满（四月气）	芒种（五月节）	夏至（五月气）	小暑（六月节）	大暑（六月气）
	节气日期	5月4—7日	5月20—22日	6月4—7日	6月20—22日	7月6—8日	7月22—24日
秋季	节气名	立秋（七月节）	处暑（七月气）	白露（八月节）	秋分（八月气）	寒露（九月节）	霜降（九月气）
	节气日期	8月6—9日	8月22—24日	9月6—9日	9月22—24日	10月7—9日	10月22—24日
冬季	节气名	立冬（十月节）	小雪（十月气）	大雪（十一月节）	冬至（十一月气）	小寒（十二月节）	大寒（十二月气）
	节气日期	11月6—8日	11月21—23日	12月6—8日	12月21—23日	1月4—7日	1月19— 21日

注：节气日期为迄今前后各 100 年计算值范围。

历史上我国的主要政治、文化、经济中心多集中在黄河流域，为适应农业生产等需要，当地人们通过对太阳、月亮、天气、物候等的长期观察，认知一年中时令、气候、物候等方面变化规律，总结形成一套适合该地区的“自然历法”和知识体系，指导生活和从事农业生产，后逐步延伸到我国其他地区。除我国外，二十四节气还适用于同属东亚季风气候的日本、朝鲜及韩国等东亚的一些国家和地区，并不适用于非季风性气候区。

（二）二十四节气与公历日期基本对应，与农历闰月有密切关系

公历（又称阳历）一年 12 个月，每月有一节一气，每 2 个节、气相距天数平均约为 30.4 天。许多人以为二十四节气是阴历历法，其实不然。阴历实际年长为 12 个或 13 个朔望月，与多年平均年长回归年不一致，所以二十四节气无法与阴历日期相对应，反而与同属太阳历性质的公历日期基本对应，且每个节气的时间也基本固定、相差很少，上半年在每月 6 日、21 日，下半年在每月 8 日、23 日。为了方便记忆，我国劳动人民还用《二十四节气歌》的口诀来吟诵传承：“春雨惊春清谷天，夏满芒夏暑相连，秋处露秋寒霜降，冬雪雪冬小大寒。每月两节不变更，最多相差一两天，上半年来六、廿一，下半年是八、廿三。”

二十四节气正是作为阳历来配合阴历使用的，它是为了弥补纯用阴历的不足，因此可以看成是一种补充历法。由于阴历每个月的天数为 29.5 天，所以大概每过 34 个月，必然会遇到有 2 个月仅有节而无气或者仅有气而无节的情况。有节无气的月份，农历*上称为闰月；有气无节的月份就不是闰月。

（三）二十四节气的科学依据

地球绕太阳公转一周，即为一年。地球公转周期以春分点为起点，一个回归年的长度可视作太阳中心在黄道上连续两次通过春分点的时间间隔。春分、秋分昼夜等长。地球在自转的同时也在公转，因此太阳直射在地球上的不同位置，形成了四季变化。地球公转时太阳直射点在南北回归线之间来回移动，太阳直射北回归线时为夏至日，此时北半球获得的太阳热量多，为夏季，南半球获得的热量少，为冬季。太阳直射南回归线时为冬至日，北半球获得的热量少，为冬季，南半球获得的热量多，为夏季。太阳直射赤道时，北半球为春季或秋季。

我国二十四节气以“四立”为划分四季的起点，自立春至立夏为春季，自立夏至立秋为夏季，以此类推。中国近代地理学家和气象学的奠基者竺可桢在《物候学》中称赞说：“四季之安排，法莫善于此者，此所以宋儒沈括赞扬之于先，而今日气象学家泰斗英人肖纳伯（Napier Shaw）且提倡欧美之采用此法也。”而天文季节划分法严格按照地球公转位置来决定，以太阳直射赤道（春分日、秋分日）和直射南回归线（冬至日）、北回归线（夏至日）的时刻

*农历是采用阴历纪年法，但是又以二十四节气、七十二候为特征，循环纪年的一种方法。农历、阴历虽用同种纪年法，但二者并不能等同。

为参考点划分四季，以二分二至为划分四季的起点，春分是春季的起点，夏至是夏季的开始。但上述两种划分四季的方法都不能十分科学、真实地反映气候情况，似乎地球上处处都可分四季，实际的季节因不同地区气候而异，目前通常采用天文因素划分法和气候划分法。

天文因素划分法是我国近代气象学家为了客观、准确地划分处于不同纬度和不同地形地区的季节，提出以温度为标准、兼顾动植物活动和生长规律来划分四季的方法，即候均温（连续 5 日的平均气温）划分法：候均温在 22 ℃以上的连续时期为夏季，候均温在 10 ℃以下的连续时期为冬季，春季和秋季的候均温为 10~22 ℃。各地四季的起止日期不尽相同，且地球上大部分地区没有完整的四季。因 10 ℃以上适合大部分农作物生长，一年中维持在 10 ℃以上时间的长短对农业生产影响很大，所以这样划分季节具有很重要的实际意义。我国现今也通用以天文季节与气候季节相结合来划分四季：3 月、4 月、5 月为春季，6 月、7 月、8 月为夏季，9 月、10 月、11 月为秋季，12 月、1 月、2 月为冬季。

二、我国主要农区的划分

（一）农业地域分异规律与农业区划

中国农业的地域差异十分明显，类型复杂多样。从全国而言，首先是东部与西部在自然地理环境、水分条件上的巨大差别，可划分为东部季风区、西北内陆干旱区和青藏高寒区；其次是南北之间受纬度地带性水、热资源分布影响而表现的耕地类型差别及适生作物和熟制不同，东部农业区和西部牧业区分别以秦岭 — 淮河线、昆仑山 — 阿尔金山 — 祁连山为南北界线；第三是中、高山地区上下之间的垂直差异，可分为东部季风湿润型、西部内陆干旱型、青藏高寒型等。

我国客观存在的 3 条地理界线（400 毫米等降水线、青藏高原边缘线和秦岭 — 淮河线），将我国分为 4 大农业类型区：一是秦岭 — 淮河以南、青藏高原以东的南方水田农业区；二是秦岭 — 淮河以北、400 毫米等降水线以东的北方旱地农业区；三是长城和青藏高原以北、400 毫米等降水线以西的西北牧业、灌溉农业区，也可分为东部半农半牧区和西部绿洲农业及荒漠放牧区；四是青藏高寒牧业、农业区域。全国农业区划委员会编制的《中国综合农业区划》，依据农业生产条件、特征和发展方向、重大问题和关键措施及行政单位的完整性等，将全国划分为东北（农林）、内蒙古及长城沿线（牧农林）、黄淮海（农业）、黄土高原（农林牧）、长江中下游（农林养殖）、华南（农林热作）、西南（农林）、甘新（农牧林）、青藏（高原牧农林）等 9 个农业区。

（二）不同农作物的种植区划

不同的农作物（农产品）生产，根据自身生长发育规律对环境生态条件的适应性要求，考虑到地理行政区划、历史延续性、种植制度演变、经济地位和发展前景等因素，又都有不同的种植区划。以小麦、水稻、玉米 3 大主要粮食作物为例，简述如下：

◎中国小麦种植区划　小麦是低温长日照作物，前人早在 1936 年依气候及小麦生产状况把中国小麦种植区分为 6 个冬麦区和 1 个春麦区；1937 年又把 6 个冬麦区归为 3 个主区；1943 年将全国主要麦区划分为硬质红皮春麦区、硬质冬春麦混合区、软质红皮冬麦区 3 个种植区；20 世纪 60 年代初金善宝主编的《中国小麦栽培学》将全国小麦种植区划分为北方冬麦区、南方冬麦区和春麦区 3 个主区及 10 个亚区；1983 年庄巧生主编的《中国小麦品种及其系谱》一书将全国小麦种植区直接划分为 10 个麦区，并进一步划分了若干副区。21 世纪以来，我国小麦分区逐步完善，分为北部冬麦区、黄淮冬麦区、长江中下游冬麦区、华南冬麦区、西南冬麦区、东北春麦区、北部春麦区、西北春麦区、新疆冬春麦区和青藏春冬麦区等 10 个麦区。随着结构调整，面向小麦主要产区，逐步形成具有比较优势的黄淮、长江中下游、西南、西北和东北 5 个小麦优势区。

◎中国水稻种植区划　水稻属喜温好湿的短日照作物。影响水稻分布和分区的主要生态因子有热量资源、水资源、日照时数、海拔高度、土壤质地等。一般候均温≥ 10 ℃，积温为 2 000~4 500 ℃的地方适于种一季稻，4 500~7 000 ℃的地方适于种两季稻，5 300 ℃是双季稻的安全界限，7 000 ℃以上的地方可以种三季稻。全国水稻种植区可划分为 6 个稻作区和 16 个亚区：一是华南双季稻稻作区，含闽粤桂台平原丘陵双季稻亚区、滇南河谷盆地单季稻亚区、琼雷台地平原双季稻多熟亚区等；二是华中双季稻稻作区，含长江中下游平原双单季稻亚区、川陕盆地单季稻两熟亚区、江南丘陵平原双季稻亚区等；三是西南高原单双季稻稻作区，含黔东湘西高原山地单双季稻亚区、滇川高原岭谷单季稻两熟亚区、青藏高寒河谷单季稻亚区等；四是华北单季稻稻作区，含华北北部平原中早熟亚区、黄淮平原丘陵中晚熟亚区等；五是东北早熟单季稻稻作区，含黑吉平原河谷特早熟亚区、辽河沿海平原早熟亚区等；六是西北干燥区单季稻稻作区，含北疆盆地早熟亚区、南疆盆地中熟亚区、甘宁晋蒙高原早中熟亚区等。

◎中国玉米种植区划　我国玉米种植带纵跨寒温带、暖温带、亚热带和热带，根据我国不同地区光温水和无霜期等自然资源特点、玉米生长发育要求、社会经济因素和生产技术变迁等，将全国玉米种植区划分为 5 个明显各具特色的生态区：一是北方春播玉米区，包括黑龙江、吉林、辽宁、宁夏、内蒙古的全部，山西的大部，河北、陕西、甘肃的一部分；二是黄淮海夏播玉米区，包括黄河、淮河、海河流域中下游的山东、河南的全部，河北的大部，山西、陕西、江苏的一部分，是全国最大的玉米集中产区；三是西南山地玉米区，包括四川、云南、贵州的全部，陕西、广西、湖南、湖北、甘肃的一部分；四是南方丘陵玉米区，包括广东、海南、福建、浙江、江西、台湾的全部，江苏、安徽的南部，广西、湖南、湖北的东部；五是西北灌溉玉米区，包括新疆的全部、甘肃的河西走廊和宁夏的河套灌区。

（三）本书农业生产和农耕文化区域的划分

生态环境是指由生物群落及非生物自然因素组成的各种生态系统所构成的整体，主要由自然因素形成，并间接地、潜在地、长远地对人类的生存和发展产生影响。本书借鉴我国行政区划、农业区划、主要农作物种植区划的成果，综合考虑地理地形、气象条件、土壤条件、种植制度、经济发展、农耕文化等影响，沿二十四节气时序，将节气景物与农时动态、看苗诊断与农事提醒、农谚农诗与农耕文化等，按照黄淮海地区、东北地区、江淮地区、江南华南地区、西南地区、西北地区等6大农业区域进行描述与传承，前4个区域位于我国东部，后2个区域在西部。

◎黄淮海地区　北起长城，南至桐柏山、大别山北麓，西倚太行山和豫西伏牛山地，东濒渤海和黄海，是由黄河中下游、淮河与海河流域及其支流冲积而成的华北平原，包括北京、天津和山东3省（市）的全部，河北及河南2省大部，江苏、安徽2省淮北地区，以及陕西、山西的部分地区。该区域属于暖温带湿润、半湿润季风气候，兼有南北之长，土质良好，农业发展潜力大。种植制度以一年两熟为主，丘陵、旱地以及水肥条件较差的地区，多实行两年三熟，间有少数地块一年一熟。依据农业生产条件又可分为3个区域，即石家庄以北（一般为北纬38~42°）的华北北部区域，黄河以北、石家庄以南（一般为北纬35~38°）的黄淮北部区域，淮河以北、黄河以南（一般为北纬33~35°）的黄淮南部区域。黄淮海地区约占我国平原面积的30%及耕地的1/6，在全国农业生产特别是粮食安全中的地位举足轻重。该区域小麦、

本书6大农业区域示意图

玉米、棉花播种面积约占全国的60%、30%、40%，产量约占70%、35%、50%，花生、大豆、芝麻等油料产量也约占全国的50%。

◎东北地区　是我国一个地理大区和经济大区，通常包括辽宁、吉林、黑龙江及内蒙古自治区东部五盟（市）（呼伦贝尔市、通辽市、赤峰市、兴安盟、锡林郭勒盟）。属温带季风性气候，四季分明，夏季温热多雨，冬季寒冷干燥，年降水量自东南的1 000毫米降至西

*“亩”为我国农业常用面积单位，1亩约为667平方米。为便于统计和描述，后文部分内容仍以“亩”作为单位。

北的300毫米以下，并从湿润区、半湿润区过渡到半干旱区，从农林区、农耕区、半农半牧区过渡到纯牧区。东北全境耕地面积约3.91亿亩*，草原约6.87亿亩，坐拥中国最大平原，土质良好、广袤富饶、资源丰富，现代农业技术水平较高，是我国名副其实的“大粮仓”，是“北粮南运”的重要基地。粮食种植面积约占全国的22%，粮食产量约占24%，其中秋粮产量占全国的1/3，商品粮占1/4。

◎江淮地区 指江（长江）、淮（淮河）两岸地区，向北延伸到江苏、安徽的淮北地区并与黄淮海地区（华北平原）的南部交叉重叠，向南延伸到江南甚至包括上海及浙江北部，行政区域包括江苏、安徽、上海3省（市）全境，以及河南信阳、湖北东北部、浙江北部等地。地处我国南北过渡地带，气候温和，雨量充沛，土壤肥沃，地势平坦，其间河网密布，淡水渔业发达，自古以来就是“鱼米之乡”，是当今我国经济、社会、科技、交通较为发达的地区。主体种植制度为稻麦两熟，盛产稻米、小麦、油菜、蔬菜、瓜果、杂粮、棉花等，为我国重要农业区。

◎江南华南地区 指我国江淮以南的地区，主要包括浙江、福建、江西、湖北、湖南、广东、广西、海南等省（区），是我国重要的商品粮、油、糖、桑茶、棉麻等亚热带、热带作物产区。其中汉江平原和珠江三角洲是著名的“鱼米之乡”，以水田为主，水稻、油菜、马铃薯、玉米等是该区域种植面积较大、分布较广的重要农作物，以“稻稻油”一年三熟和“稻油”两熟制为主，间或多熟制，其中，水稻面积和产量均约占全国的50%，油菜约占40%，糖料约占90%，茶叶产量约占80%。

◎西南地区 东临中南、北依西北，包括四川、贵州、云南、重庆、西藏南部等地。以山地为主，地形地貌复杂，包括四川盆地及其周边山地、云贵高原中高山山地丘陵区、青藏高原高山山地区3个地形单元。属于亚热带季风气候，夏季炎热多雨但高原凉爽，冬季温暖、降水偏少，适宜发展特色农产品、草地畜牧业和生态农业，是我国重要的商品粮、油、菜、茶、果、烟、糖、中药材等作物产区。

◎西北地区 是当今中国4大地理分区之一，位于大兴安岭以西，昆仑—阿尔金、祁连山以北的广大地区，包括陕西、甘肃、青海、宁夏、新疆等5个省（区），以及内蒙古中西部、西藏北部和山西部分地区。光热资源丰富，是中国日照时间最长的地区之一，从东到西可分为黄土高原、戈壁沙滩、荒漠草原、戈壁荒漠等，以灌溉农业、绿洲农业和畜牧业为主。农业结构以宁夏河套地区的灌溉农业、甘肃河西走廊和新疆天山山麓的绿洲农业以及青海、宁夏、新疆的畜牧业为主。新疆是全国重要的温带水果产地，宁夏和新疆为全国重要的糖料作物产地，新疆和青海为全国重要的畜牧业基地。

三、农作物生长发育诊断时序划分与命名

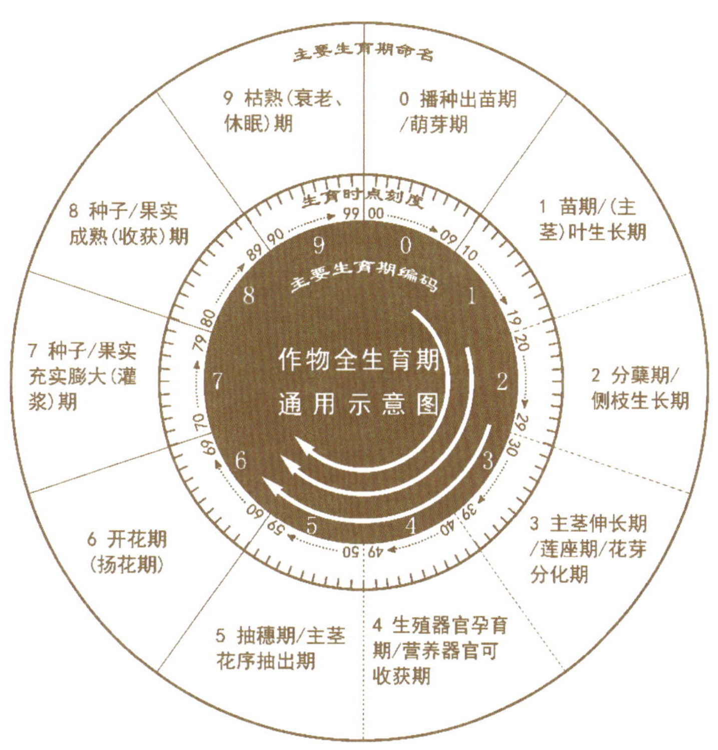

作物全生育期时序划分与命名框架结构示意图

针对传统教科书对作物生育期划分不统一、特征描述抽象而且难理解的状况，借鉴和参考国外 Zadoks-scale 和 BBCH-scale 命名方法，与国内主要农作物叶龄模式及生育期归纳有机结合，形成中国特色的水稻、小麦等 20 多种作物生育时序划分与命名系统。该系统将所有作物统一细化为 0~9 共 10 个主要生育期以及 00~99 共 100 个具体生育时点，并配以关键生育时点示意图，使所有作物生育期有规律可循，形象直观、通俗易懂，有利于读者阅读、理解、掌握，有利于农业从业者精确看苗诊断和精准生产管理。

作物全生育期时序划分与命名（定义）的框架结构如右上图所示：主要生育期用 0~9 进行升序编码，由于作物种类繁多，有些作物在生长发育过程中可能发生变化（如缺失或重叠），因此可能忽略或合并某些生育阶段（框架结构图中的间隔虚线表示区分可能不明显）；主要生育期中的生育时点也使用 0~9 升序编码，这样组合成的两位数构成生育时点的刻度代码，从而清晰地描述了作物从起点（00）到终点（99）循环往复的全生育过程，也提供了精确定义和命名的可能性。

上述作物全生育期通用示意图的思路，贯穿于全年 24 个节气所有作物的“农时动态”图文版块中，并与对应的“农事提醒”板块衔接。编创团队历经数年，将粮食、油料、纤维以及蔬菜、水果等作物生长发育特征诊断图文（详见本书附录 A），以 00~99 生育时序划分与命名（定义）的方法加以系统整理与应用，便于读者对主要农作物看苗诊断有系统的认识和了解。

四、二十四节气节候特征与农作物生育的关系

我国古代劳动人民将每个节气的“三候”根据气候、物候特征分别简洁明了地做了归

纳，并总结出自小寒至谷雨节气所对应的花信，古诗词里也隐含了二十四节气的专属花或常开的花，汇总如下表：

二十四节气“三候”特征及对应的花信或常开的花

二十四节气	一候	二候	三候	对应的［花信］或常开的花
立春	东风解冻	蛰虫始振	鱼陟（zhì）负冰	［迎春、樱花、望春］
雨水	獭（tǎ）祭鱼	鸿雁北	草木萌动	［菜花、杏花、李花］
惊蛰	桃始华	仓庚鸣	鹰化为鸠（jiū）	［桃花、棠梨、蔷薇］
春分	玄（元）鸟至	雷乃发声	始电	［海棠、梨花、木兰］
清明	桐始华	田鼠化为鴽（rú）	虹始见	［桐花、麦花、柳花］
谷雨	萍始生	鸣鸠拂其羽	戴胜降于桑	［牡丹、荼（酴）蘼、楝花］
立夏	蝼蝈鸣	蚯蚓出	王瓜生	铃兰、君迁子、紫珠、野刺梨
小满	苦菜秀	靡（mí）草死	麦秋至	虞美人、无患子、南天竹、枣花
芒种	螳螂生	鵙（jú）始鸣	反舌无声	金银花、大叶黄杨、合欢、石榴、小叶女贞
夏至	鹿角解	蜩（tiáo）始鸣	半夏生	蜀葵、栀子花、臭檀、栾树、梧桐
小暑	温风至	蟋蟀居壁（宇）	鹰始鸷（zhì）	凌霄、木槿、葵花
大暑	腐草为萤	土润溽（rù）暑	大雨时行	睡莲、荷花、紫薇
立秋	凉风至	白露降	寒蝉鸣	蓝雪、丁香、月季、米兰
处暑	鹰乃祭鸟	天地始肃	禾乃登	玉簪、丹桂、牵牛花
白露	鸿雁来	玄鸟归	群鸟养羞	昙花、茑萝、美人蕉、姜花
秋分	雷始收声	蛰虫坯户	水始涸	菊花、芦荟、常春藤
寒露	鸿雁来宾	雀入大水为蛤	菊有黄华	桂花、百合、芙蓉
霜降	豺乃祭兽	草木黄落	蛰虫咸俯	彼岸花（曼珠沙华）、迷迭香、茶花
立冬	水始冰	地始冻	雉入大水为蜃（shèn）	双荚决明、红花羊蹄甲（紫荆花）、粉黛乱子
小雪	虹藏不见	天气上升，地气下降	闭塞成冬	倒挂金钟（灯笼花）、木棉、枇杷
大雪	鹖（hé）鴠（dàn）不鸣	虎始交	荔挺出	仙客来、蟹爪兰、芦荻、一品红
冬至	蚯蚓结	麋（mí）角解	水泉动	腊梅、红掌、鸡冠花、朱顶红
小寒	雁北乡（xiàng）	鹊始巢	雉始雊（gòu）	［梅花、山茶、水仙］
大寒	鸡乳	征鸟厉疾	水泽腹坚	［瑞香、兰花、山矾］

由于二十四节气的循环往复与农作物生长发育和农事活动的周而复始有高度关联的规律性，农业农村部种植业管理司组织有关专家，针对本书 6 大农业区域，将我国主要农作物如水稻、小麦、玉米、大豆、薯类（马铃薯、甘薯）、小宗粮豆（糜子、谷子、大麦、青稞、小豆、绿豆、蚕豆、豌豆）、油料（油菜、花生）、棉花、柑橘、苹果以及大棚蔬菜等的周年生育动态、田间管理目标、主要农事，编排成按全年 12 个月和 24 个节气相对应的生产情况及农事月历简表，作为本书附录 B，便于读者查看、比较和运用。

民间有根据二十四节气的日期、特征和相符的农事安排编唱因地制宜的节气农事歌，其规律可以用下图所示的二十四节气速查圆周图来表达。该图可以利用最外圈的空间，归纳整理和拓展延伸为特定作物或特定地区的生长发育动态图、农事安排动态图，也可以是特定区域的农业生产要素概览图，与节气相对应，易读好记，便于传承。

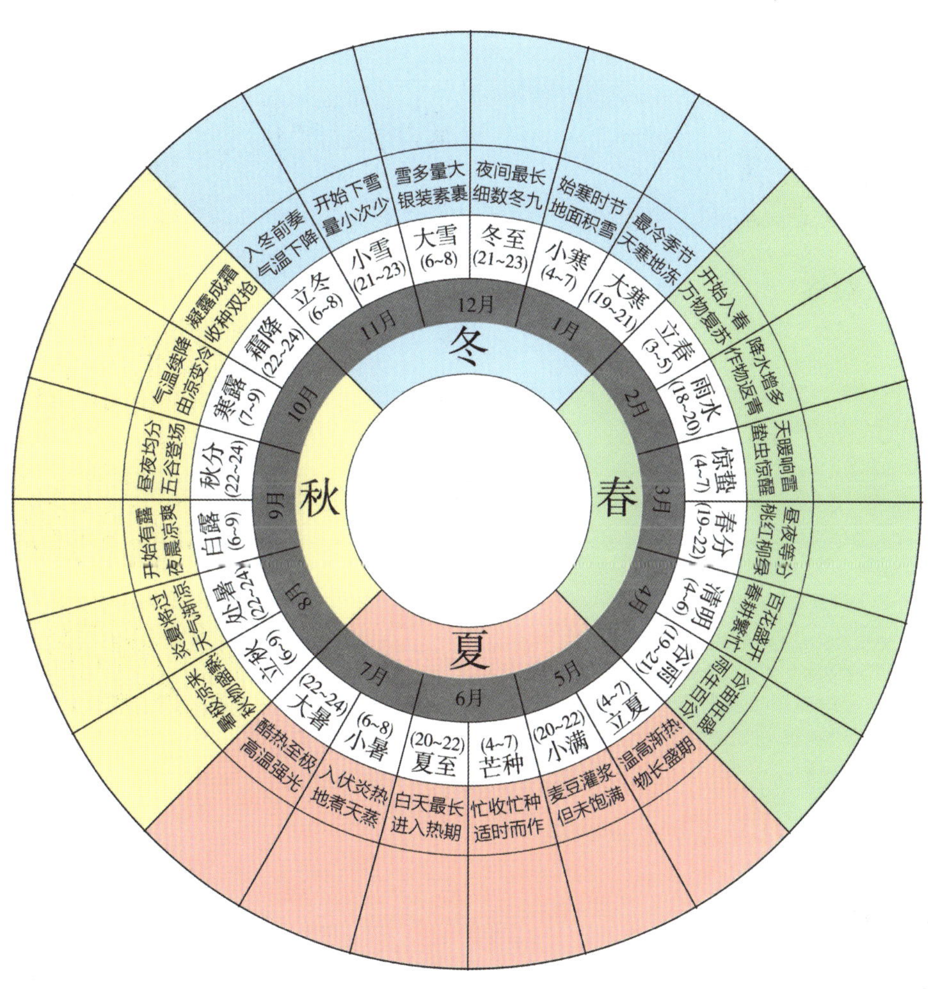

二十四节气速查圆周图

立春

春意萌发，万象更新，春寒料峭，乍暖还寒，大地回春，辞旧迎新……

立春

立春是二十四节气中的第 1 个节气(正月节),常年为 2 月 3—5 日,指太阳到达黄经 315°（立春点),是干支历里新干支纪年及寅月起始,此后草木复苏,万物始生,春天到来。一般日均温 3 ℃以上标志着冬天结束、春天到来。在气候学上,春季是指候(5 天为一候)平均气温 10~22 ℃的时段。立春后往往冷暖不定,要当心"倒春寒"的侵扰,注意防寒防冻。

立春三候　一候东风解冻;二候蛰虫始振;三候鱼陟负冰。东风送暖,大地开始解冻,随后蛰居的虫类感受到春的暖意,开始蠢蠢欲动,随着水面冰层的融化,水底的鱼儿也浮到了水面。此节气对应的花信为迎春、樱花、望春。

立春三候组图

●春节:传统名称为新年、大年、新岁,农历正月初一为新年,是中国最盛大、最热闹、最重要的一个古老传统节日。

●元宵节:又称上元节、小正月、元夕或灯节,为每年农历正月十五,是中国春节年俗中最后一个重要节令。

●西方情人节:西欧、北美等地的节日,每年的 2 月 14 日,情人们互赠表示钟情的贺卡、花或巧克力等礼物,如今已成为全世界著名的浪漫节日。

◎西北地区

冬小麦越冬期
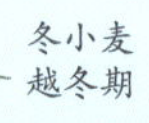
冬青稞越冬期
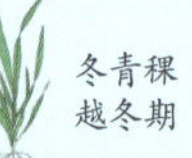
秋大蒜发芽期
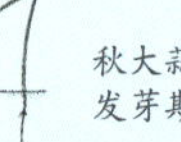

冬马铃薯发棵期

苹果树休眠期

节气农俗

一年之计在于春……

●迎春祈福:在 3 000 年前的周朝,就有迎"春"仪式,天子率三公九卿诸侯大夫去祭拜居住在东方的芒神,祈求丰收。

●挂"春幡":农家院里高挂"春幡",门框上贴着用红纸书写的对联,墙上贴满"迎春""福"字等,红彤彤的景色象征吉祥。

●穿新衣、戴配饰:男女老少换上崭新衣装,妇女用彩色绫罗剪出象征春天已到的春燕花鸟等簪在发髻上,有些地方的人们将面料剪成公鸡模样缝在小孩帽子上。

●迎春会:立春日有些地方会找个少年化装成官老爷,骑牛前往祭祀坛,沿途敲锣打鼓放鞭炮,带领百姓迎接春天到来,祈求保佑风调雨顺、五谷丰登。

◎西南地区

油菜蕾薹始花期
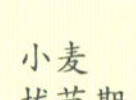
小麦拔节期

秋玉米拔节期

冬马铃薯发棵结薯期

春马铃薯播种出苗期

挂"春幡"

迎春会

节令美食宜忌

●咬春:立春时节,要吃萝卜、春盘、春饼、春卷等,谓之"咬春",取古人"咬得草根断,则百事可做"之意。

吃萝卜:嚼吃萝卜或将萝卜做成春饼食用,既可解春困,又有助于软化血管,降血脂、稳血压,还可解酒、理气等,具有营养、健身、祛病之功。

吃春饼:吃春盘春饼之俗,在民间以食饼制菜并相互馈赠为乐。

吃春卷:古代装春盘内的传统节令食品,常用椿树嫩芽为馅,现多以猪肉、豆芽、韭菜等为馅,外脆里嫩,有荤有素、有中有洋。

●饮食宜忌:宜食辛甘发散之品,忌酸收之味。

春卷

◎东北地区

●冬季休闲期

◎黄淮海地区

小麦越冬期，南部开始返青

大蒜、洋葱幼苗期

油菜苗后期

大棚叶菜生育期/温室果菜结果期

果树休眠期

◎江淮地区

小（大）麦自南向北进入返青期

油菜现蕾期

豌豆现蕾期

蚕豆现蕾期

大棚叶菜生育期/温室果菜结果期

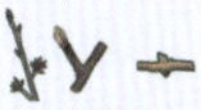

果树休眠期

◎江南华南地区

油菜蕾薹期

小麦起身、拔节期

冬马铃薯膨大期

春马铃薯苗期

冬玉米籽粒灌浆期

果树花芽分化期

物种文化

四大家鱼

草鱼，俗称鲩鱼、混子，与青鱼、鲢鱼、鳙鱼合称为“四大家鱼”。

◎**起源与传播：**草鱼起源于 2 500 万年以前，距今有 1 700 多年养殖历史。唐朝时期“四大家鱼”已被池塘养殖，在宋代逐渐推广，到了明清时代形成一个产业。20 世纪初，草鱼等被传播到美洲、欧洲等地。

◎**生产与应用：**草鱼喜栖居于水体的中、下层水域和近岸多水草区域，生长快、个体大、繁殖力强。在我国主要分布于长江、珠江和黑龙江 3 大水系。养殖方式有池塘养殖、湖泊养殖、河沟养殖、网围养殖、稻田养殖等。“四大家鱼”是百姓食用鱼的主要来源，其肉质鲜美肥厚，具有滋补开胃，促进血液循环等功效。

◎**衍生的文化现象与价值：**上古有个叫彭祖的人，擅长烹饪，炖羊肉时将草鱼放进羊肚子里，创造了千古名菜“羊方藏鱼”，鱼和羊成了“鲜”字之本。鱼在我国是祥瑞的象征，又有多子多福之意，“鱼”又与“余”谐音，吉庆有余。民众宴请或祭祀祖先等重大活动中都少不了鱼。有关“四大家鱼”的名菜名肴也有很多，如“酸菜鱼”“水煮鱼”，杭州“西湖醋鱼”，江南熏鱼（爆鱼）等，均深受百姓喜爱。

草鱼 青鱼 鲢鱼 鳙鱼

◎西北地区

●**冬小麦：**亩总茎蘖数不足 50 万的田块，结合灌水追施尿素 5~6 千克和磷酸二铵 5~8 千克促弱转壮；亩总茎蘖数 50 万 ~ 70 万的田块则追施尿素 5~6 千克；亩总茎蘖数超过 80 万的田块可进行镇压或划锄控制旺长。

●**蚕豆：**春播前准备。①防治地下害虫蛴螬、金针虫等；②土壤处理防控杂草，亩用 33% 二甲戊灵 260 毫升兑水 15 千克喷雾防治燕麦、藜等一年生杂草。

●**冬青稞：**弱苗追施氮肥。

●**冬马铃薯：**加强水肥管理和培土，适当灌水防干旱。

●**秋冬播大蒜：**净化地膜，及时清除杂草，可在晴暖天气喷施 0.7% 磷酸二铵水溶液以促进根系生长并提高抗寒能力。

苹果树修剪

●**苹果树：**整形修剪，密闭园改造，灌封冻水，等等。

●**备耕：**准备种子、化肥、农机等，检修农机具。

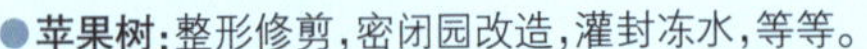

备耕

农机检修

苹果树灌封冻水

◎西南地区

油菜初花期飞防菌核病

冬马铃薯病害防治

春马铃薯人工播种

春马铃薯机械耕播

●**油菜：**初花期防治菌核病并叶面喷肥。

●**小麦：**①看苗追肥；②防治条锈病中心病团；③防治蚜虫。

●**冬马铃薯：**①加强结薯期管理，中耕除草、培土等；②视苗情追肥，若遇干旱，应进行灌溉；③采取防寒抗冻措施。

●**春马铃薯：**土温≥ 10 ℃为春薯适播期，早春（小春）薯幼苗期，二半山区晚春（大春）薯播种，采取轮作、推广脱毒种薯、种薯处理、提高播种质量等措施防治病毒病、晚疫病等病害，加强出苗管理。

防灾减灾

●**暖冬气候：**当年 12 月至次年 2 月这 3 个月的平均气温比历史同期高出 0.5 ℃以上，这个冬季即可视为暖冬。暖冬年份一般表现为冬季光照条件好，土壤水分蒸发量大，土壤墒情差，对春耕、春播不利；对越冬作物的正常生长也不利，如旺长带来小麦提前拔节、油菜提前抽薹等，导致植株细弱、分蘖能力差、易倒伏、抗逆性变差，遭遇早春冻害的概率增大；另外暖冬气候也容易导致农作物病虫害加重，天暖、降水少，也会影响到农作物对水分的需求，容易导致旱灾。

防御措施：①减少病虫害发生基数。在越冬期，抓住 0 ℃以下寒冷天气，通过露地耕翻、保护地揭膜等措施，降低病虫越冬成活率，来减少次年病害发生基数。②减缓或抑制旺长。冬前冬后及时查看农作物生育情况，如生长过旺，要采取措施，小麦于未拔节前及时镇压或喷施多效唑等化控，促根系深扎多发，增强抗寒性。③灌水保墒。及时查看墒情，如失墒严重，宜采取灌水保墒措施。

小麦冬前拔节

旺长麦田喷施多效唑化控

◎东北地区

●大田作物农事活动较少，以防冻保苗为主。

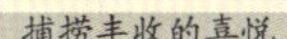
捕捞丰收的喜悦

农家肥下地

及时清雪

◎黄淮海地区

●**小麦：**①南部返青期镇压、划锄，增温保墒；②南部冬前未除草麦田，返青期化除（化学药剂除草）；③墒情不足浇返青水；④防治茎部病害。

●**甘薯：**①贮藏库巡查；②贮藏温度保持在 10~13 ℃，相对湿度约 85%；③适当通风；④加热温床育苗。

●**棉花：**①制订生产计划；②种子储藏防潮防冻；③农机维修养护；④室内测定种子发芽率，计算播种量。

●**蔬菜：**①大棚叶菜及时浇水、施肥，及时采收上市；②温室果菜夜多层覆盖保温，昼通风、照光，及时采收上市。

小麦浇返青水

麦田增施腊肥

番茄设施栽培

甘薯贮藏库巡查

◎江淮地区

●**小麦：**①清沟理墒，抗旱、排涝、降渍；②旺苗镇压、化控；③弱苗施肥促转化；④晴暖天气（日均温 ≥ 8 ℃）化除；⑤冻害预防与补救。

●**油菜：**①保持三沟畅通；②自南向北追施薹肥；③及时摘除早薹（可蔬用）控旺防早花，防冻害；④防除杂草。

●**甘薯：**①贮藏库巡查；②贮藏温度保持在 10~12 ℃，相对湿度保持在 85% 左右；③注意通风换气防缺氧。

●**棉花：**①制订生产计划；②种子储藏防潮防冻；③农机维修养护；④室内测定种子发芽率，计算播种量。

油菜田培土壅根与清沟理墒

油菜摘除早薹

小麦田旺苗化控

甘薯贮藏

◎江南华南地区

●**油菜：**①保持三沟畅通；②弱苗追施薹肥；③及时摘除早薹、早花，防冻害；④菌核病监测与防治。

●**小麦：**①看苗追施拔节肥；②春季化除；③冻害预防与补救；④条锈病监测与防治。

●**蚕豆、豌豆：**遇旱浇水，多雨要注意排水防涝。及时防治蚕豆赤斑病和霜霉病、病毒病等主要病害。

●**大棚西瓜、甜瓜：**出苗后至真叶展开期苗床适当降温，白天 20~25 ℃，夜间 15~18 ℃，真叶展开后床温适当提高，定植前一周开始揭膜炼苗。真叶展开前一般不浇水，展开后如床面发白则在晴天上午浇水，随瓜苗长大逐渐增加浇水量。

●**果树：**中晚熟红肉脐橙采收、修剪。葡萄冬季清园。桃整枝修剪扫尾，苗木定植，芽接苗剪砧。涂杀菌剂防病虫，整修沟渠。

马铃薯破膜引苗

油菜摘薹菜用

春季麦田高效管理

农谚

【气候】

立春东风回暖早，立春西风回暖迟。
腊月立春春水早，正月立春春水迟。
水淋春牛头，农夫百日忧。
正月打雷谷堆堆，二月打雷坟堆堆。
雷打立春节，惊蛰雨不歇。
立春热过劲，转冷雪纷纷。
春脖短，早回暖，常常出现倒春寒。
春脖长，回春晚，一般少有倒春寒。
打春冻人不冻水。
打了春，脱了瘟，人不知春草知春。
立春三场雨，满地都是米。
立春晴，一春晴；立春下，一春下。
立春晴，雨水匀；立春阴，花倒春。
吃了立春饭，一天暖一天。
一年之计在于春，一生之计在于勤。

【物候】

立春一日，百草回芽。
立春一日，水暖三分。
立春雪水化一丈，打得麦子没处放。
立春一年端，种地早盘算。
春争日，夏争时，一年农事不宜迟。
春打六九头，七九、八九就使牛。
春打六九头，春耕早动手。

【农事】

正月立春雨水到，黄瓜番茄种早早。
立春黄瓜清明收，小暑黄瓜到立秋。
放鱼莫过春，过春鱼发瘟。
立春晴一日，耕田不费力。
宁种一个坑坑，不种一个垄垄。
立春雨水到，早起晚睡觉。
地瓜育苗早打谱，抓紧盘炕和挖坑。
果园认真来管理，剪枝刮皮把土松。
牛驴骡马要加料，春耕春种如虎猛。
结合积肥整鱼塘，塘深地壮鱼粮增。

农诗

立春偶成

［宋］张栻

律回岁晚冰霜少，春到人间草木知。
便觉眼前生意满，东风吹水绿参差。

【译文】立春了，天气渐渐转暖，冰冻霜雪虽然还有，但已很少了。花草树木也感觉到了春的气息。眼前的一派绿色，充满了春天的生机。一阵东风吹来，春水碧波荡漾。

京中正月七日立春

［唐］罗隐

一二三四五六七，万木生芽是今日。
远天归雁拂云飞，近水游鱼迸（bèng）冰出。

【译文】在正月初七这一天，正值立春，树木发芽了；远远的天边，归来的大雁贴着云彩飞翔；眼前，鱼儿不时地跃出还飘着浮冰的水面。

立春

［唐］杜甫

春日春盘细生菜，忽忆两京梅发时。
盘出高门行白玉，菜传纤手送青丝。
巫峡寒江那对眼，杜陵远客不胜悲。
此身未知归定处，呼儿觅纸一题诗。

【译文】立春日，看着眼前摆着韭菜、春饼的春盘，忽然想起往年长安、洛阳立春时节的热闹美好情景，那时太平"盛世"，洁白如玉的春盘是皇帝赐予的。眼下的现实却是国家动荡不安，自己漂泊异乡，萍踪难定，前途渺茫，面对巫峡大江，愁绪如冰冷江水滚滚而来。悲愁之余，只好"呼儿觅纸"，寄满腔悲愤于笔端了。

玩迎春花赠杨郎中

［唐］白居易

金英翠萼带春寒，黄色花中有几般。
凭君语向游人道，莫作蔓青花眼看。

【译文】初春，寒意犹在，迎春花绽放，黄色花朵美丽至极，有点像白菜疙瘩养在水里开出的小黄花，游人们切莫将迎春花当作菜疙瘩看待。

田家元日

[唐] 孟浩然

昨夜斗回北，今朝岁起东。
我年已强仕，无禄尚忧农。
桑野就耕父，荷锄随牧童。
田家占气候，共说此年丰。

【译文】昨天夜里北斗星的斗柄转向东方，今天早晨新的一年又开始了。感慨已经四十岁了，虽然没有官职但仍担心农事。在种满桑树的田野里与农夫一起耕田，扛着锄头和牧童一起劳作。农家人推测今年的收成，都说这一年是丰收年。

村墅

[唐] 崔道融

正月二月村墅闲，馀粮未乏人心宽。
南邻雨中揭屋笑，酒熟数家来相看。

【译文】每年的正月、二月农村比较清闲，粮食还有剩余，所以农人也能放宽心。下雨天，南边邻近的村屋传来阵阵笑声，原来是酒已酿好，农家人都聚到一起来喝酒了。这首诗描写了清闲的农家生活，邻里之间相互往来、其乐融融的场景。

癸卯岁始春怀古田舍二首（其一）

[东晋] 陶渊明

在昔闻南亩，当年竟未践。
屡空既有人，春兴岂自免？
夙（sù）晨装吾驾，启涂情已缅。
鸟弄欢新节，泠（líng）风送余善。
寒竹被荒蹊，地为罕人远；
是以植杖翁，悠然不复返。
即理愧通识，所保讵乃浅。

【译文】往日听说南亩田，未曾躬耕甚遗憾。我常贫困似颜回，春耕岂能袖手观？早晨备好我车马，上路我情已驰远。新春时节鸟欢鸣，和风不尽送亲善。荒芜小路覆寒草，人迹罕至地偏远。所以古时植杖翁，悠然躬耕不思迁。此理愧对通达者，所保名节岂太浅？

癸卯岁始春怀古田舍二首（其二）

[东晋] 陶渊明

先师有遗训，忧道不忧贫。
瞻望邈（miǎo）难逮，转欲志长勤。
秉耒（lěi）欢时务，解颜劝农人。
平畴交远风，良苗亦怀新。
虽未量岁功，既事多所欣。
耕种有时息，行者无问津。
日入相与归，壶浆劳近邻。
长吟掩柴门，聊为陇亩民。

【译文】先师孔子留遗训："君子忧道不忧贫。"仰慕高论难企及，转思立志长耕耘。农忙时节心欢喜，笑颜劝勉农耕人。远风习习吹田野，秀苗茁壮日日新。一年收成未估量，劳作已使我开心。耕种之余有歇息，没有行人来问津。日落之时相伴归，取酒慰劳左右邻。掩闭柴门自吟诗，姑且躬耕做农民。

草木萌动，万物复苏，大地解冻，冰雪融化，气温回升，雨水增多，变化无常……

雨水

雨水是二十四节气中的第2个节气（正月中或正月气），常年为2月18—20日，太阳位于黄经330°时，气温回升，冰雪融化，降水增多。之后我国大部分地区气温回升到0℃以上，黄淮平原日均温已达3℃左右，进入气象意义的春天，江南约5℃，华南则10℃以上，而华北仍在0℃以下。但天气变化不定，是全年寒潮出现最多的时节之一，忽冷忽热、乍暖还寒的天气对已萌动、返青的农作物生长及人们的健康危害很大，要注意防寒防冻和春捂保健。

雨水三候　一候草獭祭鱼；二候鸿雁北；三候草木萌动。水獭捕鱼时将鱼摆在岸边，好像祭鱼一样；5天过后，大雁开始从南方飞回北方；再过5天，在"润物细无声"的春雨中，随着地气的升腾，草木抽出嫩芽，自然界开始展现出欣欣向荣的景象。此节气对应的花信为菜花、杏花、李花。

雨水三候组图

●**中和节**："二月二，龙抬头"，未来一年的鸿运，从今日始。是"迎富送穷"之日，这天理发被称为"龙剃头"，有鸿运当头、精神饱满、时时吉祥之意；这天也叫"春耕节"，人们会象征性地到田间牵牛扶犁；"中和"寓意万物各得其所，达到和谐境界。

◎西北地区

◎西南地区

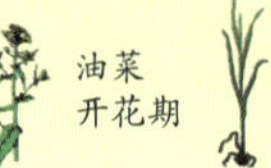

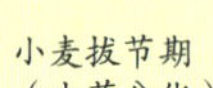

节气农俗

弘扬孝道，是雨水节俗的主旋律……

●**女婿送节长"寿缘"**：雨水这天女婿携妻给岳父、岳母送节礼表达感激之情，祝岳父岳母"寿缘"长，长命百岁，此举被长辈称为"接寿"。

●**女儿回娘家，全家享天伦**：川西一带出嫁的女儿这天带上礼物回娘家拜望父母。

●**拉保保——保佑孩子健康成长**：通过认干亲来寄托保育儿女美好愿望的民俗活动。

●**占稻色——用爆米花占卜**：通过爆炒糯谷米花，来占卜当年稻谷收成的民俗。爆出的糯米花越多越大则收成越好，而爆出的米花越少越小，则意味着收成不好，米价将贵。

朴实的父老乡亲

节令美食宜忌

●**吃汤圆**：正月十五元宵佳节正值立春或雨水节气期间，家家户户都煮元宵。元宵也叫圆子或团子，吃元宵取"团"和"圆"之音，寓意为团团圆圆。

●**饮食宜忌**：宜甜，利于保暖祛湿、养护脾脏。忌酸忌辣忌油，尽量不吃燥热食物。

汤圆

甜食调养脾胃

清蒸鲈鱼

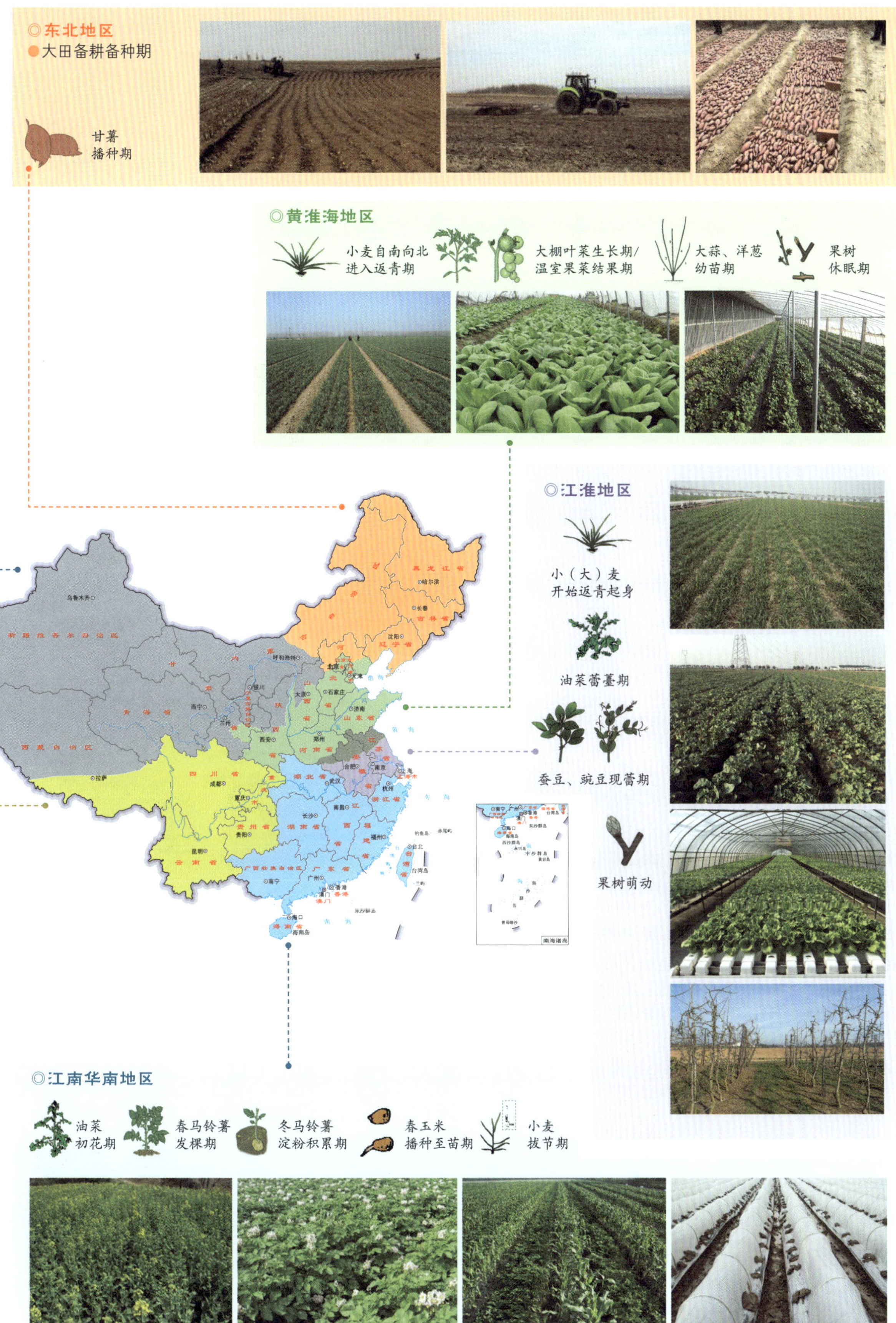

◎东北地区
大田备耕备种期
甘薯
播种期
◎黄淮海地区
小麦自南向北
进入返青期
大棚叶菜生长期/
温室果菜结果期
大蒜、洋葱
幼苗期
果树
休眠期
◎江淮地区
小（大）麦
开始返青起身
油菜蕾薹期
蚕豆、豌豆现蕾期
果树萌动
◎江南华南地区
油菜
初花期
春马铃薯
发棵期
冬马铃薯
淀粉积累期
春玉米
播种至苗期
小麦
拔节期

物种文化

普通白菜

别名小白菜、青菜、小油菜、二月白等。

◎**起源与传播：**起源于中国长江下游太湖地区一带，由芸薹演化而来。三国时期文献中就有小白菜的记载，古代称之为“菘”。两晋、南北朝时传播到华南地区，演变出菜薹等。唐代出现白菘、紫菘和牛肚菘等不同品种。明朝时期传入东南亚地区。19 世纪传入日本、欧美各国，小白菜逐渐成为一种世界性蔬菜。

◎**生产与应用：**小白菜株型直立或开展，形态多样，高矮不一，品种甚多。按成熟期、抽薹期和栽培季节特点可分为秋冬小白菜、春小白菜、夏小白菜。为省工节本，小白菜种植结合大棚、防虫网、遮阳网、喷灌设施等得到广泛应用。小白菜含有钙、蛋白质、脂肪、糖类、膳食纤维等，常食小白菜既能促进大肠蠕动、润肠通便，促进皮肤细胞代谢，延缓衰老，又能保持血管弹性、减少动脉粥样硬化的形成。

◎**衍生的文化现象与价值：**“萝卜青菜，各有所爱”。小白菜吃法多种多样：可炒、炖，如“香菇青菜”“青菜炖牛肉”；可做汤、馅，如“青菜豆腐汤”、扬州的青菜馅包子；还可腌制；等等。河北民歌《小白菜》讲述了一个失去母亲的小女孩的悲惨生活，在晋察冀地区广为流传。

◎西北地区

●**冬小麦：**①灌区早春灌水和追肥以防干旱和冻害；②亩总茎蘖数超过 80 万的可进行镇压或划锄，或亩叶面喷施 15% 的多效唑 45~60 克兑水 25 千克控制旺长；③化除防治阔叶杂草和禾本科杂草。

●**蚕豆：**进行播种前的准备。①种子用种衣剂浸泡后抢墒播种；②每亩施有机肥 200 千克；③喷施乙草胺类苗前除草剂控制杂草。海拔 2 200 米以下地区开始播种，采用精量播种技术。

●**苹果树：**刮树皮、扎诱杀环等措施可有效减轻生育中后期病虫害发生程度。

●**冬马铃薯：**于现蕾前结合田间长势，及时追肥和除草。

●**秋冬播大蒜：**适当控制浇水。

冬小麦早春灌

蚕豆播前准备

苹果树刮治腐烂病斑

◎西南地区

●**油菜：**①保持三沟畅通；②弱苗追施花肥，防脱肥早衰；③结合菌核病防治，用叶面肥防花而不实、防早衰；④防蚜虫与鸟害。

●**小麦：**清沟防渍，抢晴用井冈霉素、己唑醇、丙环唑等防治纹枯病，加啶虫脒或吡蚜酮预防蚜虫和麦圆蜘蛛。

●**春马铃薯：**早春薯加强苗期管理；晚春薯提高整地质量，起垄垒厢，适当深播、厚盖土，确保一次性全苗。

●**春玉米：**播前准备。①选用高质量农药、化肥、地膜等农资；②选择抗病抗旱耐高温的品种；③备好耕种机械；④做好集雨防旱等措施；⑤大棚甜糯玉米拱棚育苗。

●**早春地膜花生：**播种、施肥。

●**青稞：**西藏地区准备青稞播种，进行种子精选和包衣。

晚春马铃薯地膜覆盖

玉米拱棚育苗

青稞种子包衣

油菜统防统治

防灾减灾

●**春季倒春寒、春霜冻害：**春季日均气温回升到 3 ℃以上，小麦苗开始返青拔节，抗寒力迅速减弱，遇到寒潮或霜冻会造成主茎和大分蘖幼穗冻死。寒潮持续时间越长，气温日较差越大，冻死率越高。尤其是拔节后植株叶片等器官较老健，但幼穗鲜嫩，遇低温（拔节期 -2 ℃，孕穗期 0 ℃）2 小时以上即可使幼穗受冻，初始呈水渍状，后浑浊、变白，轻则脱水枯萎死亡。

小麦春霜冻害症状

恢复补救措施：小麦分蘖能力强，自我调节余地大，即使主茎和大分蘖幼穗冻死，只要分蘖节未死，就可通过冻后迅速浇水追（速效）肥恢复补救，依幼穗冻死率亩施尿素 5~15 千克，促进小分蘖及新生分蘖成穗。注意增施的恢复肥与正常施用的拔节孕穗肥互不抵消。

小麦冻害的等级：一般分为 5 级，冬季冻害主要看叶片，春季冻害主要看幼穗。

一级冻害：群体 50% 以下叶片受冻，叶色先暗绿后枯黄卷曲，叶片冻害枯黄比例在 1/3 以内，心叶、分蘖、节根仍正常发生，茎端生长点或幼穗亦正常；**二级冻害：**群体 50% 以上叶片受冻，叶色暗绿至枯黄卷曲，叶片冻害枯黄比例为 1/3 ~ 2/3，或茎蘖（幼穗）冻死率 10% 以下，心叶、分蘖、节根发生延缓，对最终产量影响不大；**三级冻害：**群体地上部叶片大部受冻，叶片冻害枯黄比例超过 2/3，或群体茎蘖（幼穗）冻死率约 30%，心叶、分蘖、节根发生缓慢，影响最终产量约 10%；**四级冻害：**群体地上部叶片全部受冻，植株失绿、大部枯黄，或群体茎蘖（幼穗）冻死率约 50%，影响最终产量约 30%；**五级冻害：**群体地上部全部受冻，植株枯黄，或群体茎蘖（幼穗）冻死率 70% 以上，影响最终产量 50% 以上。

小麦茎秆受冻

小麦幼穗受冻

◎东北地区

● 化肥到家、农家肥到田、苗床发酵酿热物准备，春耕备耕。

● **甘薯：**①选良种，做苗床；②催芽；③防低温；④看苗追肥；⑤除草。

肥料准备

基质准备

平整苗床

覆盖酿热物

◎黄淮海地区

小麦田浇灌返青水

小麦田清沟理墒

地膜洋葱破膜放苗

● **小麦：**①遇干旱应浇灌返青水；②缺肥脱力严重的麦苗亩施接力肥约5千克尿素；③清沟理墒，旺苗化控，麦田可在拔节前镇压。

● **蔬菜：**①露地蔬菜解冻后去除覆盖物，选择晴暖天浇返青水；②大蒜亩施尿素 10~15 千克加水泼浇，地膜洋葱及时破膜放苗；③大棚蔬菜看天看地看苗浇水，注意揭膜通风。

● **棉花、玉米、花生等：**春播准备，田块解冻后及时耙耮保墒，清除残余根茎、地膜等杂物，施肥培土。

● **果树：**在萌动前结束冬剪。

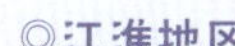

◎江淮地区

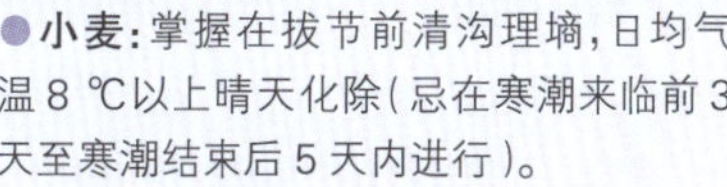

● **小麦：**掌握在拔节前清沟理墒，日均气温 8 ℃以上晴天化除（忌在寒潮来临前 3 天至寒潮结束后 5 天内进行）。

春季麦田高效管理

● **油菜：**抽薹前清沟理墒，薹高 10 厘米时重施薹肥，亩施 45% 复合肥 25~30 千克以及尿素 5 千克。

● **果菜：**①大棚叶菜及时浇水、施肥，及时采收上市；②温室果菜夜多层覆盖保温，昼通风、照光，及时采收上市。

小麦拔节前化除

油菜施用薹肥

大棚草莓收获

大棚叶菜浇水

◎江南华南地区

● **油菜：**初花期防治菌核病，注意田间沥水。

● **水稻：**①正月犁耙田，二月修田基；②因地选适宜品种备种；③培肥苗床；④备好机械、抛秧或机插秧盘、编织布、薄膜、竹片、肥药等农资。

● **春玉米：**①购买药、肥等，检查农机具，整地施底肥；②选种，避免连作、轮作；③甜玉米与其他品种、普通玉米隔离 500 米以上。

● **马铃薯：**①冬薯培土，叶面追肥，排水降湿；②春薯齐苗后培土，灌水防旱防霜冻，排水防渍；③防早疫病、疮痂病等。

● **果树：**①松土增温；②修剪树枝，间移、间伐、移栽大树；③继续修理果园沟渠、道路，清理边沟。

玉米塑盘基质育苗

油菜清沟排水

脐橙高接换种施催芽肥

油菜机植保

农谚

【气候】

雨水节,雨水代替雪。
雨水非降水,还是降雪期。
雨水雨增温度升,华北大地渐解冻。
雨水有雨庄稼好,下多下少都是宝。
雨水有雨庄稼好,大麦小麦粒粒饱。
未到惊蛰雷先鸣,必有四十五天阴。
雨水不落,下秧无着。
雨水落雨三大碗,大河小河都要满。
春东风,雨祖宗;夏东风,池塘空。
不怕一冬旱,就怕正、二、三。

【物候】

雨水草萌动,嫩芽往上拱,大雁往北飞,农夫备春耕。
麦子洗洗脸,一垄添一碗。
麦润苗,桑润条。
麦田返浆,抓紧松耪。
水深才能养大鱼,上中下部鱼三层。
河水井水双配套,水到用时有保证。

【农事】

七九、八九雨水节,种田老汉不能歇。
春雨贵如油,保墒抢时候。
雨水到来地解冻,化一层来耙一层。
种地别夸嘴,全凭肥和水。
有收无收在于水,收多收少在于肥。
蓄水如屯粮,水足粮满仓。
水满塘,粮满仓,塘中无水仓无粮。
水来蓄满塘,用时不慌张。
水是庄稼血,肥是庄稼粮。
庄稼一枝花,全靠肥当家。
黄河水可用不可靠,来水赶快把麦浇。
顶凌麦划耪,增温又保墒。

农诗

渔歌子

［唐］张志和

西塞山前白鹭飞,桃花流水鳜鱼肥。
青箬笠,绿蓑衣,斜风细雨不须归。

【译文】西塞山前白鹭在自由地翱翔,江水中肥美的鳜鱼欢快地游着,漂浮在水中的桃花是那样的鲜艳而饱满。江岸边一位老翁戴着青色的箬笠(用箬竹叶及篾编成的宽边帽),披着绿色的蓑衣,冒着斜风细雨,悠然自得地垂钓,他被美丽的春景迷住了,连下了雨都不回家。

初春小雨
——早春呈水部张十八员外

［唐］韩愈

天街小雨润如酥,草色遥看近却无。
最是一年春好处,绝胜烟柳满皇都。

【译文】京城大道上空丝雨纷纷,它像酥酪般细密而滋润,远望草色依稀连成一片,近看时却显得稀疏零星。这是一年中最美的景色,远胜过绿柳满城的长安暮春。

春夜喜雨

［唐］杜甫

好雨知时节,当春乃发生。
随风潜(qián)入夜,润物细无声。
野径云俱黑,江船火独明。
晓看红湿处,花重(zhòng)锦官城。

【译文】好雨似乎会挑选时辰,降临在万物萌生之春。伴随和风,悄悄进入夜幕。细细密密,滋润大地万物。浓浓乌云,笼罩田野小路;点点灯火,闪烁江上渔船。明早再看带露的鲜花,成都满城必将繁花盛开。

临安春雨初霁

［宋］陆游

世味年来薄似纱,谁令骑马客京华?
小楼一夜听春雨,深巷明朝卖杏花。
矮纸斜行闲作草,晴窗细乳戏分茶。
素衣莫起风尘叹,犹及清明可到家。

【译文】近年来做官的兴味淡淡的像一层薄纱,谁又让我乘马来到京都做客沾染繁华?住在小楼听尽了一夜的春雨淅沥滴答,清早会听到小巷深处在一声声叫卖杏花。铺开小纸从容地斜写行行草草,字字有章法,晴日窗前细细地煮水、沏茶、撇沫,试着品茗茶。不要叹息那京都的尘土会弄脏洁白的衣衫,清明时节还来得及回到镜湖边的山阴故家。

江南春

［唐］杜牧

千里莺啼绿映红，水村山郭酒旗风。

南朝四百八十寺，多少楼台烟雨中。

【译文】千里江南，到处是黄莺婉转啼叫，到处是绿叶映衬红花，水边的村落，靠山的城镇，酒帘迎风招展。南朝建有四百八十座寺庙，如今有多少楼台隐现在迷茫的烟雾般的细雨中，给江南的春天增添了朦胧迷离的色彩。

春雪

［唐］韩愈

新年都未有芳华，二月初惊见草芽。

白雪却嫌春色晚，故穿庭树作飞花。

【译文】新年都已来到，但还看不到芬芳的鲜花，到二月，才惊喜地发现有小草冒出了新芽。白雪也嫌春色来得太晚了，所以有意化作花儿在庭院树间穿飞。

春思

［唐］李白

燕草如碧丝，秦桑低绿枝。

当君怀归日，是妾断肠时。

春风不相识，何事入罗帏。

【译文】燕地的春草刚刚发芽，细嫩得像丝一样，秦地的桑树早已茂密得压弯了树枝。当你怀念家园盼望归家的日子，正是我思念你肝肠断裂的时候。多情的春风啊，我与你素不相识，为何要吹进罗帐，搅乱我的情思，令伊人空添忧伤！

"一亩三分地"源自皇帝亲耕的"籍田"
（图为雍正皇帝在先农坛行耕耤礼，郎世宁绘）

观耕籍田

［明］吴宽

春郊风动彩旗新，快睹黄衣是圣人。

盛礼肇（zhào）行非自汉，古诗犹在宛如豳（bīn）。

朝臣共助三推止，野乐全胜九奏频。

稼穑（jià sè）先知端可贺，粢盛（zī chéng）不独备明禋（yīn）。

【译文】郊外春风拂面、彩旗飘扬、万象皆新，我欣喜地看到皇帝穿着黄色服饰，在举行隆重的"籍礼"。这种礼仪也不是从汉代才开始的，在《诗经》中就有对周代初期天子耕籍田逼真的记载。皇帝和大臣们一起拿着耒耜（lěi sì，古代一种像犁的翻土农具）在籍田完成"三推"，伴奏的乐曲恢宏嘹亮，变更九次才结束。皇帝耕籍田不仅仅是为了生产祭祀用的谷物，而真正值得庆贺的是能深刻认识稼穑之事。

无题

［唐］李商隐

何处哀筝随急管，樱花永巷垂杨岸。

东家老女嫁不售，白日当天三月半。

溧阳公主年十四，清明暖后同墙看。

归来展转到五更，梁间燕子闻长叹。

【译文】在樱花怒放的深巷，垂杨轻拂的河岸，哪儿传来阵阵清亮的筝声，伴随着急骤的箫管？东邻的贫家中有位姑娘，年纪大了还嫁不出去，对着这当空的丽日，对着这暮春三月半。溧阳公主刚刚十四岁，在这清明回暖的日子，与家人一起在园墙里赏玩。这位姑娘回到家后一夜辗转无眠，只有梁间的燕子，听到她的长叹。

田上

［唐］崔道融

雨足高田白，披蓑半夜耕。

人牛力俱尽，东方殊未明。

【译文】春雨已下得很充足了，以致连高处的田里也存满了一片白茫茫的水，为了抢种，农民披着蓑衣冒着雨，半夜就来田里耕作。等到人和牛的力都使尽的时候，天还远远未亮呢。

春雷乍响，蛰虫惊醒，万物生长，冻融交替，春耕备耕，天气回暖……

惊蛰是二十四节气中的第 3 个节气（二月节），常年为 3 月 4—7 日，太阳到达黄经 345° 时，天气转暖，雨水增多，渐有春雷，以打雷惊醒蛰伏冬虫，标志着仲春时节的开始（气候学要求日均温 10 ℃以上为春天开始），我国大部分地区进入春耕季节。除东北、西北外的其他地区平均气温回升到 0 ℃以上，华北为 3~6 ℃，沿江江南≥ 8 ℃，西南、华南已达 10~15 ℃。但冷暖交替不稳定，气温波动甚大。

惊蛰三候　一候桃始华；二候仓庚鸣；三候鹰化为鸠。随着气温回暖，桃花开始吐蕊、纷纷绽放，黄莺（黄鹂）鸟枝头鸣叫，鹰躲起来繁育后代，附近蛰伏的鸠开始求偶，声音就像布谷鸟鸣叫一样。此节气对应的花信为桃花、棠梨、蔷薇。

惊蛰三候组图

- **龙抬头**：农历二月初二。古中和节。
- **国际劳动妇女节**：全称“联合国妇女权益和国际和平日”或“联合国女权和国际和平日”，在中国又称“国际妇女节”“三八节”和“三八妇女节”，为每年的 3 月 8 日。
- **植树节**：植树日、植树周和植树月，统称国际植树节。我国设定 3 月 12 日为植树节。
- **国际消费者权益日**：3 月 15 日。由国际消费者联盟组织 1983 年确定，旨在扩大宣传消费者权益。

◎西北地区

冬小麦
返青期

冬青稞
返青期

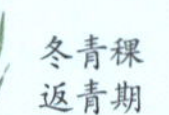

蚕豆
播种出苗期

冬马铃薯
结薯至蕾花期

春马铃薯
播种期

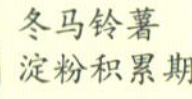

苹果树
萌芽期

◎西南地区

油菜
终花至角果期

冬马铃薯
淀粉积累期

春马铃薯
播种至苗期

小麦
孕穗抽穗期

早播稻
落谷育秧

秋玉米
吐丝授粉期

春玉米
播种期

节气农俗

春雷响，万物长，农夫忙……

- **花朝节**：汉族纪念百花生日的传统节日，简称花朝，俗称“花神节”“百花生日”，流行于东北、华北、华东等地，一般于农历二月初二、二月十二或二月十五举行。节日期间，人们结伴到郊外游览赏花，称为“踏青”，姑娘们剪五色彩纸粘在花枝上，称为“赏红”。
- **祭白虎**：中国民间传说白虎是口舌、是非之神，会在惊蛰这天出来觅食，犯之则易在年内遭邪恶小人兴风作浪，阻挠前程发展。为寻求顺利，惊蛰时节祭拜用纸绘制的白老虎，黄色黑斑纹，口角画有一对獠牙，以肥猪血喂之，继而以生猪肉抹在纸老虎嘴上，使之不能张口说人是非。
- **蒙鼓皮**：惊蛰由雷声引起，古人想象雷神是位鸟嘴人身、长翅膀的大神，一手持锤，一手连击环绕周身的许多天鼓，发出隆隆雷声。传说，惊蛰这天，天庭有雷神击天鼓，人间也借此时蒙鼓皮。可见，不但百虫生态与一年四季运行相契合，万物之灵的人类也要顺应天时。
- **打小人**：惊蛰时节，平地一声雷，会唤醒冬眠的蛇虫鼠蚁。古时人们会手持清香艾草熏家中四角，以驱赶蛇虫蚊鼠和霉味，后来演变成不顺心者拍打对头和驱赶霉运的习惯。

花朝节

祭白虎

蒙鼓皮

节令美食宜忌

- **吃梨**：民间素有“惊蛰吃梨”的习俗，主要原因是此时气候比较干燥，易口干舌燥、外感咳嗽，梨可以生食、蒸、榨汁、烤或煮水食用，可助益脾气，以增强体质，抵御病菌的侵袭。也有人说“梨”谐音“离”，可让虫害远离庄稼，保全年丰收。
- **吃煎饼、吃炒豆**：山东等地居民在惊蛰日于庭院中生火炉烙煎饼，意为烟熏火燎整死害虫。陕西等地要吃炒豆，将盐水浸泡后的黄豆放在锅中爆炒，发出“噼啪”之声，象征虫在锅中受热煎熬蹦跳。
- **吃炒虫**：广西金秀县的瑶族在惊蛰日家家户户要吃炒虫，全家人围坐在厅堂边吃炒熟的“虫”（其实就是玉米）边喊“吃炒虫了”！还要比谁吃得快、嚼得响。
- **饮食宜忌**：宜清淡甘甜，忌生冷酸辣。

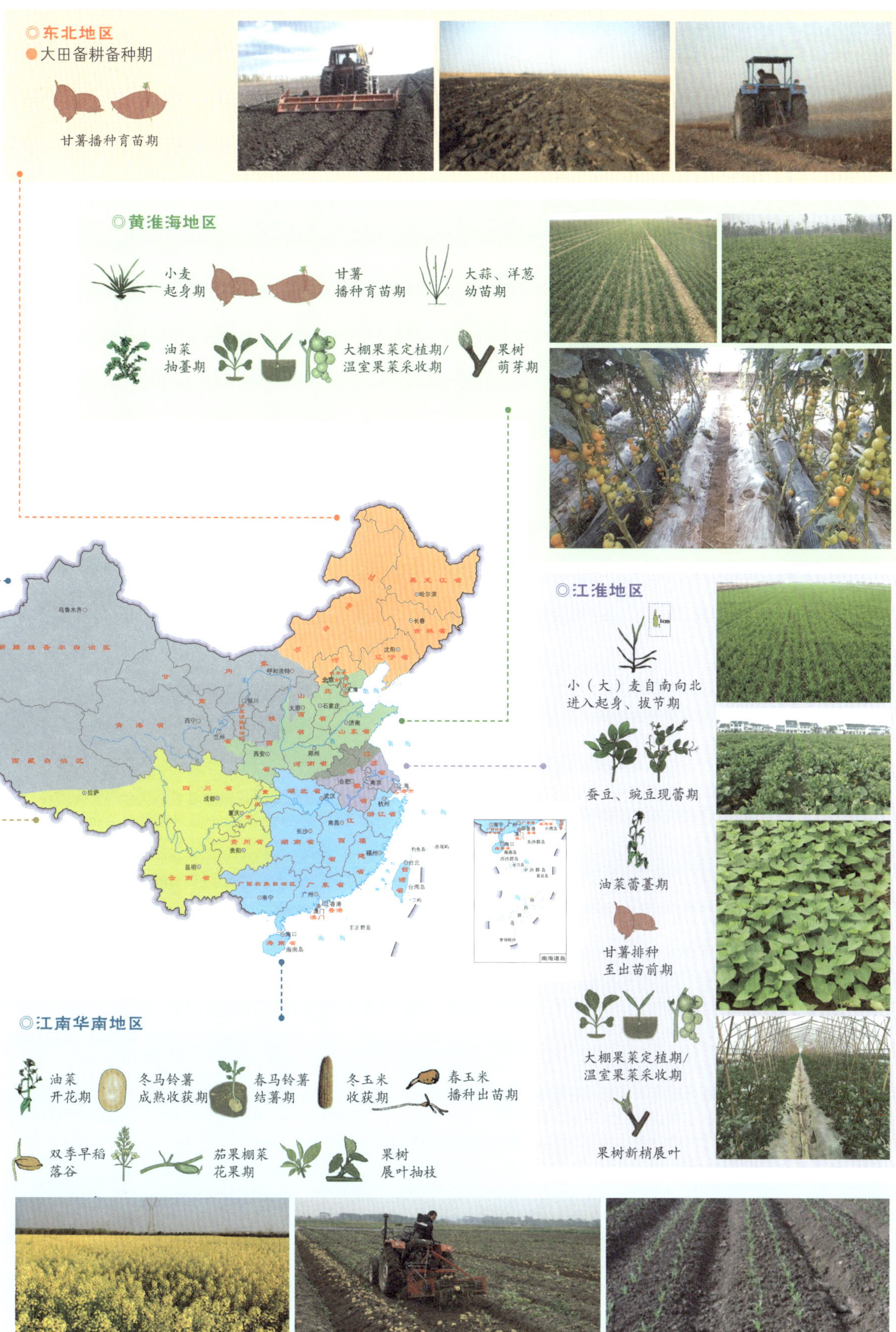
◎东北地区
●大田备耕备种期
甘薯播种育苗期
◎黄淮海地区
小麦
起身期
甘薯
播种育苗期
大蒜、洋葱
幼苗期
油菜
抽薹期
大棚果菜定植期/
温室果菜采收期
果树
萌芽期
◎江淮地区
小（大）麦自南向北
进入起身、拔节期
蚕豆、豌豆现蕾期
油菜蕾薹期
甘薯排种
至出苗前期
大棚果菜定植期/
温室果菜采收期
果树新梢展叶
◎江南华南地区
油菜
开花期
冬马铃薯
成熟收获期
春马铃薯
结薯期
冬玉米
收获期
春玉米
播种出苗期
双季早稻
落谷
茄果棚菜
花果期
果树
展叶抽枝

物种文化

马铃薯

全球第四大重要粮食作物，仅次于小麦、稻谷和玉米，块茎又称地蛋、土豆、洋山芋等。

◎**起源与传播：**马铃薯有2个起源中心，一个是南美洲哥伦比亚、秘鲁、玻利维亚的安第斯山区及乌拉圭等地，另一个是中美洲及墨西哥中部。1570年前后从南美传入西班牙，此后传至欧洲大陆和亚洲的部分地区。大约在17世纪晚期，马铃薯传入菲律宾、日本、西印度群岛和非洲一些沿海地区。18世纪末，传入澳大利亚、新西兰和南亚的印度等。马铃薯在中国至少有400多年的种植历史。

◎**生产与应用：**马铃薯耐寒、耐旱、耐瘠薄，适应性强，从南到北、从高海拔到低海拔的大部分区域都能种植。我国是马铃薯种植第一大国，多年来在栽培和育种方面颇有成效。马铃薯充当着主食与副食的双重角色，既含蔬菜中的胡萝卜素和抗坏血酸，又如谷物般有比较多的淀粉，能够给人提供热量。

◎**衍生的文化现象与价值：**马铃薯在中国由“洋芋”变成“土豆”的“本土化”十分有趣，形成了独特的乡土文化，如甘肃、贵州等地举办“马铃薯文化节”。马铃薯的各种俗称和别名揭示外来的马铃薯已经成为地道的“土特产”，如山东鲁南地区叫地蛋，广东、香港叫薯仔、馍馍蛋，山西叫山药蛋，等等。马铃薯及其别称也已成为中国歇后语的主角，如“电线杆上插土豆——好歹是个头”“母猪遛土豆——全凭一张嘴”。

◎西北地区

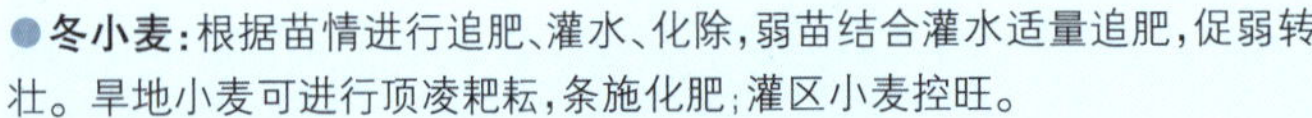

●**冬小麦：**根据苗情进行追肥、灌水、化除，弱苗结合灌水适量追肥，促弱转壮。旱地小麦可进行顶凌耙耘，条施化肥；灌区小麦控旺。

●**蚕豆：**海拔2 200米以下地区播种出苗，中海拔（2 200~2 500米）区春耕备播、施肥。

●**马铃薯：**春播备耕、播前准备，如整地、选种、配肥等。中早熟品种播种，顶凌覆膜。有条件可通过灌水、覆盖秸秆等方法御寒。

●**苹果树：**对果树枝条进行修剪，以调整花芽、枝叶比例和养分供应配比。旺枝刻芽，虚旺枝分道环割，细小虚旺枝抑顶促萌，较长的可隔4~5芽转枝。

冬小麦化除

冬小麦追肥

蚕豆播种

马铃薯播种

马铃薯顶凌覆膜

◎西南地区

●**马铃薯：**冬马铃薯早灌，防控晚疫病。春马铃薯齐苗时第1次中耕培土、除草清沟、追肥（提苗肥）浇水；晚春马铃薯破膜放苗；高山区春薯始播。

●**水稻：**播前准备。①因地选用适宜品种，备好种子；②翻耕灭茬，培肥苗床；③备好机械、抛秧或机插专用秧盘、肥药等农资。早播水稻育秧，精量播种，高温高湿促齐苗，及时揭膜炼苗。

●**小麦：**适当灌水或喷施抗寒抑制剂以防倒春寒。

●**春玉米：**①施足基肥；②种子包衣等处理；③人工点播或机播，地膜玉米及时查苗放苗，3叶间苗5叶定苗；④育苗2叶盖膜移栽至5叶；⑤注意防旱防涝。

●**大豆：**播前准备，选择高产优质多抗性品种，选择正茬地，减少土传病害。

●**豌豆：**①播前用高效低毒杀虫剂土壤处理或拌种；②在潜叶蝇危害初期即叶片出现白色虫道时用高效低毒杀虫剂进行防治。

●**甘薯：**开始育苗。

冬马铃薯黄板防蚜

春玉米间作套种

蚕豆打顶

甘薯温室蔓火栽培

防灾减灾

●**湿、渍害：**湿害是指雨水充沛，田间虽无积水但土壤含水量超过作物植株生育适宜值造成的伤害；渍害则是田间出现积水对作物植株造成的损害。湿、渍害的主要原因通常是雨水过多或地下水位高，土壤水分过于饱和，使作物根系长期处在缺氧环境中造成脱水凋萎或死亡，又称为生理性旱害。常发生在长江中下游和黄淮海地区，如稻麦种植区，前作水稻使土壤浸水时间长，土壤黏重，渗水困难，透气性差易使后茬小麦出现湿害。又由于该地区降水量的大部分（500~800毫米）常年集中于小麦生长的中后期，大大超过了小麦正常需水量，易造成湿、渍害。

防御措施：①田内外三沟配套，排明水降暗渍，减少耕作层滞水。②及时清沟理墒，加强排水降湿。③抬田降低地下水位，地下水埋深控制在1米以下，做到田水进沟畅通无阻。④对湿害较重的麦田，做到早施巧施接力肥，重施拔节孕穗肥，以肥促苗升级。冬季多增施热性有机肥，如渣草肥、猪粪、牛粪、草木灰以及沟杂马、人粪尿等。化肥多施磷钾肥，利于根系发育、壮秆。搂锄松土散湿提温，增强土壤通透性，促进根系发育，增加分蘖，加快苗情转化。⑤湿、渍害发生后，及早喷施抗逆刺激素等护叶防病。

小麦遇渍害

水稻苗渍害严重

玉米苗遇暴雨

油菜田沟里全是水

麦田清沟理墒排水

抢挖棉田墒沟降渍

◎东北地区

● **检修农机具**：对农机具进行检修，使之达到正常使用状态，联合整地。

● **番茄、青椒**：浸种，铺温床育苗。

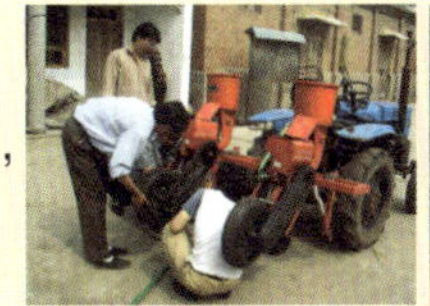

检修农机具

整地

温床育苗

◎黄淮海地区

● **小麦**：南部拔节期追肥浇水。北部返青期镇压、划锄，冬前未除草麦田返青期化除；防治纹枯病、根腐病等茎部病害及麦蜘蛛、蚜虫等虫害。

● **油菜**：掌握在抽薹前日均温升至 8 ℃以上的晴天化除，旺苗化控；在薹高 10 厘米左右时重施薹肥。

● **甘薯**：①苗床翻整施肥做畦；②选健康种薯块消毒后排种；③注意床温和水分管理；④温床苗繁苗。

● **春棉花、花生等**：①整地，清理残茬残膜，施有机肥和底化肥；②做好种子处理准备，制营养钵；③棚内保温，浇足底墒，播种培育壮苗。

● **设施果菜**：①大棚整地、做垄、铺膜；②及时定植、浇水、保温促缓苗；③温室栽培通风、照光，及时采收；④追肥防止秧苗早衰，延长采果期。

● **大蒜、洋葱等露地蔬菜**：清除杂草，结合中耕培土，浇返青水等追施返青肥，亩施尿素 5~10 千克、硫酸钾 5~10 千克。

● **果树**：注意春灌，保墒提温，追施催芽肥，刮树皮、防治腐烂病等。花期人工辅助授粉。

麦田春季追肥浇水

露地大蒜浇返青水

◎江淮地区

● **油菜**：①保持三沟畅通；②弱苗追施花肥；③结合菌核病防治，施用叶面肥；④防治蚜虫、菜青虫等。

春季麦田高效管理

● **小麦**：①拔节前清沟理墒、旺苗镇压化控、晴暖天气（日均温≥8 ℃）化除；②拔节后由南向北适时适量施好拔节肥、防治纹枯病、倒春寒冻害补救。

● **水稻**：①因地选用适宜品种，备种；②及时扣棚做床（旱整旱做）；③提早备好营养土（基质）、培肥苗床；④修整渠系；⑤机械、肥药等农资准备。

● **玉米**：①备种；②备好玉米专用缓控肥和农药；③精细整地，配套沟渠。

● **甘薯**：①抢晴天排种，排种前用多菌灵浸泡消毒；②高温催芽，平温长苗。

甘薯排种

小麦拔节肥施用

茭白定植

◎江南华南地区

● **马铃薯**：①冬薯排水防渍，2 月下旬起晴日及时收获；②春薯培土除草、追肥；③防治病虫害。

● **油菜**：①保持三沟畅通；②弱苗追施花肥；③结合菌核病防治，施用叶面肥防花而不实、防早衰，7~10 天可重复 1 次。

● **早稻**：①种子处理，浸种催芽；②床土消毒、调酸；③编织布隔层育秧，或抛秧塑盘育秧，或机插秧盘育秧；④旱（浆）播旱管保温育秧；⑤ 1 叶 1 心期多效唑化控；⑥防苗期病虫草害。

● **玉米**：冬玉米收获。春玉米：①盘育乳苗，1 叶 1 心期移栽；②直播田起畦施底肥，合理密植，播后即喷除草剂；③间苗定苗，追肥除草，防病治虫。

● **西瓜、甜瓜**：大棚西瓜、甜瓜定植。露地西瓜、甜瓜播种育苗。

● **果树**：①施肥，修剪，松土；②施催芽肥；③栽植，间移，间伐，移大树；④育苗，剪砧，解绑，高接换种树锯砧挑膜；⑤防治红黄蜘蛛、疮痂病、粉虱等；⑥清沟抬田，清理边荒；⑦除草；⑧高接换种，靠接换砧。

水稻犁耙整田

水稻人工撒施基肥

春玉米旋耕—施肥—起垄一次作业

冬马铃薯收获

春玉米乳苗移栽

小麦抗逆应变技术

油菜机植保

农谚

【气候】
春雷一响，惊动万物。
春雷响，万物长。
惊蛰过，暖和和，蛤蟆老角唱山歌。
惊蛰春雷响，农夫闲转忙。
惊蛰有雨并闪雷，麦积场中如土堆。
二月打雷麦成堆。
二月莫把棉衣撇，三月还下桃花雪。
惊蛰冷，冷半年。
惊蛰刮北风，从头另过冬。

【物候】
九九加一九，耕牛遍地走。
惊蛰地开门，过了惊蛰没冻地。
雷打惊蛰前，高山好种田。
惊蛰麦返青，春分麦起身。
雷响惊蛰前，夜里捕鱼日过鲜。
地化通，见大葱。
惊蛰过后雷声响，蒜苗谷苗迎风长。
二月二，龙抬头，虫虫蚂蚁儿往外游。
惊蛰断凌丝。
九九八十一，家里做饭地里吃。

【农事】
到（过）了惊蛰节，春耕（犁地）不能歇。
惊蛰地化通，锄麦莫放松。
惊蛰不耕田，不会打算盘。
惊蛰不耙地，好像蒸锅跑了气。
九尽杨花开，春种早安排。
冻土化开，快种大麦。
大地化，快种葵花和蓖麻。
大麦豌豆不出九。
豌豆出了九，开花不结纽儿。
种蒜不出九，出九长独头。
麦锄三遍无有沟，豆锄三遍圆溜溜。
麦子锄三遍，麦缝像条线（等着吃白面）（皮薄多出面）。
惊蛰不育苗，挖不回红苕。
惊蛰点瓜，遍地开花。
惊蛰秧，赛油汤。
惊蛰吹南风，秧苗迟下种。
惊蛰高粱春分秧。
惊蛰不放蜂，十笼九笼空。

农诗

甲戌正月十四日书所见来日惊蛰节

［宋］张元干

老去何堪节物催，放灯中夜忽奔雷。
一声大震龙蛇起，蚯蚓虾蟆也出来。

【译文】年纪大了为什么还要忍受时节的催促呢?！半夜放灯忽然雷声轰鸣，巨大的雷声震得龙蛇、蚯蚓和蛤蟆都跑了出来。

拟古·仲春遘时雨

［东晋］陶渊明

仲春遘（gòu）时雨，始雷发东隅（yú）。
众蛰各潜骇，草木纵横舒。
翩翩新来燕，双双入我庐。
先巢故尚在，相将还旧居。
自从分别来，门庭日荒芜。
我心固匪石，君情定何如?

【译文】二月喜逢春时雨，春雷阵阵发东边。冬眠蛰虫皆惊醒，草木润泽得舒展。轻快飞翔春燕归，双双入我屋里边。故巢依旧还存在，相伴相随把家还。你我自从分别来，门庭日渐荒草蔓。我心坚定不改变，君意未知将何如?

满江红·田家四时苦乐歌（其一）

［清］郑板桥

细雨轻雷，惊蛰后和风动土。
正父老催人早作，东畬（shē）南圃。
夜月荷锄村犬吠，晨星叱犊山沉雾。
到五更惊起是荒鸡，田家苦。
疏篱外，桃华灼；池塘上，杨丝弱。
渐茅檐日暖，小姑衣薄。
春韭满园随意剪，腊醅（pēi）半瓮邀人酌。
喜白头人醉白头扶，田家乐。

【译文】惊蛰节气过后，春雷始鸣，细雨霏霏，春风吹拂，大地解冻，老父亲催促人们早点开始在田园耕作。劳作到夜晚才顶着月色背着锄头回家，惊得村里的狗都在叫，一大早就披着星光赶着小牛走进沉雾的大山里。到了五更天被公鸡打鸣惊到，农民生活苦啊。桃花辉映疏篱，垂柳倒映池塘。慢慢地，太阳晒得屋子里越来越暖和，小姑穿着薄薄的衣裳。随意在院子里割些春天的韭菜，打上半瓮冬天酿制好的老酒，邀请朋友一起喝。我们这群上了年纪的老朋友喝醉了互相搀扶，真是开心啊，农家生活多么美好啊!

惠崇春江晚景

［宋］苏轼

竹外桃花三两枝，
春江水暖鸭先知。
蒌蒿满地芦芽短，
正是河豚欲上时。

【译文】竹林外两三枝桃花初放，鸭子在水中游戏，它们最先察觉了初春江水的回暖。河滩上已经满是蒌蒿，芦笋也开始抽芽，而河豚此时正要逆流而上，从大海洄游到江河里来了。

观田家

［唐］韦应物

微雨众卉新，一雷惊蛰始。
田家几日闲，耕种从此起。
丁壮俱在野，场圃亦就理。
归来景常晏，饮犊西涧水。
饥劬（qú）不自苦，膏泽且为喜。
仓廪（lǐn）无宿储，徭役犹未已。
方惭不耕者，禄食出闾（lǘ）里。

【译文】春雨过后，所有的花卉都焕然一新。一声春雷，蛰伏在土壤中冬眠的动物都被惊醒了。种田人家没过几天悠闲的日子，春耕劳作从惊蛰起便开始了。年轻力壮的都去田野耕地，家里的人把场院收拾整理后准备种菜了。他们每天都忙忙碌碌的，回到家天色已晚，还得牵着牛犊到西边的溪沟去饮水。这样又累又饿，他们自己却不觉得苦，只要看到贵如油的春雨滋润着禾苗心里就充满了喜悦。他们整日这样忙碌，可是家中粮仓中却没有存粮，而劳役却是没完没了。看到这些，我这不耕者深感惭愧，因为我的俸禄所得都出自乡里的种田百姓。

题耕织图二十四首奉懿旨撰（其二）

［元］赵孟頫（fǔ）

东风吹原野，地冻亦已消。
早觉农事动，荷锄过相招。
迟迟朝日上，炊烟出林梢。
土膏脉既起，良耜（sì）利若刀。
高低遍翻垦，宿草不待烧。
幼妇颇能家，井臼常自操。
散灰缘旧俗，门径环周遭。
所冀岁有成，殷勤在今朝。

【译文】春风吹遍大地，积冻消融，大地复苏。一早就发现农民开始干活了，农夫背着锄头下地。过了很久，朝阳才缓缓升起，树梢上也冒出袅袅炊烟。肥沃的土地上开始流淌着潺潺泉水，耕地的犁头像刀一样锋利。田里高高低低都翻垦了个遍，那些陈年枯草也不用烧掉。小姑娘也很会持家，经常自己干汲水舂米的活。按照旧的风俗，在门前路上和四周撒上草木灰祈福。希望今天的辛勤劳动，带来这一年好的收成。

月季

［宋］苏轼

花落花开无间断，春来春去不相关。
牡丹最贵惟春晚，芍药虽繁只夏初。
唯有此花开不厌，一年长占四时春。

【译文】月季花的开放与凋谢一年四季没有间断，与春天来或者不来没有关系。牡丹只在晚春的时候最为富贵，芍药虽然繁盛但仅在夏初开放。唯独月季花常年盛开不会厌烦，一年四季都跟春季一样开放。

春分

昼夜等分，杨柳青青，油菜花香，莺飞草长，阴阳相伴，柳暗花明，吹面不寒杨柳风……

春分

春分是二十四节气中的第4个节气，常年为3月19—22日，太阳位于黄经0°（春分点）时，直射地球赤道，是春季90天的中分点，昼夜均而寒暑平，我国除青藏高原、东北、西北和华北北部地区外，都已是春暖花开，处处莺飞草长，杨柳青青，小麦拔节，油菜花香，桃红李白迎春黄。华北地区和黄淮平原日均温几乎与多雨的沿江江南地区同时升到10 ℃以上，大部分地区进入春耕春管大忙季节。此后北半球昼长夜短。

春分三候 一候玄（元）鸟至；二候雷乃发声；三候始电。春分前后，燕子从南方迁徙到北方，下雨时会有雷电伴随。此节气对应的花信为海棠、梨花、木兰。

春分三候组图

- **世界森林日：**3月21日。于1971年11月由联合国粮食及农业组织（FAO）正式确认，又译为"世界林业节"。
- **世界水日：**3月22日。于1993年1月18日第47届联合国大会决议，旨在唤起公众的节水意识，加强水资源保护。

◎西北地区

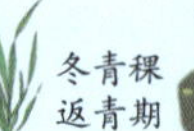

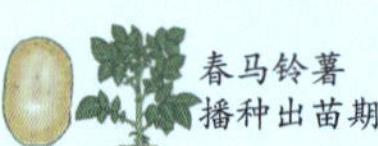

冬小麦返青期　冬青稞返青期　冬马铃薯膨大期　春马铃薯播种出苗期　春大麦青稞始播　蚕豆播种出苗期　苹果树展叶抽枝

节气农俗

春分春思念，一天长一线……

春祭：据清朝潘荣陛在《帝京岁时纪胜》中记载，"春分祭日，秋分祭月，乃国之大典，士民不得擅祀"。周代即有春分祭日仪式，其隆重仅次于祭天与祭地典礼。明代皇帝祭日，用奠玉帛，礼三献，乐七奏，舞八佾（yì），行三跪九拜大礼。清代皇帝祭日礼仪有迎神、奠玉帛、初献、亚献、终献、答福胙、车馔、送神、送燎等九项议程。北京日坛原是明帝王祭日的场所，如今已经成为人们休闲娱乐的公园。

竖蛋（立蛋）："春分到，蛋儿俏"。中国习俗的春分竖蛋已成为"世界游戏"，玩法简单且富有趣味。即选择一个光滑匀称的新鲜鸡蛋，让其在桌上竖立起来，急躁容易失败，细心加耐心才能成功。鸡蛋能竖起来是由于春分这天昼夜平衡、不冷不热，人们思维敏捷，活动有利于愉悦心情、保健养生。

送春牛：春分到来时春倌挨家送春牛图，2开红纸或黄纸印上全年农历节气及农夫耕田图样。送图者都是些民间善言唱者，即景生情，见啥说啥，说得主人乐而给钱为止，俗称"说春"，说春人便叫"春倌"。

放风筝：春分期间是放风筝的好时候。风筝有王字风筝、鲢鱼风筝、月儿光风筝等，其大者有2米高，小的也有60~70厘米，放时还要相互竞争看谁放得高。

◎西南地区

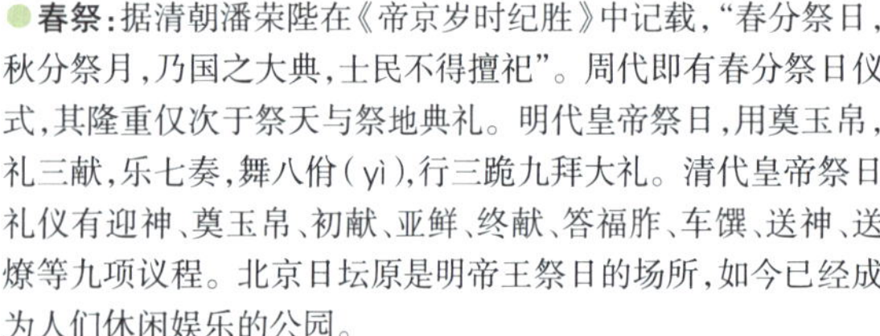

油菜角果期　冬马铃薯淀粉积累期　春马铃薯播种至苗期　秋玉米籽粒形成期　春玉米播种出苗期　小麦抽穗扬花期　早稻移栽期　甘薯育苗期

春祭　竖蛋

放风筝

春菜

节令美食宜忌

吃春菜：岭南风俗"春分吃春菜"，"春菜"是一种称之为"春碧蒿"的野苋菜，清热解毒。春分当天采摘的"春菜"，嫩绿细棵如巴掌，与鱼片"滚汤"名曰"春汤"。

吃汤圆，粘雀子嘴：春分这天农民有吃汤圆、粘雀子嘴的习俗。把煮好的无馅汤圆用细竹叉扦着置于室外田地里，引诱麻雀前来啄食，过去人们认为这样可以粘雀子嘴，免得破坏庄稼。

饮食宜忌：宜省酸增甘，以养脾气，忌大寒大热，多吃春菜及时令蔬果，顺时而食。

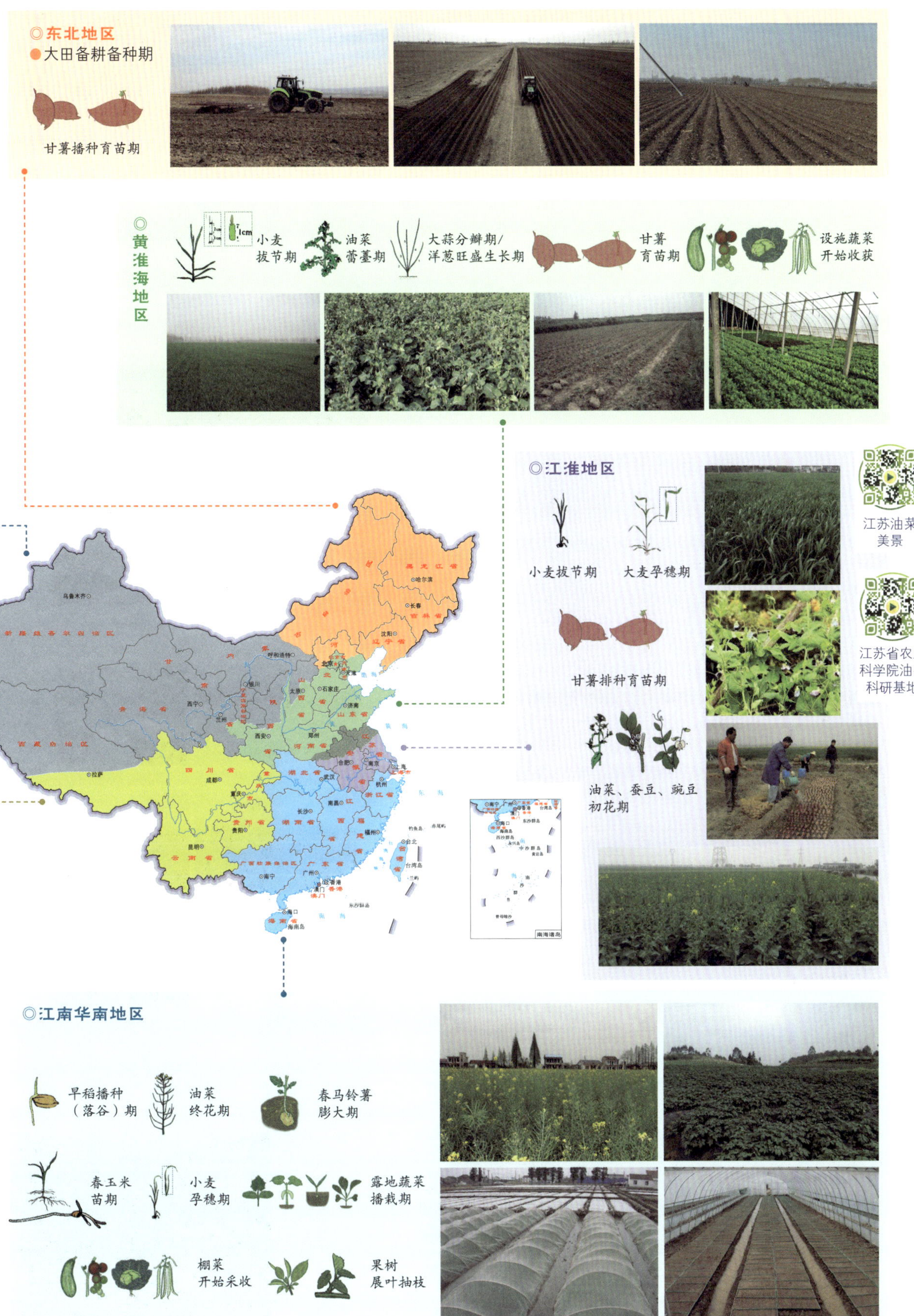

◎东北地区
●大田备耕备种期
甘薯播种育苗期
◎黄淮海地区
小麦拔节期
油菜蕾薹期
大蒜分瓣期/洋葱旺盛生长期
甘薯育苗期
设施蔬菜开始收获
◎江淮地区
小麦拔节期
大麦孕穗期
甘薯排种育苗期
油菜、蚕豆、豌豆初花期
江苏油菜美景
江苏省农业科学院油菜科研基地
◎江南华南地区
早稻播种（落谷）期
油菜终花期
春马铃薯膨大期
春玉米苗期
小麦孕穗期
露地蔬菜播栽期
棚菜开始采收
果树展叶抽枝

物种文化

大蒜

又叫蒜头、胡蒜、葫等，有浓烈的蒜辣气，味辛辣。

◎**起源与传播：**大蒜最早在古埃及、古罗马和古希腊等地中海沿岸国家栽培。1986 年 Etoh 等研究者认为，中亚为大蒜起源中心，我国学者也证明了在新疆地区野生蒜类分布广阔。汉武帝时代，张骞将大蒜从西域引入陕西关中地区。后从中国传入朝鲜半岛、日本列岛。大蒜于 16 世纪传入美洲，18 世纪后期传入美国，近代以来在非洲也渐渐得到普及。

◎**生产与应用：**大蒜是世界第二大葱蒜类作物，目前主要生产国是中国、印度、韩国、俄罗斯等国。我国是大蒜的第一生产大国，也是第一出口大国，品种资源丰富。大蒜营养丰富，富含蛋白质、脂肪、钙、铁、维生素 C 等。大蒜中所含的蒜氨酸可水解产生大蒜辣素，具有杀菌作用。大蒜既是调味品，又被广泛用于医疗药品、保健食品和饲料添加剂的制造。

◎**衍生的文化现象与价值：**植物信仰是药物的延续。大蒜不仅可防病治病，还被作为避邪之物。大蒜在我国饮食文化中占据着重要地位，坊间流传着很多谚语，如“大蒜是个宝，常吃身体好”。大蒜的食用方法和加工方式多样，有大蒜调料粉、蒜泥、糖蒜、黑蒜等。大蒜在世界各地广受欢迎，每年 4 月 26 日为国际大蒜节，4 月份为国际大蒜节宣传月。

◎西北地区

- **小麦：**灌区冬小麦依据苗情进行追肥灌水；旱地小麦镇压保墒或耙耘，及时化除防治病虫草害。春小麦、春大麦、春青稞开始播种，选用品质好、产量高、适应性强、抗病虫抗灾良种。
- **蚕豆：**低海拔地区苗期化除或人工除草，中海拔（2 300~2 500 米）地区播种；地膜覆盖蚕豆田破膜放苗。
- **马铃薯：**冬马铃薯开始收获。春播晚熟品种适时晚播；中早熟品种及时放苗，查看地膜及地墒是否利于出苗。
- **棉花：**播前准备，做到土壤细碎、疏松、平整，墒情适宜，施好基肥，选良种且质量达标，准备地膜、滴灌带等农资。
- **冬青稞：**看苗、看田灌水。
- **秋冬播大蒜：**结合浇水灌药，防治地蛆兼治蒜螨。

蚕豆精量播种、平衡施肥

地膜覆盖蚕豆放苗

晚春马铃薯播种

棉花选种

◎西南地区

- **水稻：**早播稻开始移栽，移栽前整地施肥，耕深 10~15 厘米，结合整田，亩施用 20 千克复合肥（20–8–12）和 20 千克过磷酸钙。机插方式移栽，栽插行距 30 厘米，株距 18 厘米，每亩栽插 1.2 万穴，每穴 2~3 苗。大面积中稻浸种、催芽、播种。
- **玉米：**秋播玉米灌水、防病防虫防鼠害。春玉米播种出苗，露地直播间苗定苗，追肥除草。
- **春马铃薯：**早春薯培土除草，叶面追肥，加强晚疫病防控。
- **小麦：**“一喷多防”，用尿素或磷酸二氢钾等与杀虫剂、杀菌剂、植物生长调节剂综合复配，防治条锈病、白粉病、赤霉病。若遇阴雨，则需二次喷防。
- **高粱：**冷尾暖头播种，播前精整苗地、泡种 10~20 小时、做好消毒处理，播后拍压、施足水与肥、搭拱盖地膜保温育苗。

水稻耕整大田

蚕豆收获

高粱机械直播

高粱厢床育苗

玉米灌水

防灾减灾

低温春涝：一般发生在东北地区。如上一年秋季雨水较多（雨封地）、冬季降雪偏多（雪量大）、春季遇持续低温，导致春季农田仍被冰雪覆盖，则存在土壤温度低、解冻速度慢、土壤湿度大、涝象严重等问题，低温春湿情况对适时播种保全苗不利，对春耕造成一定的影响。

防御措施：①科学确定品种。根据积温等气候条件，科学确定品种。一旦播期推迟，则选用适期或偏早熟品种，秋霜春防，防止越区种植。②加快排水散渍。对土壤水分饱和地区，抢抓晴好天气散墒、整地，利用大机械及早耙耢地，加快融雪散墒和耕地化冻。对化冻后明水多的地块，采取挖排水沟、积水坑、疏通沟渠和机械强排等措施，抢排积水，除水散墒。③及早腾茬整地。对玉米秸秆尚未离田的地块，在化冻前组织发动人力、机械力量突击清除田间秸秆，为适时整地创造条件。加强土壤墒情监测，检修调试整地、播种机械，一旦适宜机械进地，立即组织整地，利用春季温度回升、风力较大的有利条件，进行翻耕晾晒散墒。也可以顶浆灭茬起垄，刹浆后含水量和温度适宜时播种。④落实关键技术。充分利用水稻育秧大棚抢积温的优势，实行智能催芽，育好秧、育壮秧。玉米采取晒种、包衣、催芽播种，对土壤湿度大、播期推迟的地块，及时更换生育期较短的品种或播前晒种 1~2 天，提高发芽率、灭杀病原菌；采取药剂拌种和包衣技术，防治苗期病虫害；采取播前催小芽，加快出苗，抢积温，保证玉米正常成熟；采取浅播浅种，以加快出苗速度，确保一播全苗。

低温春涝“双碰头”

◎东北地区

大豆播前联合整地

玉米播前联合整地

水稻育苗大棚

●**春整地：**大豆、玉米田提前清除田间秸秆杂物，以深松为主，松、翻、耙、旋、压相结合，做到地面平整、土壤细碎。

●**水稻：**扣棚做床，保温旱育中苗。

●**大豆、玉米：**施底肥。结合整地起垄，一般亩施有机肥约 2 000 千克。其中大豆亩施尿素 3~5 千克，磷酸二铵 7~10 千克，氯化钾 4~9 千克，硫酸锌约 1 千克；玉米亩施 20%~30% 的氮肥及全部的磷肥、钾肥。

●**茄子：**苗床内按7厘米 x 7厘米分苗，覆土固根浇透水，扩大营养面积。

●**青椒：** 50~60 ℃温水浸种 12 小时后捞出冲洗并用湿布包好→ 25~30 ℃高温催芽 5~6 天→温床内每平方米拌药土 8~10 克→播种。

◎黄淮海地区

●**小麦：**①南部麦区普施重施拔节肥，亩施 45% 复合肥 15~20 千克及尿素约 10 千克；②做好纹枯病防治、清沟理墒等，注意恢复补救倒春寒春霜冻害。

●**棉花：**育苗移栽棉田及时翻整苗床、培肥床土，覆盖薄膜备用。

●**甘薯：**排种育苗。①因地制宜选用酿热温床覆盖薄膜、冷床双膜覆盖育苗法，在清明前后晴暖无风天气上午排种；②搭建阳畦苗床→多菌灵、甲基托布津等药剂浸种→晾干排种→每平方米浇水 10~15 千克→细沙土均匀覆盖 2~3 厘米→覆膜。

春季麦田高效管理

●**水稻：**播前准备。①选用适宜品种，备好种子；②备好育秧棚；③提早备好营养土（基质）、培肥苗床；④备好机械、肥药等农资。

●**大棚蔬菜：**逐步进入快速生长期，及时采收上市，加强温、光、水、气、肥的管理，提高种植效益。

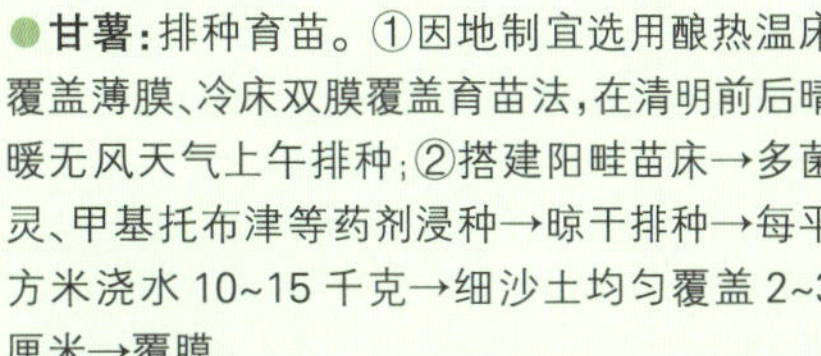

棉花苗床培肥、整理

设施甘薯排种育苗

◎江淮地区

●**小麦：**①普施重施拔节孕穗肥，亩施 45% 复合肥 15~25 千克及尿素约 10 千克；②继续做好纹枯病防治、清沟理墒等管理，注意倒春寒、春霜冻害后的恢复补救。

油菜机植保

●**油菜：**初花期主动防治菌核病等，隔 7~10 天再防治 1 次；结合防治菌核病等药肥混喷防早衰。

●**蚕豆：**初花期亩追施 8~10 千克尿素作花荚肥并松土除草，用 80% 代森锰锌可湿性粉剂 600 倍液喷雾防治赤斑病，7 天后再治 1 次。

●**春花生、春玉米、春大豆等：**在 5 厘米地温稳定通过 10 ℃时开始播种。设施甘薯排种。

●**果菜：**①大棚整地、做垄、铺膜；②及时定植、浇水、保温促缓苗；③温室栽培通风、照光，及时采收；④追肥防止秧苗早衰，延长采果期。

无人机防治油菜菌核病

小麦施拔节孕穗肥

甘薯排种育苗

◎江南华南地区

●**双季早稻播种：**具体播期的确定以日平均温度为指标，地膜保温、露地湿润育秧分别以日平均温度稳定通过 10 ℃、12 ℃时即可，旱育秧则可提早 5~7 天。

●**春马铃薯：**培土除草，叶面追肥。

●**玉米：**间苗定苗，追肥除草。

●**小麦：**①清沟排渍；②防治条锈病、纹枯病和白粉病等；③冻害补救；④看苗追施孕穗肥。

●**大棚西、甜瓜：**①爬地栽培和立架栽培双蔓整枝并打顶；②露地栽培注意苗床管理和大田整地施肥。

●家禽家畜防病治病。

水稻流水线播种育秧

水稻田间轨道播种育秧

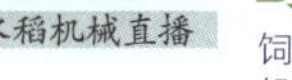
水稻机械直播

饲料油菜机收微贮

农谚

【气候】

春分秋分，昼夜平分。
春分南风，先雨后旱。
春分早报西南风，台风虫害有一宗。
春分西风多阴雨。
春分降雪春播寒。
春分有雨是丰年。
春分利大风，利到四月中。
春分大风夏至雨。
春分雨不歇，清明前后有好天。
春分不冷清明冷。
春分阴雨天，春季雨不歇。
春分前冷，春分后暖；春分前暖，春分后冷。
春分前后怕春霜，一见春霜麦苗伤。

【物候】

不到春分地不开，不到秋分籽不来。
春分春分，百草返青。
春分无雨莫耕田，秋分无雨莫种园。
惊蛰麦返青，春分麦起身。
春分麦起身，一刻值千金。
吃了春分饭，一天长一线。

【农事】

惊蛰犁头地，春分地通气。
春分有雨家家忙，先种瓜豆后栽秧。
春分前好布田，春分后好种豆。
春分豆苗粒粒伸。
春分前后，大麦豌豆。
春分麦起身，农事（肥水）要跟紧。
追肥浇水跟松耪，三举配套麦苗壮。
春分麦，芒种糜，小满种谷正合适。
春分日，植树木。
春分至，把树接；园树佬，没空歇。

农诗

春日田家

［清］宋琬

野田黄雀自为群，山叟相过话旧闻。
夜半饭牛呼妇起，明朝种树是春分。

【译文】乡村田野中黄雀自行结为群，山上老人迎面相见互聊旧时的听闻。到了半夜喂牛时，叫醒老伴商量明天春分种树的事情。

仲春郊外

［唐］王勃

东园垂柳径，西堰落花津。
物色连三月，风光绝四邻。
鸟飞村觉曙，鱼戏水知春。
初晴山院里，何处染嚣尘。

【译文】前往东园的小路，垂柳掩映；西坝的渡口，落花缤纷。好风景已经连续多月了，这里的美景是周围所没有的。不觉村落已天明，鸟儿飞翔，鱼儿在水中嬉戏。刚刚雨过天晴，山村的庭院里哪里会染上世俗尘杂呢！

春日

［宋］朱熹

胜日寻芳泗水滨，无边光景一时新。
等闲识得东风面，万紫千红总是春。

【译文】风和日丽的日子，在泗水的河边踏青，只见无边无际的风光景物一时间都换了新颜。春天的面容与特征是很容易辨认的，春风吹得百花开放、万紫千红，到处都是春天的景致。

游山西村

［宋］陆游

莫笑农家腊酒浑，丰年留客足鸡豚。
山重水复疑无路，柳暗花明又一村。
箫鼓追随春社近，衣冠简朴古风存。
从今若许闲乘月，拄杖无时夜叩门。

【译文】不要笑农家腊月里酿的酒浊又浑，在丰收的年景里待客菜肴非常丰盛。山峦重叠水流曲折正担心无路可走，柳绿花艳忽然眼前又出现一个山村。吹着箫打起鼓春社的日子已经接近，村民们衣冠简朴的古代风气仍然保存。今后如果还能乘大好月色出外闲游，我一定拄着拐杖随时来敲你的家门。

二月二日出郊

［宋］王庭珪

日头欲出未出时，雾失江城雨脚微。
天忽作晴山卷幔，云犹含态石披衣。
烟村南北黄鹂语，麦垄高低紫燕飞。
谁似田家知此乐？呼儿吹笛跨牛归。

【译文】太阳将出而未出的时分，大雾遮住了江城，又变成细雨霏霏。忽然天又变晴，卷起帐幔露出了群山，云彩朵朵，好像山石披上了白衣。村落间到处听到黄鹂啭鸣，麦田小路间看到紫燕在上下翻飞。谁能像农人一样知道此中乐趣呢，他们正招呼儿童骑牛吹笛把家归。

咏柳

［唐］贺知章

碧玉妆成一树高，
万条垂下绿丝绦。
不知细叶谁裁出，
二月春风似剪刀。

【译文】如同碧玉装扮成的高高柳树，低垂着的柳条像千万条绿色的丝带在春风中婆娑起舞。这一片片纤细柔美的柳叶，是谁精心裁剪出来的呢？就是这早春二月的风，恰似神奇灵巧的剪刀，裁剪出了一丝丝柳叶，装点出锦绣大地。

春分日

［唐］徐铉

仲春初四日，春色正中分。绿野徘徊月，晴天断续云。
燕飞犹个个，花落已纷纷。思妇高楼晚，歌声不可闻。

【译文】二月初四正逢春分节气，春色恰好过了一半。绿色的田野上，月儿彷徨徐行，晴朗的天空中，云儿断续飘过，燕子一只一只地飞过，花瓣一片一片地飘落。天色已晚，高楼上的妇人思念远方亲人，飘来悲伤的歌声不忍听。

社日

［唐］王驾

鹅湖山下稻粱肥，豚栅鸡栖半掩扉。
桑柘影斜春社散，家家扶得醉人归。

【译文】鹅湖山下稻粱肥硕，丰收在望。牲畜圈里猪肥鸡壮，门扇半开。夕阳西沉，桑柘树林映照出长长的阴影。春社结束，家家搀扶着醉倒之人归来。

玉兰

［明］文征明

绰约新妆玉有辉，素娥千队雪成围。
我知姑射真仙子，天遣霓裳试羽衣。
影落空阶初月冷，香生别院晚风微。
玉环飞燕原相敌，笑比江梅不恨肥。

【译文】新开的玉兰花洁白优雅，仿佛绰约多姿的美人刚刚妆点过雪白的面容，焕发着美玉一般的光辉。远看时，满树的花朵仿佛无数穿着素衣的美人，聚集起来像雪花一样轻盈起舞，美不胜收。我想玉兰花一定是来自姑射山的仙子，上天才会赐予她这样美好的霓裳羽衣。晚上婆娑花影映照空阶，洁白的花朵沐浴在淡淡新月的光辉中，圣洁而静谧。晚风轻拂，清香四溢，哪怕院落重重，也阻隔不了这淡雅的花香。玉兰花兼具丰腴秾丽和轻盈飘逸之美，环肥燕瘦集于一身，也只有杨玉环和赵飞燕两位美人的名气可以与之匹敌。即使骂过杨玉环是肥婢的梅妃江采萍，看到玉兰花的风姿，也得心服口服，自叹不如吧！

气清景明，万物皆显，清洁明净，天气晴朗，草木繁茂，桃红柳绿，春意盎然，种瓜点豆……

清明

清明是二十四节气中的第5个节气（三月节），常年为4月4—6日，太阳到达黄经15°时，是干支历卯月的结束及辰月的起始。春意正浓，气温升高，北方干燥多风、降水少，南方雨水增多。清明节是我国四大传统节日之一，以节气兼节日的名俗大节身份出现，有天气晴朗、草木繁茂的意思，是民间祭拜扫墓的传统节日，也是踏青、植树、春耕春种的大好时节。

清明三候 一候桐始华；二候田鼠化为鴽；三候虹始见。在这个时节先是桐树开花；接着喜阴的田鼠不见了，全回到了地下的洞中，人们在田间多见鴽，便误以为鴽是田鼠所化；然后是雨后天空可以见到彩虹。此节气对应的花信为桐花、麦花、柳花。

清明三候组图

●**愚人节**：4月1日。也称万愚节、幽默节，是19世纪起在西方兴起流行的民间节日。

●**寒食节**：冬至后105日，清明节前1~2日。这一天有禁烟火，只吃冷食、祭扫、踏青等风俗。寒食节是汉族传统节日中唯一以饮食习俗来命名的节日。

◎西北地区

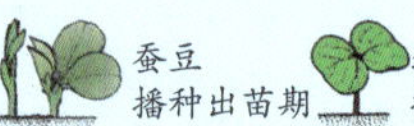

冬小麦 拔节期

春小麦 播种出苗期

蚕豆 播种出苗期

地膜棉 播种期

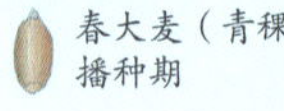

春大麦（青稞） 播种期

春马铃薯 播种出苗期

苹果树 蕾花期

◎西南地区

节气农俗

清明春意浓，冷食怀故人……

●**祭祖扫墓**：清明节是中国的祭祀节日，祭拜先人追忆逝者。据传清明扫墓始于古代贵族的"墓祭"之礼，后来民间仿效，于此日扫墓祭祖，谓之对祖先的"思时之敬"。常见的做法有整修坟墓、跪拜磕头、挂烧纸钱或供奉祭品等。

●**插柳、植树**：清明有戴柳插柳的习俗。柳根可治痔疮，柳枝可治牙疼，柳叶可利尿解毒。同时，清明前后春阳照临，春雨飞洒，种植树苗成活率高，成长快，是植树的好时节。

●**踏青**：踏青又称春游，古时叫探春、寻春等。清明踏青，结伴郊游赏景，沐浴春光，可以舒展筋骨，怡情养性。

●**荡秋千**：秋千最早叫千秋，为避忌讳改之为秋千，多用丫枝为架，再拴上彩带做成。后逐步发展为用两根绳索加上踏板的秋千。目前已成为常见的娱乐活动。

●**放风筝**：清明时节人们喜爱放风筝，放飞的不仅是风筝，更是心情。古话"鸢者（放风筝的人）长寿"，远视高空，可以消除眼部疲劳，有益视力，且可促进适量运动，协调形神，增强身体机能。

节令美食宜忌

●**吃馓子**：馓子是一种油炸食品，香脆精美，古时叫"寒具"。北方馓子大方洒脱，以麦面为主料；南方馓子精巧细致，多以米面为主料。

●**吃青团**：主要原料为田野里的棉菜，又称鼠曲草、清明草，主要生长于江苏、浙江一带，以米粉捣揉，馅以糖豆沙或白萝卜丝与春笋，制成"清明果"蒸熟，其色青碧，有止咳化痰的作用。

●**吃清明螺**：这个时节田螺还未进入繁殖期，最为肥壮，故有"清明螺，抵只鹅"之说。田螺不仅是席上佳肴，也有养生治病之效，可泄热明目、利水消肿、解暑止渴，解毒醒酒等。

●**饮食宜忌**：忌酸宜温避"发物"。

祭祖扫墓

荡秋千

馓子

青团

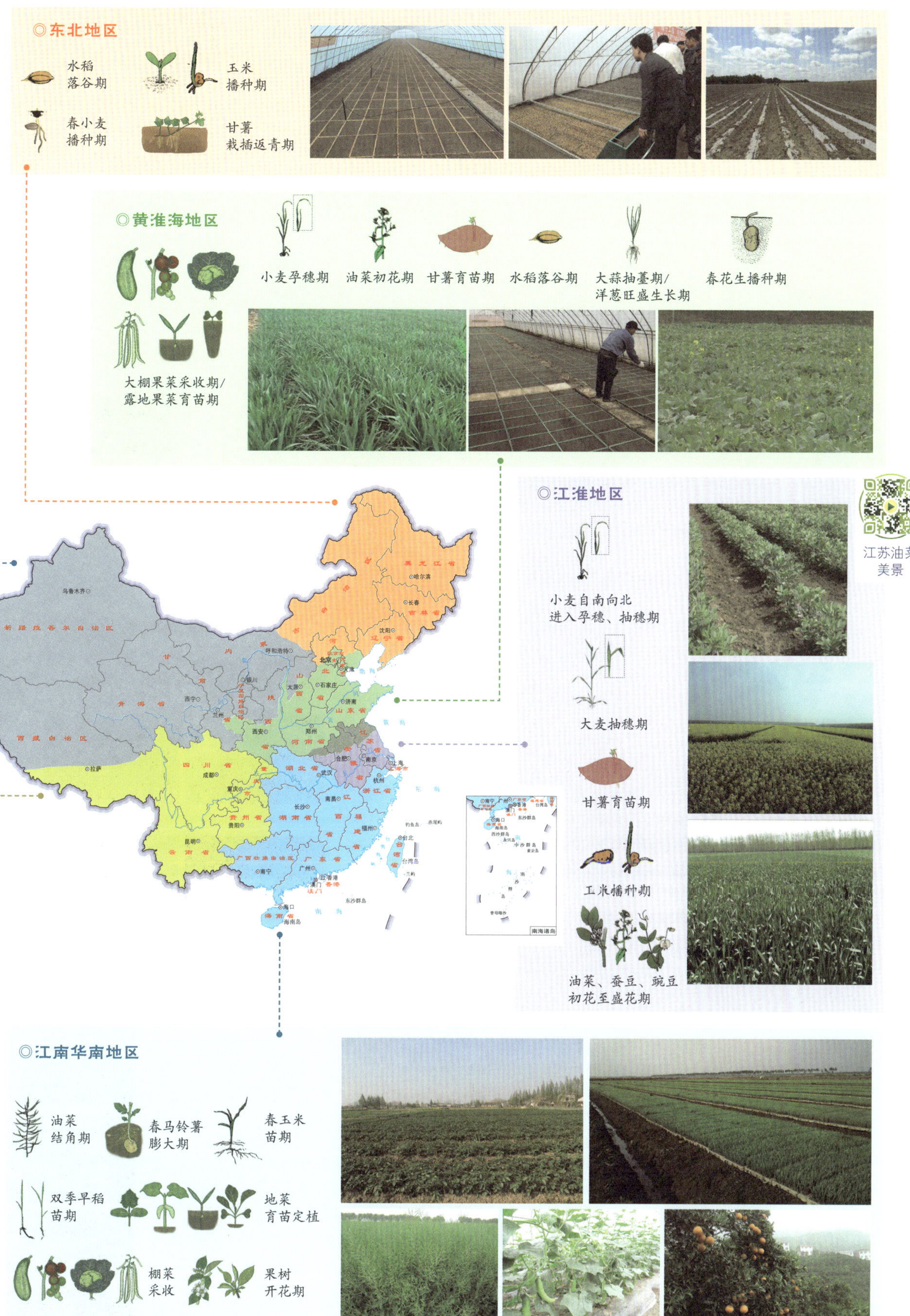
◎东北地区
水稻
落谷期
玉米
播种期
春小麦
播种期
甘薯
栽插返青期
◎黄淮海地区
小麦孕穗期
油菜初花期
甘薯育苗期
水稻落谷期
大蒜抽薹期/
洋葱旺盛生长期
春花生播种期
大棚果菜采收期/
露地果菜育苗期
◎江淮地区
小麦自南向北
进入孕穗、抽穗期
大麦抽穗期
甘薯育苗期
玉米播种期
油菜、蚕豆、豌豆
初花至盛花期
江苏油菜
美景
◎江南华南地区
油菜
结角期
春马铃薯
膨大期
春玉米
苗期
双季早稻
苗期
地菜
育苗定植
棚菜
采收
果树
开花期

物种文化

茶

茶的消费几乎遍及全世界。

◎**起源与传播:**茶树起源中心在我国横断山脉至大娄山脉的山区,其他为演化地区。秦汉时期巴蜀地区诞生了茶业,三国两晋时期茶业往北、东方向发展。5 世纪南北朝时期,我国茶叶输出至东南亚邻国及亚洲其他地区,15 世纪我国对西方茶叶开展贸易,17 世纪传至美洲。

◎**生产与应用:**茶叶产品可分为基本茶类和再加工茶类。其中基本茶类分为绿茶、红茶、白茶、乌龙茶、黄茶、黑茶等 6 大类,再加工茶类分为花茶、紧压茶、萃取茶、果味茶、药用保健茶、含茶饮料等 6 大类。我国是全球最重要的茶叶大国,茶叶面积第一、产量第一、出口量第三,我国茶叶产量达世界总产量的 40% 以上,亚洲茶叶产量占世界总产量的 80% 以上。

◎**衍生的文化现象与价值:**三国以前茶仅有医学价值;晋代、南北朝时茶走入文化圈;唐代出现中国茶道精神,后又出现大量茶书、茶诗等;宋代出现了专业品茶社团,宫廷用茶已分等级,民间斗茶风起;明代茶的饮用已改成"撮泡法",不少文人雅士留有传世之作,如唐伯虎的《烹茶画卷》;到清代中叶,6 大基本茶类及花茶全都登场亮相,茶叶出口已成一种正式行业。现代以茶为载体的茶文化内容非常广泛,涉及科技教育、文学艺术、历史考古、经济贸易、赋税法律、新闻出版、医学保健、餐饮旅游、游艺娱乐等学科与行业,形式丰富多彩。

◎西北地区

- **小麦:**①南部冬小麦依据苗情进行追肥灌水;②北部镇压保墒或耙耱,可以开始春季化除。春小麦开始播种。
- **蚕豆:**①低海拔区苗期除草;②中海拔区处于种子萌发期;③高海拔(2 600~2 800 米)区播种。
- **马铃薯:**冬马铃薯收获。春马铃薯晚熟品种破膜引苗;早中熟品种施提苗肥。
- **棉花:**确定好播种密度,亩约 1.6 万株。做到铺膜紧实,覆土严实,下种一致,空穴率低,采光面宽。播后随时观察种子萌动、出苗,及时查苗、放苗,对缺苗断垄及时补种。
- **秋冬播大蒜:**在清明浇水后 2~3 天,喷 1 次杀菌剂防治白腐病。
- **春播作物:**播种前整地、备种、检修农机具等。
- **苹果树:**开始人工授粉,疏花疏果,防冻及品种改接等。

地膜棉花播种

地膜棉花播后管理

◎西南地区

- **水稻:**①种子处理,浸种催芽;②稀播匀播;③灌水至饱和状态;④保温保湿、防立枯病、蚜虫、草害、鼠害。已经移栽的早稻加强分蘖期管理,注意防治螟虫、叶瘟病、草害等;正在育秧的苗床加强秧苗管理,同时施好接力肥,适期移栽。
- **春玉米:**田间除杂草,防治地下害虫。继续抢墒播种,充分利用清明雨水保苗生长。
- **马铃薯:**冬马铃薯叶片落黄即收挖。春马铃薯现蕾时(苗高约 15 厘米)第 2 次清沟中耕培土除草,视苗追肥浇水;防控牲畜野猪、早晚疫病,拔除中心病株。
- **高粱:**加强苗期管理,施断奶肥和壮苗肥,防治病虫,防高温烧苗,带药移栽。
- **春花生:**适时早播,播种深度以 5 厘米左右为宜,掌握"干不种深,湿不种浅"原则;合理密植,亩植 1.7 万 ~2.0 万株。
- **春大豆:**土壤足墒时抢晴播种,亩用种 5 千克,亩基施 40 千克复合肥,搞好田间水系配套。播种后 3 天内,用异丙甲草胺 + 草胺膦封闭除草。
- **豌豆:**播深 6~8 厘米,行距 20~25 厘米,株距 5~6 厘米;覆土厚度一致,播后及时镇压,保全苗壮苗齐苗。

中稻落谷

水稻揭膜炼苗

水稻插秧

大豆播种和防鸟措施

玉米苗期中耕除草

冬播马铃薯收获

防灾减灾

低温寒害、冷害:寒害或冷害是指作物在生长季节内,因温度降到生育所能忍受的低限以下而受害。一般指 0 ℃以上低温对作物的损害,使作物生理活动受到障碍,严重时某些组织遭到破坏。由于寒害或冷害是在气温 0 ℃以上,有时甚至是在接近 20 ℃的条件下发生的,作物受害后,外观无明显变化,故有"哑巴灾"之称。同一种冷害在不同地区有不同的称谓。如双季早稻的低温冷害,一般发生于 3—4 月,这是双季早稻和迟熟中稻的播种育秧期,如遇低温加连阴雨的灾害性天气易造成烂秧死苗;再如水稻抽穗开花期的冷害,常发生于我国长江中下游地区的秋季低温害,俗称"翘穗头";发生在广东、广西地区时因值寒露节气,故称寒露风。

防御措施:①选用耐寒、早熟、高产良种。虽然水稻、玉米等主要粮食作物的晚熟和中熟品种在高温年能增产,但遇低温年会严重减产。②采取相应的农业技术措施。如通过早播、早育苗及育苗移栽、地膜覆盖、增加施肥、及时浇水降温等措施加强田间管理,其中水稻推荐早育稀播,秧苗在插秧后具有较强的抗冷能力,能早生快发,提早齐穗;在秧田的施肥上采用适氮高磷钾的方法,即适当控制氮肥用量,少施速效氮肥,施足磷肥、钾肥。这种磷、钾含量高的壮秧,不仅抗寒力强,而且栽插到冷浸田中也不会因磷、钾吸收不良而发病。③掌握当地气候变化规律,合理安排作物品种布局。如黑龙江省扩大小麦种植面积,实行玉米、小麦间作或小麦、玉米、大豆间作,充分利用光能。④遭遇低温冷害后及时补救。喷施叶面保温剂在水稻秧苗期、减数分裂期及开花灌浆期防御冷害上都具有良好的效果。

水稻苗期遭遇冷害

◎东北地区

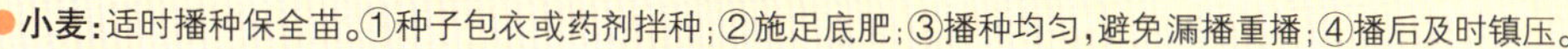

●**水稻播种育苗流程：**晒种→选种（稻种倒入质量比为1∶1.13的盐水中进行清选）→浸种消毒（用2 000~4 000倍液的咪鲜胺浸种，每天搅拌1次）→催芽→播种（一般以当地连续5天平均气温达到5 ℃即可播种，有条件可应用一体式播种机播种、摆盘后覆膜）→苗前封闭（一般采用丁·扑合剂毒土法）→防蝼蛄（可用敌百虫或杀虫单拌稻糠制成毒饵撒在苗床上）。

●**小麦：**适时播种保全苗。①种子包衣或药剂拌种；②施足底肥；③播种均匀，避免漏播重播；④播后及时镇压。

●**玉米：**播前准备。①灭茬、深翻、底肥深施、起垄镇压；②种子精选、包衣。

●**甘薯：**①选肥力好、土层厚的沙性壤土；②施基肥，深耕起垄；③防旱；④中耕除草，合理密植，查苗补缺。

●**马铃薯：**播种。

●**露地黄瓜：**酿热物铺床及配置营养土。

●**番茄：**苗床内分苗覆土固根。

水稻机械化播种

玉米种子包衣

◎黄淮海地区

小麦施拔节孕穗肥

棉花制钵

玉米播前整地

春花生播种

●**小麦：**拔节期因苗追肥浇水；晚霜来临前灌水预防春季冻害，冻后灌水追肥补救；防治白粉病、锈病等。

●**油菜：**初花期主动防治菌核病。

●**水稻：**①种子处理；②浸种催芽；③床土调肥调酸；④均匀稀播，播后苗前封闭化除；⑤控温控湿育苗；⑥看苗浇水补肥；⑦防治苗期病虫害。

●**大蒜（洋葱）：**①收获蒜、葱头的田块，及早摘除花薹，适时浇水施肥；②蒜薹、蒜头兼收田块，在蒜薹"显尾"后浇水追肥，"甩弯"时适期拔薹；③防治大蒜叶枯病、锈病和洋葱霜霉病、紫斑病等。

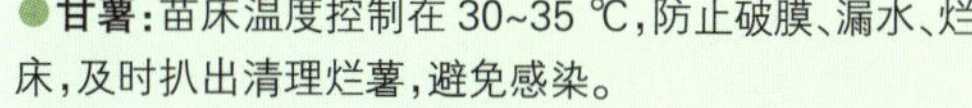

●**甘薯：**苗床温度控制在30~35 ℃，防止破膜、漏水、烂床，及时扒出清理烂薯，避免感染。

●**棉花：**①如受旱则在播前15~20天浇底墒水后耙耱；②铺地膜滴管；③稳定通过12 ℃时冷尾暖头播种，稳定通过14 ℃，棉苗长出2~3片真叶时移栽；④查苗补种，防治地下害虫。

●**春花生：**播前准备，①整地；②晒种剥壳；③播期早的地区4月下旬可根据温度、墒情适时播种。

●**设施蔬菜：**①植株管理，促进开花，授粉促果；②浇水、施肥，促果实膨大，及时采收；③苗床通风降湿，防病；④施肥促进壮苗。

◎江淮地区

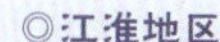

番茄整枝

大棚蔬菜田间管理

露地茄子定植

●**小麦：**①由南向北适时适量施好孕穗肥；②防治白粉病及蚜虫、麦蜘蛛等；③精准防治赤霉病等，"一喷三防"；④倒春寒冻害补救。

●**蚕豆：**①开花期防治赤斑病；②锈病发病初期使用三唑酮喷雾防治；③蚜虫用吡虫啉喷雾防治。

●**豌豆：**①白粉病发病初期用三唑酮或烯唑醇喷雾防治；②潜叶蝇发生初期用阿维菌素喷雾防治。

●**玉米：**①适当早播，合理增加密度，施足基肥；②播后苗前喷施土壤封闭型除草剂；③防止苗期冷害；④防治苗期虫害。

●**棉花：**①冷尾暖头苗床抢晴播种、覆膜；②齐苗后揭膜，化学防治苗病；③阴雨天盖膜保温防淋；④子叶展平喷洒缩节胺。

●**甘薯：**①防治病虫害；②剔除病（毒）苗；③及时揭膜炼苗，培育壮苗；④采苗扩繁，及时追肥。

●注意瓜豆类蔬菜的育苗定植以及大棚蔬菜的管理与采收。

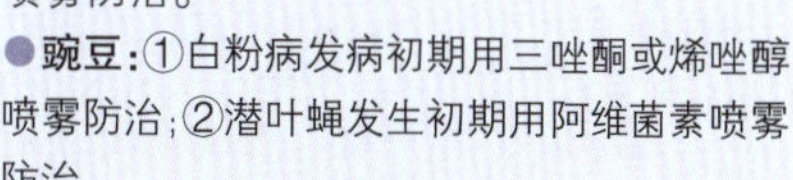

饲料油菜机收微贮

油菜机植保

麦田后期田间管理

◎江南华南地区

●**早稻：**秧苗管理，2叶1心前沟灌，保持床土湿润，2叶1心后开始根据气温变化揭膜通风炼苗，膜内温度保持在15~35 ℃，防烂秧和烧苗。同时施好接力肥，防治立枯病。早稻田耕整，部分开始机插。移栽期管理：大田施足基肥，犁耙耕整；秧苗施好送嫁肥、送嫁药；浅水插秧，寸水活棵；移栽后5~7天施分蘖肥＋除草剂；防治稻飞虱、螟虫、黑条矮缩病、稻瘟病等。

●**春玉米：**①及早除蘖打杈，避免损伤茎叶；②苗期保水防涝，拔节期适增浇水量；③防病治虫除草，亩适施攻秆肥5~7千克（钾肥）。

●**春马铃薯：**培土除草、叶面追肥、排水防渍。

●**油菜：**①保持三沟畅通；②缺肥田块喷施叶面肥，预防高温逼熟，防早衰；③防鸟害等。

●**大豆：**①大田毛豆4月初播种；②亩基施30千克复合肥；③浇水播种争全苗。

水稻秧苗揭膜通风炼苗

水稻起秧运秧

水稻机械栽插

农谚

【气候】

清明断雪，谷雨断霜。
清明断雪不断雪，谷雨断霜不断霜。
雨打清明前，春雨定频繁。
阴雨下了清明节，断断续续三个月。
清明难得晴，谷雨难得阴。
清明无雨旱黄梅，清明有雨水黄梅。
麦怕清明霜，谷要秋来旱。
清明有霜梅雨少。
清明响雷头个梅。
清明北风十天寒，春霜结束在眼前。
清明起尘，黄土埋人。

【物候】

清明时节，麦长三节。
清明到，麦苗喝足又吃饱。
清明落雨整秧田。
清明到，农人吓一跳。
清明花，大车拉；谷雨花，大把抓；小满花，不归家。
雨打清明前，洼地好种田。
清明雨星星，一棵高粱打一升。

【农事】

清明前后，种瓜（花）点豆。
清明玉米，谷雨花，谷子抢种至夏至。
清明高粱谷雨谷。
春分早，谷雨迟，清明种棉正当时。
棉花播种深和浅，灵活掌握莫呆板。
种早难保苗，种晚难保桃，适时播种最牢靠。
高粱早播秸秆硬，谷子早播多发病。
清明到立夏，倒伏最可怕。

农诗

清明

［唐］杜牧

清明时节雨纷纷，路上行人欲断魂。
借问酒家何处有？牧童遥指杏花村。

【译文】清明时节细雨纷纷，路上远行的人个个落魄断魂。询问当地之人何处能买酒浇愁，牧童笑而不答，指了指杏花深处的村庄。

清明日与友人游玉粒塘庄

［唐］来鹄

几宿春山逐陆郎，清明时节好烟光。
归穿细荇船头滑，醉踏残花屐齿香。
风急岭云飘迥野，雨馀田水落方塘。
不堪吟罢东回首，满耳蛙声正夕阳。

【译文】为了寻找三国东吴大才子陆绩的遗迹，在清明节这个大好的春光里，我在山里住了好几个晚上。船因为水中刚刚生长出来的荇菜的羁绊，船头不时地打滑，我在醉态中踩坏了路边的野花，足底却留下了花的香气。忽然一阵疾风把云从山那边刮过来，等到雨停了，田间的水仍然不断地从田间流向池塘。诗人被这样的景色迷住了，在低声赞美的同时还不得不回首西看，雨后夕阳的斜照十分绚丽，满耳都是欢乐的蛙叫声。

苏堤清明即事

［宋］吴惟信

梨花风起正清明，游子寻春半出城。
日暮笙歌收拾去，万株杨柳属流莺。

【译文】春光明媚、和风徐徐的西子湖畔，游人如织。到了傍晚，踏青游湖的人们已散，笙歌已歇，但西湖却万树流莺，鸣声婉转，春色依旧。

丙辰年鄜州遇寒食城外醉吟（其一）

［唐］韦庄

满街杨柳绿丝烟，画出清明二月天。
好是隔帘花树动，女郎撩乱送秋千。

【译文】杨柳遍街，绿丝成荫，活画出清明前后的艳春天气。隔着门帘隐约看到花树影动，原来是一群（陕西）女子争先恐后地在荡秋千。

寒食野望吟

［唐］白居易

乌啼鹊噪昏乔木，清明寒食谁家哭。
风吹旷野纸钱飞，古墓垒垒春草绿。
棠梨花映白杨树，尽是死生别离处。
冥冥重泉哭不闻，萧萧暮雨人归去。

【译文】乌鹊啼叫发出聒噪的声音，在昏暗高大的树木下，是哪家在清明寒食的节日里哭泣？风吹动着空旷野外的纸钱飞舞，陈旧的坟墓重重叠叠，到了春天绿草莹莹。棠梨花掩映着白杨树，这就是生死离别的地方啊！亡者在昏晦的黄泉中听不到哭声，来祭奠的人直到傍晚才在萧萧雨声中回家去。

寒食

［唐］杜甫

寒食江村路，风花高下飞。
汀烟轻冉冉，竹日静晖晖。
田父要（yāo）皆去，邻家闹不违。
地偏相识尽，鸡犬亦忘归。

【译文】寒食节走在江畔小村的路上，风吹着柳絮从高处纷纷落下。远处轻烟缓缓升起，天边落日静默不语。乡间老农都很豁达，邻里关系十分密切。地方偏小人们都互相认识，就连鸡犬在一起也相亲相近，忘了回家。

寒食郊行书事（其三）

［宋］范成大

野店垂杨步，荒祠苦竹丛。
鹭窥芦箔水，乌啄纸钱风。
媪引浓妆女，儿扶烂醉翁。
深村时节好，应为去年丰。

旅寓洛南村舍

［唐］郑谷

村落清明近，秋千稚女夸。
春阴妨柳絮，月黑见梨花。
白鸟窥鱼网，青帘认酒家。
幽栖虽自适，交友在京华。

【译文】清明节即将临近，乡村中荡秋千的少女人人争夸。春天阴雨柳絮难以飞起，夜色昏黑也能看见梨花。雪白的鸟儿窥视着鱼网，青帘飘飘那是卖酒人家。幽居清静虽然自得安适，终难忘好朋友住在京城。

林村寒食

［宋］戴表元

出门杨柳碧依依，木笔花开客未归。
市远无饧供寒食，村深有纻试新衣。
寒沙犬逐游鞍吠，落日鸦衔祭肉飞。
闻说旧时春赛里，家家鼓笛醉成围。

【译文】出门看到杨柳随风摇动，木笔花开着而客人还没回来。市场比较远，没有糖块用来寒食节吃，村里有苎麻纤维织成的布可以试穿新衣服。寒冷的沙滩上，狗追着游人狂叫，夕阳下山，乌鸦叼着祭肉飞过。听说过去的春社日，每家都打鼓吹笛，围着大醉。

【译文】垂杨飘拂的渡口处，隐约可见村野之店，荒祠的周围，苦竹丛生。白鹭紧盯着放了芦箔的水上，乌鸦在随风飘舞的钱灰中不住啄食。老妇人领着盛装打扮的女儿，儿子扶着喝醉的老爹。偏远的山村里这般好的光景，去年应该是个丰收之年。

谷雨

雨生百谷，谷苗旺盛，时至暮春，温度上升，降雨增多，湿度加大，杨花落尽子规啼……

谷雨

谷雨是二十四节气中的第6个节气，也是春季最后一个节气，常年为4月19—21日，太阳到达黄经30°时，气温回升，农作物生长加快，南方降雨增多，湿度加大，雨生百谷。谷雨已是暮春时节，北方地区“桃梨杏花相映红，杨絮柳絮漫天舞”；南方地区“杨花落尽百花谢，日上枝头天气新”，除华南北部和西南部分地区外，气温已达20 ℃以上，尤其是广州及珠江三角洲一带已经有入夏的感觉了。

谷雨三候　一候萍始生；二候鸣鸠拂其羽；三候戴胜降于桑。随着降雨量的增多，水中浮萍开始滋生，接着布谷鸟开始在空中飞翔，提醒人们“布谷”播种，此后在桑林中可以看到戴胜鸟出没。此节气对应的花信为牡丹、荼（酴）蘼、楝花。

谷雨三候组图

● **世界地球日**：4月22日。是世界性的环境保护活动日。旨在唤起人类爱护地球、保护家园的意识，促进资源开发与环境保护的协调发展，进而改善地球的整体环境。

● **五一国际劳动节**：又称国际劳动节、劳动节，为5月1日，是世界上大多数国家的劳动节。节日源于美国芝加哥城的工人大罢工。

节气景物·农时动态

◎西北地区

冬小麦拔节至孕穗期

春小麦分蘖期

蚕豆苗期

地膜棉苗期

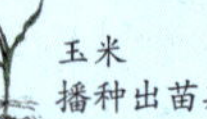

春马铃薯播种出苗期

春大麦播种出苗期

玉米播种出苗期

春油菜播种出苗期

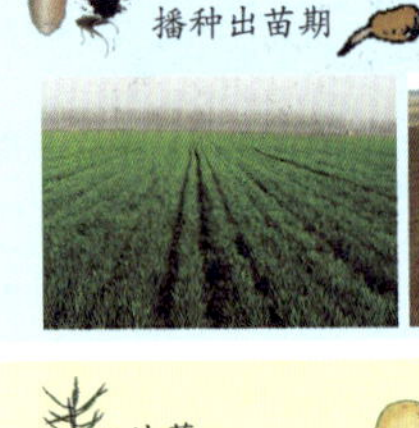

◎西南地区

油菜成熟至收获期

冬马铃薯收获期

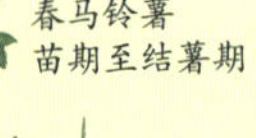
春马铃薯苗期至结薯期

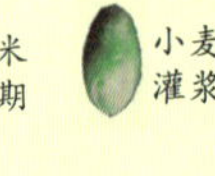
春玉米苗期至拔节期

秋玉米成熟期

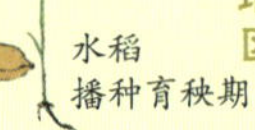
小麦灌浆期

水稻播种育秧期

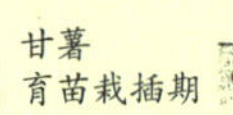
甘薯育苗栽插期

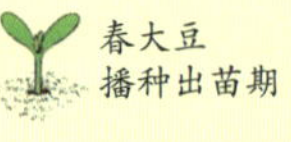
春大豆播种出苗期

节气农俗

走谷雨，生百谷……

谷雨时节有“南方谷雨摘茶忙，北方谷雨食椿香”之说。

● **走谷雨**：古时有“走谷雨”的风俗，谷雨这天青年妇女走村串亲，或者到野外走走，寓意与自然相融合，强身健体。

● **喝谷雨茶**：传说谷雨这天的茶喝了会清火、明目、驱毒、辟邪等，所以南方有谷雨摘茶习俗，以祈求健康。

● **赏牡丹**：谷雨前后是牡丹花开的重要时期，因此，牡丹花也被称为“谷雨花”。“谷雨三朝看牡丹”。至今，山东、河南、四川等地还于谷雨时节举行牡丹花会，供人们游乐聚会。

● **洗澡消灾避祸**：西北地区，旧时人们将谷雨的河水称为“桃花水”，传说以它洗浴可消灾避祸。

● **渔家祭海盼渔丰**：谷雨时节海水回暖，百鱼行至浅海地带，是下海捕鱼的好日子。俗话说：“骑着谷雨上网场。”为出海平安、满载而归，渔民们在谷雨这天要到海神庙或娘娘庙敲锣打鼓、燃放鞭炮、面海祭祀，祈求海神保佑。因此，谷雨节也叫作渔民出海捕鱼的“壮行节”。

● **祭祀文祖仓颉**：自汉代以来，陕西白水县谷雨有祭祀文祖仓颉的习俗，纪念传说中仓颉创造文字。

渔家祭海盼渔丰

牡丹吐蕊

谷雨采茶时节

节令美食宜忌

香椿芽

香椿炒鸡蛋

● **食香椿**：北方有谷雨食香椿习俗。谷雨前后是香椿芽采收、上市的时节，这时的香椿醇香爽口、营养价值高，有“雨前香椿嫩如丝”之说。香椿具有提高机体免疫力，健胃、理气、止泻、润肤、抗菌、消炎、杀虫之功效。

● **吃菠菜、芹菜等能养肝**：谷雨时节人体容易犯困，肝脏气伏，脾脏气盛，消化功能旺盛，需注意养肝、健脾、祛湿，香椿、菠菜、芹菜、黄豆芽、马兰头、薏米、山药等是比较适宜的选择。

● **饮食宜忌**：低脂肪、少酸辣。补身好时候，“五低”要注意，即饮食注意低盐、低脂、低糖、低胆固醇、低刺激。

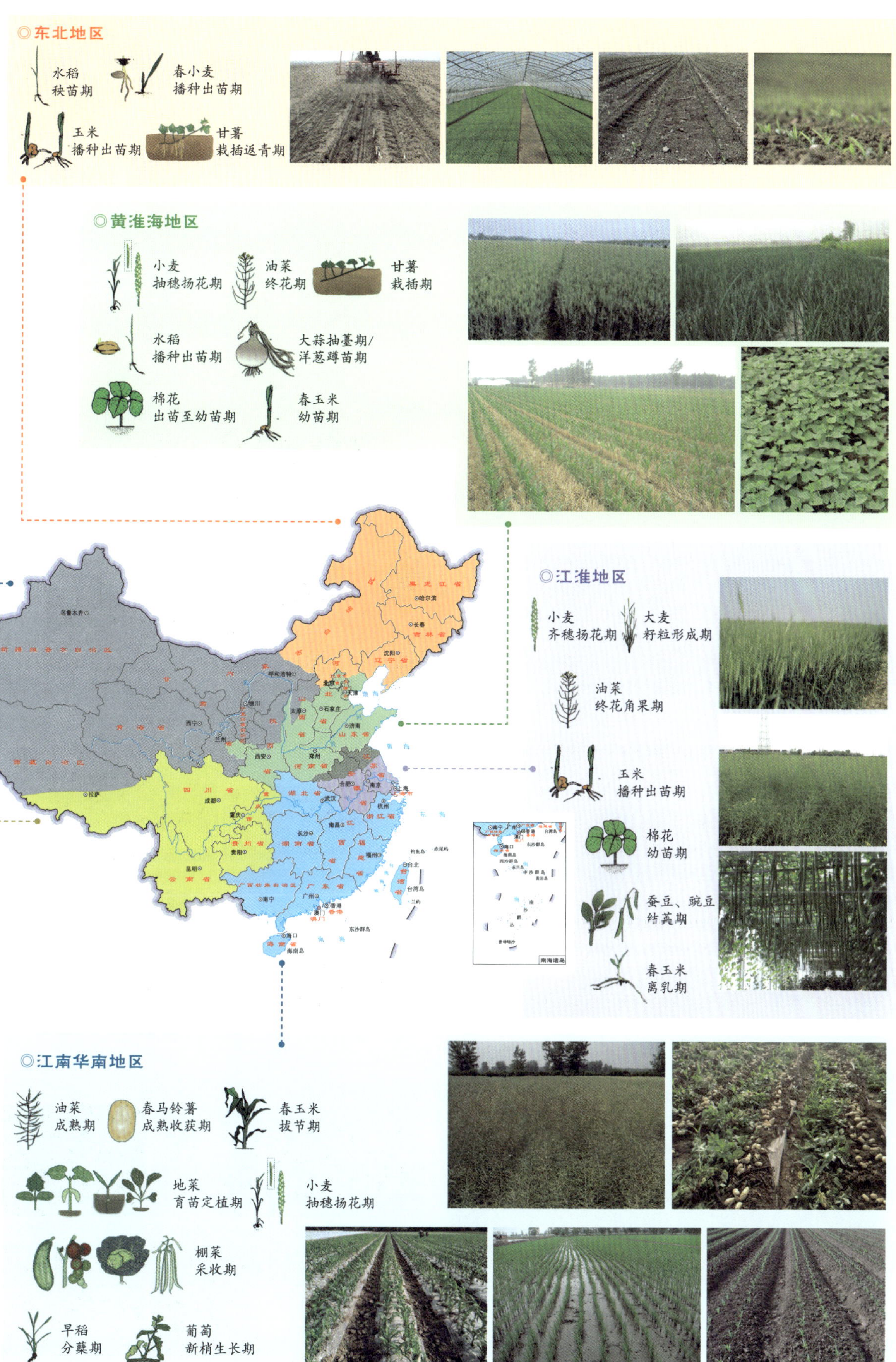
◎东北地区
水稻
秧苗期
春小麦
播种出苗期
玉米
播种出苗期
甘薯
栽插返青期
◎黄淮海地区
小麦
抽穗扬花期
油菜
终花期
甘薯
栽插期
水稻
播种出苗期
大蒜抽薹期/
洋葱蹲苗期
棉花
出苗至幼苗期
春玉米
幼苗期
◎江淮地区
小麦
齐穗扬花期
大麦
籽粒形成期
油菜
终花角果期
玉米
播种出苗期
棉花
幼苗期
蚕豆、豌豆
结荚期
春玉米
离乳期
◎江南华南地区
油菜
成熟期
春马铃薯
成熟收获期
春玉米
拔节期
地菜
育苗定植期
小麦
抽穗扬花期
棚菜
采收期
早稻
分蘖期
葡萄
新梢生长期

物种文化

甘蓝

甘蓝俗称莲花白、洋白菜、卷白菜、包心菜、茴子白等。

◎**起源与传播**：甘蓝起源于地中海沿岸和西北欧的海滨，最早栽培于公元前 2500 年至前 2000 年，最初为野生不结球一年生植物。约 9 世纪一些不结球甘蓝在欧洲国家广泛种植。经人工选择，13 世纪普通结球甘蓝和紫甘蓝在德国出现，16 世纪传入加拿大和中国，17 世纪传入美国，18 世纪传入日本，后传遍世界各地。甘蓝传入中国途径并不单一，现在栽培的甘蓝基本上都是经由新疆传入后逐步发展的。

◎**生产与应用**：甘蓝因其对温度的适应性较强，易于种植，产量高、成本低，是温带大多数国家的主要蔬菜之一。中国是种植面积最大的国家，种植面积和总产量均占世界 50% 左右。中国甘蓝种植遍布各地区，以露地栽培为主。甘蓝可作为蔬菜和饲料，主要食用部位为叶球。

◎**衍生的文化现象与价值**：甘蓝作为膳食，营养丰富，含水高、热量低，有保健和药用价值。作为鲜食，欧美地区有汉堡包蔬菜夹层和色拉凉拌的典型吃法。在中国，甘蓝除了鲜食还可以通过炒、炝、熘、煮等制成各种菜肴，也可做凉菜、泡菜、腌制、脱水菜，还可以包水饺。脱水甘蓝广泛应用于各种方便食品（如方便面蔬菜调料包）和保健食品。甘蓝可与其他蔬菜或者水果榨汁制成蔬菜汤汁，也可以泡成紫色水用于和面。甘蓝被世界卫生组织推荐为最佳蔬菜之一，也被誉为天然“胃菜”，药用价值极高。

◎西北地区

●**小麦**：冬小麦亩适宜总茎蘖数 80 万 ~90 万，若不足 80 万则要追肥灌水促苗生长；超过 90 万则应推迟 7~10 天施拔节肥。高寒地区春小麦仍可播种。

●**蚕豆**：看苗诊断，若幼苗细弱或叶片发黄，则应适当追肥。注意防治根瘤象和盲蝽象。

●**棉花**：旺苗及时化控，弱苗采取中耕、喷施叶面生长调节剂促进生长。

●**马铃薯**：春播晚熟品种仍可播种，已出苗的早中熟品种应及时查苗补苗放苗。

●**大麦（青稞）**：①选择豆类、薯类或油料作物茬口的地块，忌连作；②播前耕翻土壤，耙耱整平；③结合播种，分层施肥。

●**冬青稞**：合理灌溉和施肥。

●**春玉米、大豆、糜子、谷子、高粱等**：开始播种。

地膜棉查苗放苗

地膜棉雨后破板结

青稞播前耕翻土壤

青稞分层播种加镇压

◎西南地区

●**油菜**：①早熟油菜于 80% 以上角果变黄时及时收获，确保菜籽质量；②收割后，经 5~7 天干燥后脱粒、晒干，籽粒降低含水量，安全储藏；③秸秆粉碎还田。

●**水稻**：施送嫁肥。移栽前 7 天亩施尿素 5 千克，移栽前 5 天亩施氢氨 20 千克，秧田期用吡虫啉防稻飞虱一次。早稻插后 2~5 天浅水层追施活棵肥或分蘖肥。

●**小麦**：预防早期倒伏。

●**春玉米**：追施苗肥，适时浇水。防除杂草、地下害虫和苗期病虫。

●**高粱**：拔节期增施氮肥，促进株高、增加叶面积，促进高粱穗提早分化。科学除草。

●**春大豆**：中耕除草，大豆出苗后 1~3 复叶期，可以用对大豆无药害的选择性除草剂。

油菜收获

中稻施送嫁肥

蚕豆收获

大豆中耕除草

防灾减灾

●**春季干旱**：指在缺少灌溉条件下，由于较长时间的无雨或少雨，土壤缺墒而无法整地播种，农作物对水分的需求量得不到满足，农作物正常生长发育受到影响，甚至发生凋萎、枯死，最终导致产量减少和品质下降的一种气象灾害，一般发生于 3—5 月。春季干旱直接影响越冬作物的正常生长，也会影响春播或造成春播作物缺苗断垄，如造成冬小麦“卡脖旱”，影响穗、小穗、花等生殖器官发育，也不利于泡田整地和水稻育秧栽插。

防御措施：①改土蓄水。搞好农田基本建设，使农田能“收足墒、蓄住墒、用好墒”。②顶凌耙地。于秋末土壤始冻前或冬前，耕作土壤，切断土壤细管，减少水分蒸发。③合理发展节水农业。采用先进的喷灌、滴灌等节水灌溉技术，如遇干旱可适时开展人工增雨作业。

水稻苗期遇干旱

小麦拔节期遇干旱

春季干旱影响春播

春季干旱影响玉米出苗，导致出苗率下降

◎东北地区

●**水稻：**看苗补肥水；防治立枯病、蝼蛄等。1.5 叶后注意通风炼苗；2.5 叶后做好昼揭夜盖。水分管理坚持缺水浇水、不缺不浇、只浇不灌、见湿见干。

●**玉米：**于 5~10 厘米耕层播种，地温稳定超过 8 ℃时始播，稳定超过 10 ℃时为适宜播期。因种定量定密（株行距），播深 3~5 厘米，播后及时镇压。播后 3~5 天（出苗前）药剂喷雾，地表封闭化除。

●**高粱、谷子等：**大面积播种。

●**亚麻：**月末开始播种。

●**大豆：**播前准备。①选用正茬地，减少灰斑病；②及时准备播种材料；③检验种子质量。

●**春花生：**播前准备。①整地；②花生晒种剥壳包衣。

●**小豆、绿豆：**播前准备，忌重茬和迎茬，2~3 年轮作，及时深翻并耙、耢、拖平，播前起垄。

●**果菜：**①蔬菜苗床正常温度和湿度调节；②葡萄枝蔓管理、抹芽防霜冻；③草莓清园中耕、整地定植。

大豆扎眼器播种

大豆机械播种

玉米播种器精播

玉米机械精播

◎黄淮海地区

春花生播种

剪取壮苗

机械起垄

人工栽插

浇活棵水

甘薯起垄栽插流程

●**大蒜：**“甩弯”时及时采薹，采薹后及时浇蒜头膨大水，促进蒜头生长。采薹后 20~30 天采收蒜头。

●**露地直播棉：**播后遇干旱镇压提墒或浇蒙头水，遇雨划搂破除板结，地膜直播棉在子叶由黄变绿时趁晴天开孔放苗。

●**春花生：**播种。当 5 厘米地温稳定通过 15 ℃（小花生为 12 ℃）时适期抢墒播种。耕耙整地→施足基肥→机械起垄→合理密植（每垄播 2 行，单粒播每亩 1.3 万 ~1.4 万穴、穴距 10~12 厘米，双粒播每亩 0.8 万 ~1.0 万墩、墩距 15~18 厘米，播深 3~4 厘米）→ 喷除草剂→覆膜→覆土 4~5 厘米→整修配套三沟。

●**甘薯：**在 5 厘米地温稳定通过 15 ℃时及时深耕起垄栽插。

●**水稻：**秧田培肥苗床，选购适宜良种。

◎江南华南地区

●**油菜：**早熟油菜 80% 角果变黄，籽粒变黑时，人工割晒；95% 以上的角果变黄，籽粒变色时，机械收获、脱粒。

●**早稻：**插后 5 天左右浅水层追施活棵肥或分蘖肥，每亩尿素 5~7 千克。结合施肥用毒土法施用除草剂。

●**玉米：**早春甜糯玉米植株大喇叭口期，选用氟氰菊酯颗粒剂或 Bt 制剂等丢入玉米喇叭口内预防玉米螟虫。饲料玉米在定苗后追施苗肥，亩施尿素 8~10 千克，视田间杂草情况，在玉米 7 叶期以前选用烟嘧磺隆、莠去津等专用除草剂茎叶喷雾除草。

●**棉花：**苗期出苗重点是保温散湿，白天揭开膜的两头，晴天可昼揭夜盖。及时查苗补种，防治立枯病、炭疽病、地老虎等。

●**小麦：**“一喷三防”，防治条锈病、赤霉病、蚜虫等。

●**大豆：**设施栽培大豆。①春毛豆保护地播种；②覆盖地膜；③用好基肥；④调节大棚温度。

●**春马铃薯：**晴天及时收获。

油菜机收获

早稻施活棵肥

棉花低拱棚覆膜育种

◎江淮地区

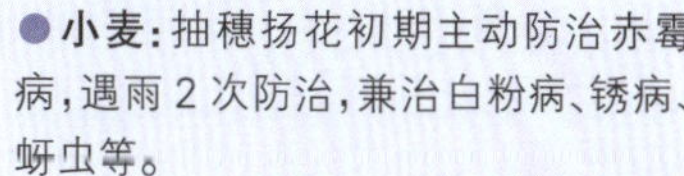

●**小麦：**抽穗扬花初期主动防治赤霉病，遇雨 2 次防治，兼治白粉病、锈病、蚜虫等。

麦田后期田间管理

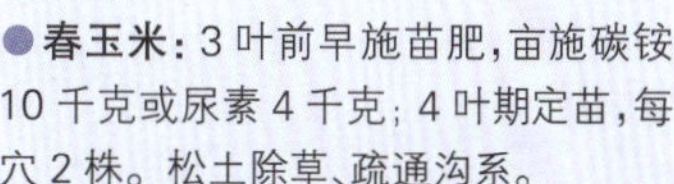

●**春玉米：**3 叶前早施苗肥，亩施碳铵 10 千克或尿素 4 千克；4 叶期定苗，每穴 2 株。松土除草、疏通沟系。

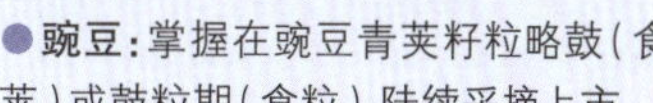

●**豌豆：**掌握在豌豆青荚籽粒略鼓（食荚）或鼓粒期（食粒），陆续采摘上市。

小麦赤霉病化学防治

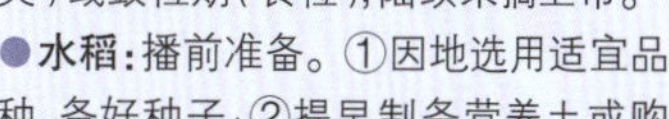

●**水稻：**播前准备。①因地选用适宜品种，备好种子；②提早制备营养土或购置基质；③备好机械、秧盘、无纺布、肥药等农资。

●**直播棉、地膜花生等：**播种。

●**果菜：**①植株管理，促进开花，授粉促果；②浇水、施肥，促果实膨大，及时采收；③苗床通风降湿，防病；④施肥促进壮苗。

小麦抽穗期化除

农谚

【气候】

清明断雪,谷雨断霜。
清明难得晴,谷雨难得阴。
谷雨前后一场雨,胜似秀才中了举。
谷雨有雨兆雨多,谷雨无雨水来迟。
谷雨有雨棉花肥。
谷雨南风好收成。

【物候】

春田播到谷雨兜,晚田播到大暑后。
过了谷雨,不怕风雨。
三月多雨,四月多疸。
连续阴雨不停,小麦易生锈病。
谷雨麦怀胎,立夏长胡须。
谷雨麦挺立,立夏麦秀齐。
谷雨过三天,园里看牡丹。

【农事】

清明高粱接种谷,谷雨棉花再种薯。
谷雨栽上红薯秧,一棵能收一大筐。
谷雨前后栽地瓜,最好不要过立夏。
雨下秧,大致无妨。
早稻播谷雨,收成没够饲老鼠。
清明早,立夏迟,谷雨种棉正当时。
棉花种在谷雨前,开得利索苗儿全。
谷雨种棉花,能长好疙瘩。
谷雨很少摘,立夏摘不赧。
清明麻,谷雨花,立夏栽稻点芝麻。

农诗

吴歌

［清］蔡云

神祠别馆聚游人,谷雨看花局一新。
不信相逢无国色,锦棚只护玉楼春。

【译文】谷雨时节,苏州地区的人们聚集于神祠别馆观赏牡丹花。不要说各种花都很美丽,相比起来不分高下,华美的暖棚里只放着牡丹花。

晚春田园杂兴(其一)

［宋］范成大

紫青莼(chún)菜卷荷香,玉雪芹芽拔薤(xiè)长。
自撷溪毛充晚供,短篷风雨宿横塘。

【译文】紫青色的莼菜带着淡淡荷叶香,玉雪似的芹芽像薤草一样长。我在溪边随便摘些野菜,充当晚饭,风雨中在池塘边驻扎矮帐篷便可住宿。

蝶恋花·春涨一篙添水面

［宋］范成大

春涨一篙添水面。
芳草鹅儿,绿满微风岸。
画舫夷犹湾百转,横塘塔近依前远。
江国多寒农事晚。
村北村南,谷雨才耕遍。
秀麦连冈桑叶贱,看看尝面收新茧。

【译文】春天绿水新涨了一篙深,盈盈地涨平了水面。水边芳草如茵,鹅儿脚丫蹒跚,鲜嫩的草色在微风吹拂下,染绿了河塘堤岸。画船轻缓移动,绕着九曲水湾游转,看着前方的横塘高塔好像近了,其实还远着呢。

江南水乡,春寒迟迟未过,农事季节已晚,村北村南的田块,到谷雨时节才开犁破土耕种遍。小麦已抽穗扬花,随风起伏连岗成片,山冈上桑树茂盛但桑叶卖价很贱,转眼就可以品尝新面、收取新茧了。

紫藤

［唐］许浑

绿蔓秾阴紫袖低，客来留坐小堂西。

醉中掩瑟无人会，家近江南罨（yǎn）画溪。

【译文】这首诗描述了紫藤花。谷雨节气，正是紫藤吐艳之时，一串串硕大的花穗垂挂枝头，作者与来客一起坐在堂院中，欣赏紫藤优美的姿态和迷人的风采。

滁州西涧

［唐］韦应物

独怜幽草涧边生，

上有黄鹂深树鸣。

春潮带雨晚来急，

野渡无人舟自横。

【译文】暮春之际，群芳已过，最是喜爱涧边生长的幽幽野草，还有那树丛深处婉转啼唱的黄鹂。晚潮加上春雨，水势更急。而郊野渡口，本来行人无多，此刻更是无人。因此，连船夫也不在了，只见空空的渡船自在浮泊，悠然漠然。

七言诗

［清］郑板桥

不风不雨正晴和，翠竹亭亭好节柯。

最爱晚凉佳客至，一壶新茗泡松萝。

几枝新叶萧萧竹，数笔横皴淡淡山。

正好清明连谷雨，一杯香茗坐其间。

【译文】风和日丽的好天气，看着亭亭翠竹、淡淡远山，好一幅江南美景！佳客的到来，更增加了兴致，品尝着新茶，在新茶缭绕的香气中，画几笔山水竹枝，沉浸在淡淡的笔墨、淡淡的景致之中。

大林寺桃花

［唐］白居易

人间四月芳菲尽，山寺桃花始盛开。

长恨春归无觅处，不知转入此中来。

【译文】四月正是平地上春归芳菲落尽的时候，高山古寺之中的桃花竟才刚刚盛开，浓艳欲滴，妩媚动人。我常常为春天的逝去，为其无处寻觅而伤感，此时重新遇到春景后，喜出望外，没想到春天反倒在这深山寺庙之中。

东陂遇雨率尔贻谢南池

［唐］孟浩然

田家春事起，丁壮就东陂（bēi）。

殷殷雷声作，森森雨足垂。

海虹晴始见，河柳润初移。

予意在耕凿，因君问土宜。

【译文】春天，各类农事活动均已开始了，青壮年去东边的山坡耕作。突然阵阵雷声响起，雨点就繁密地落下。天晴后海上升起了彩虹，河边的柳树也刚刚得到了雨水的灌溉。我一心在田园中劳作，因此向你请教如何做到因地制宜种植作物。

大观间题南京道河亭

［宋］史徽

谷雨初晴缘涨沟，落花流水共浮浮。

东风莫扫榆钱去，为买残春更少留。

【译文】谷雨时节，天刚放晴，小河涨水，漂浮着片片落花；东风为什么把榆花全部带走呢，留下一点作为残春的纪念也好啊，希望生机盎然的春天能多留一会儿。

平阳道中

［明］于谦

杨柳阴浓水鸟啼，豆花初放麦苗齐。

相逢尽道今年好，四月平阳米价低。

【译文】杨柳碧绿，水鸟啼叫，豌豆花刚刚开放，麦苗齐整一片。人们见面都在称赞今年光景好，就连青黄不接的四月，平阳的米价还这么低廉。

立夏

温高渐热，万物繁茂，苗壮生长，春光万象中，夏日初长成……

立夏

立夏是二十四节气中的第7个节气，夏季的第1个节气，常年为5月4—7日，表示太阳到达黄经45° 时，春天过去夏日到来，温度明显升高，雷雨增多，农作物旺长。气候学要求日均温22 ℃以上为夏季开始，福州到南岭一线以南地区是真正的“绿树荫浓夏日长”，而北方刚入春季，全国大部分地区日均温在18~20 ℃，正是“百般红紫斗芳菲”的仲春或暮春时节。立夏后田间劳作日益繁忙，许多作物要播种。立夏养生重在养心，人体要顺应天气的变化，保护心脏。

立夏三候 一候蝼蝈鸣；二候蚯蚓出；三候王瓜生。可听见蝼蝈（蝼蛄）在田间鸣叫；5 天过后，可看见蚯蚓从地里钻出来，开始掘土；再过 5 天，王瓜的藤蔓开始迅速攀爬生长并成熟。此节气常开的花有铃兰、君迁子、紫珠、野刺梨等。

立夏三候组图

●**青年节**：5 月 4 日。源于中国 1919 年反帝爱国的“五四运动”。

●**母亲节**：5 月的第 2 个星期日，是一个感恩母亲的节日。

节气农俗

辞别春天，迎接夏日的盛宴……

●**迎夏**：祭赤帝祝融。立夏当天，古代帝王率文武百官到京城南郊举行迎夏仪式，并指令官员到各地劝勉、督促农耕。君臣一律穿朱色礼服，配朱色玉佩，连马匹、车旗都要朱红色的，以祈求丰收、国泰安康。

迎夏

●**称人**：立夏日“称人”的习俗起源于三国时期，在江南地区流行。人们在村口或台门里挂起一杆大木秤，秤钩悬一张凳子，大家轮流坐到凳子上面秤重。司秤人一面打秤花，一面讲着吉利话。至立秋日又称一次，以观察夏季体重的变化。

称人

●**斗蛋**：俗话说“立夏胸挂蛋，孩子不疰（zhù）夏”。疰夏是夏日常见的腹胀厌食，乏力消瘦症状，小孩尤易疰夏。此时民间每家中午都会煮鸡蛋，用冷水浸上数分钟之后再套上早已编织好的丝网袋，挂于孩子颈上。孩子们便三五成群，进行斗蛋游戏。

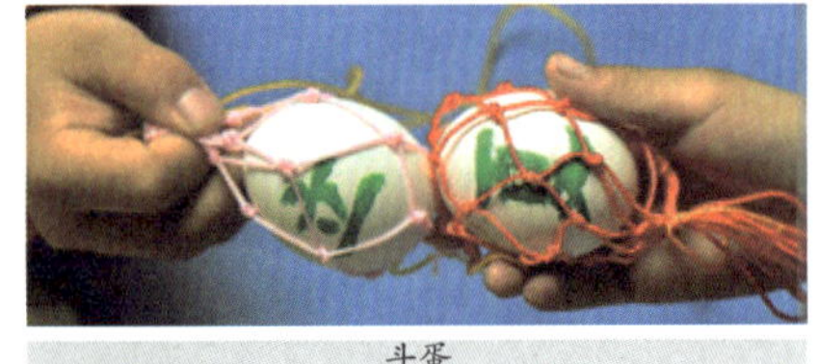

斗蛋

◎西北地区

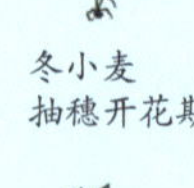

◎西南地区

节令美食宜忌

●**见新、尝新**：苏州有“立夏见三新”的风俗，指新熟的樱桃、青梅和麦子；无锡人立夏吃地三鲜（蚕豆、苋菜和黄瓜）、树三鲜（樱桃、枇杷和杏）、水三鲜（海蛳、河豚和鲥鱼）；上海人立夏日吃糖梅子、酒酿和咸蛋。

●**饮食宜忌**：宜稀食，消暑养胃，忌过食生冷、过饱、“水果化”。

地三鲜

◎东北地区
水稻
秧苗期
玉米
幼苗期
春小麦
苗期、
分蘖期
马铃薯
播种、
苗期
春花生
播种出苗期
大豆
播种出苗期
◎黄淮海地区
油菜
黄熟期
小麦开花至
籽粒形成期
春玉米
拔节期
粳稻
移栽期
棉花
苗期
春花生
播种出
苗期
◎江淮地区
油菜黄熟期
小麦
籽粒灌浆期
棉花苗期
春玉米拔节期
春花生播种出苗期
◎江南华南地区
油菜
收获期
小麦
灌浆充实期
早稻
分蘖盛期
春玉米
拔节期
棉花苗期

物种文化

草莓

◎**起源与传播：**草莓起源于亚洲、美洲和欧洲，15—16 世纪第 1 种被驯化的野生草莓——森林草莓已在欧洲种植。现代栽培种凤梨草莓约于 1750 年起源于法国，是智利草莓和弗州草莓的杂交种，于 1915 年传到我国。

◎**生产与应用：**草莓适应性强，栽培广，几乎分布于世界五大洲。据联合国粮食及农业组织（FAO）统计，我国草莓栽培总面积和总产量均位居世界第一。草莓色泽艳丽、风味独特、营养价值高、结果早、效益好，倍受栽培者和消费者青睐。近年来设施草莓已成为我国设施蔬果的主要产业，为推动高效农业、休闲农业以及带动农民致富发挥了重要作用。

◎**衍生的文化现象与价值：**草莓为我们现代人生活赋予了很多的感情与内涵，许多艺术家以草莓为题材进行作画，许多地方举办草莓文化节来推动草莓栽培、营养文化传播。

◎西北地区

小麦灌“抽穗水”

- **冬小麦：**①灌“抽穗水”；②开展“一喷三防”（防病虫害、防早衰、防干热风、防高温逼熟），重点防治蚜虫、条锈病、白粉病和赤霉病；③拔除杂草。
- **棉花：**1~2 片真叶时查苗定苗，移密补缺，合理密植，地膜棉早放苗封土；2 叶期和 4~5 叶期喷缩节胺进行化控。
- **春油菜：**防治跳甲、地老虎等虫害，3~5 叶期化学防控草害，及时机械中耕，抗旱保墒。
- **春大麦（青稞）：**重用基肥，用好种肥，早施苗肥。
- **玉米：**查苗补苗放苗，3 叶期间苗。
- **马铃薯：**施提苗肥，除草，病虫害防治。
- **蚕豆：**播种后 15~20 天补种定苗，可用高效盖草能化除。
- **谷子：**播后出苗前化控除草，亩用 50% 扑草净可湿性粉剂 50 克兑水 40~50 千克喷于土表，防除禾本科和阔叶杂草。

棉花苗期化控

马铃薯施肥

防灾减灾

干热风：是黄淮海等麦区在灌浆成熟期发生的高温低湿型灾害，日最高温度≥ 32 ℃，14 时空气相对湿度≤ 30%，（西南）风速≥ 3 米 / 秒，使麦株卷叶、萎蔫、炸芒至青枯逼熟，粒重降低而减产。重度干热风指标为：日最高气温≥ 35 ℃，14 时空气相对湿度≤ 25%、风速≥ 3 米 / 秒。

高温逼熟：是在小麦、油菜灌浆期发生的高温高湿型灾害，特别是乳熟期以后连续降水后出现最高温度 30 ℃以上的天气，致使根系早衰，吸水、吸肥能力减弱，植株蒸腾强烈，加速青枯死亡，粒重大幅度下降而导致减产。其与干热风的差异表现在空气相对湿度≥ 80%。

防御措施：①选用耐热性品种，并适时播种；②在小麦生育中后期喷施化学制剂或生物调节物质，以减轻高温胁迫，如磷酸二氢钾、尿素、硼砂、草木灰水等；③建立农用防护林带，加强农田基本建设，提高农田抗旱能力。

受干热风伤害的小麦

◎西南地区

水稻插秧

- **冬油菜：**收获，干燥后脱粒、晒干。
- **水稻：**施足基肥，移栽时秧苗带肥带药，浅水插秧、寸水活棵。
- **小麦：**喷施叶面肥，预防倒伏，预防烂场雨。
- **春玉米：**大喇叭口期重施穗肥，干旱补水，防治玉米螟、红蜘蛛等。
- **春马铃薯：**除草、培土起垄，注意抗旱。
- **大豆：**①杂草 3 叶期，单双子叶除草剂混合使用；②抗旱排涝；③防治蚜虫、蛴象、飞虱。

玉米施穗肥

春马铃薯统防统治

◎东北地区

稻田整地

●**水稻：**①培育壮秧，通风炼苗防徒长；②大田施足底肥，耕整秸秆深埋，水耙起浆找平（高低 <3 厘米）。

●**玉米：**①注意预防“倒春寒”，同时封闭除草；②及时调查苗情，移栽补种；③适时间苗定苗，留壮苗、均苗。

●**大豆：**5 月中旬播种，亩用种 5 千克，亩施有机肥 200 千克、复合肥 40 千克作基肥，封闭杀草。

●**春小麦：**3 叶期镇压，亩追尿素 5~8 千克；干旱时浇水 1 次。

●**春花生：**精细播种。

●**马铃薯：**北部马铃薯适期播种，避免霜冻。

玉米间苗

大豆封闭化除

花生播种

◎黄淮海地区

小麦病虫防治

●**小麦：**及时防治锈病、赤霉病、白粉病和蚜虫、吸浆虫等；根外追肥，“一喷三防”，延缓衰老。适时浇好灌浆水，南部注意及时排水，防止渍涝。

●**春玉米：**小喇叭口期亩施拔节肥 10.0~12.5 千克碳铵或 5 千克尿素。

小麦后期田间管理

●**粳稻移栽：**秸秆还田，施足基肥、整地；栽前秧棚通风炼苗，带肥带药移栽；栽前 3 天或栽后结合分蘖肥封闭化除；浅水插秧，浅水灌溉，遇低温及时深水护苗。

●**直播棉：**查苗间苗定苗，移密补缺，地膜棉早放苗封土。

●**春花生：**及时打孔放苗，及时进行查苗补种。

水稻机插

直播棉定苗

◎江淮地区

小麦赤霉病化学防治

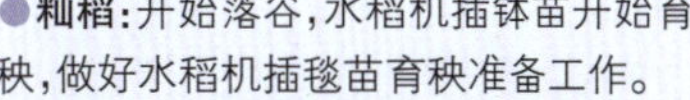
●**籼稻：**开始落谷，水稻机插钵苗开始育秧，做好水稻机插毯苗育秧准备工作。

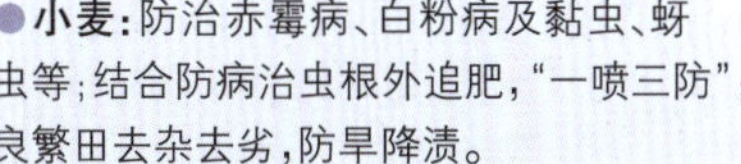
●**小麦：**防治赤霉病、白粉病及黏虫、蚜虫等；结合防病治虫根外追肥，“一喷三防”；良繁田去杂去劣，防旱降渍。

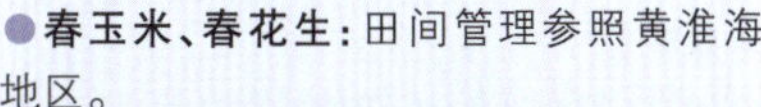
●**春玉米、春花生：**田间管理参照黄淮海地区。

●**棉花：**搬钵促根，增施肥水，栽前一周撤膜炼苗；大田整地、施底肥、铺膜。

饲料油菜机收微贮

营养土准备

水稻田做秧床

玉米施拔节肥

◎江南华南地区

●**油菜：**①及时收获，确保菜籽质量；②籽粒及时干燥降低含水量，安全储藏；③秸秆粉碎还田。

●**早稻：**防治虫害，主治二化螟、稻秆潜蝇、稻水象甲，兼治大螟、负泥虫、稻蓟马等，挑治叶瘟。

●**春玉米：**①每株留 1 个苞穗，除去多余；②大喇叭口期重施攻苞肥每亩 15~20 千克尿素；③生物或绿色农药防病虫，勤除草。

●**棉花：**在真叶 1 片和 2 片期分别搬钵蹲苗 1 次，然后旋耕整地，抢墒及时移栽，做到宽窄行、苗分级、盖细土、浇足水，每亩大田移栽 1 600~1 800 株。

●**小麦：**叶面追肥，预防高温逼熟，防止早衰。

油菜机收获

油菜收获

水稻飞防

玉米施穗肥

棉花蹲苗

农谚

【气候】

立夏不热，五谷不结。
立夏起北风，十口鱼塘九口空。
立夏雨水潺潺，米要割到无处置。
风扬花，饱塌塌；雨扬花，秕瞎瞎。
立夏前后连阴天，又生蜜虫又生疸。
立夏小满青蛙叫，雨水也将到。
麦秀风摇，稻秀雨浇。
立夏前后天干燥，火龙往往少不了。
立夏落雨，谷米如雨。
立夏日鸣雷，早稻害虫多。
立夏不下雨，犁耙高挂起。

【物候】

四月无立夏，新米粜贵老米价。
立夏蛇出洞，准备快防洪。
豌豆立了夏，一夜一个杈。
五月立夏见小满，果树疏花紧相连。
春茶过立夏，一日长寸把。
立夏种麻，七股八杈。
立夏芝麻小满谷。
麦拔节，蛾子来；麦怀胎，虫出来。
小麦青青大麦黄，家家户户养蚕忙。
立夏种姜，夏至收“娘”。
立夏的玉米，谷雨的谷。
立夏麦穗齐，小满硬了仁。
立夏见麦芒，芒种见麦茬。
立夏麦咧嘴，不能缺了水。
立夏麦龇牙。

【农事】

地湿温低苗病重，深锄勤锄病减轻。
过了立夏不播种，过了处暑不栽秧。
能插满月秧，不薅满月草。
耕田耕到立夏边，有苗冇谷莫怨天。
谷雨很少摘，立夏摘不辍（指茶叶）。
立夏浸种，芒种插秧。
清明林林谷雨花，立夏前后大插薯。
四月插秧谷满仓，五月插秧一场光。
立夏栽茄子，立秋吃茄子。
播种花生先看天，下了冷雨必得翻。
谷子播种不宜早，种早灾害全来了。
立夏到小满，倒伏定减产。
立夏三朝遍地锄。
立夏以前栽地瓜，谷子下种不过夏。
清明秫秫谷雨花，立夏前后楼芝麻。
立夏小满正插秧。
立夏三朝开蚕党（挡）。

农诗

夏日田园杂兴（其一）

［宋］范成大

梅子金黄杏子肥，麦花雪白菜花稀。
日长篱落无人过，惟有蜻蜓蛱蝶飞。

【译文】梅子已变得金黄，杏子也越发肥硕；小麦花一片雪白，油菜花却已稀稀落落。白昼长了，篱笆的影子随着太阳的升高变得越来越短，没有人经过；只有蝴蝶和蜻蜓绕着篱笆飞来飞去。

夏日田园杂兴（其七）

［宋］范成大

昼出耘田夜绩麻，
村庄儿女各当家。
童孙未解供耕织，
也傍桑阴学种瓜。

【译文】白天锄地，夜晚搓麻。农家儿女都帮着父母做事，干家务，让父母休息。小孩子不懂得种田织布之事，却也学着大人在桑树荫下种瓜。

立夏

［宋］陆游

赤帜插城扉，东君整驾归。
泥新巢燕闹，花尽蜜蜂稀。
槐柳阴初密，帘栊暑尚微。
日斜汤沐罢，熟练试单衣。

【译文】夏天到来了，春天走了。燕子在热热闹闹地筑新巢，勤劳的蜜蜂却因花事将尽而变得稀少。槐树和柳树下的树荫渐渐繁密了，轻轻打开竹帘和窗户以散发微微的暑气。日暮时分，沐浴完毕，穿上精细煮炼过的单衣，把夹衣收起来了。

立夏

［宋］赵友直

四时天气促相催，一夜薰风带暑来。
陇亩日长蒸翠麦，园林雨过熟黄梅。
莺啼春去愁千缕，蝶恋花残恨几回。
睡起南窗情思倦，闲看槐荫满亭台。

【译文】时光荏苒，季节交替，昨日仍乍暖还寒，不想一夜东南风催走了春天的身影，迎来了夏天的脚步。在骄阳之下，田野里翠绿的麦穗已开始微微泛黄。下雨过后，林园里诱人的黄梅透出阵阵芳香；黄莺在枝头啼鸣似有哀愁千缕，彩蝶在凋零的花间驻留回旋像是幽怨未消。睡眼惺忪的我独自倚靠在窗前，静静地注视着槐荫遮掩下的亭台，心却飞到了天外。

初夏即事

［宋］王安石

石梁茅屋有弯碕（qí），流水溅溅度两陂（bēi）。

晴日暖风生麦气，绿阴幽草胜花时。

【译文】石桥和茅草屋绕在曲岸旁，溅溅的流水流入两边的池塘。晴朗的天气和暖暖的微风催熟了麦子，麦子的香气随风而来。碧绿的树荫，青幽的绿草远胜春天百花烂漫的时节。

状江南·孟夏

［唐］贾弇（yǎn）

江南孟夏天，慈竹笋如编。

蜃气为楼阁，蛙声作管弦。

【译文】江南初夏季节，慈竹长出密密麻麻的竹笋。天空中出现了楼阁一样的蜃景，青蛙的鸣声好像管弦乐一般美妙。

秧老歌

［元］刘诜（shēn）

三月四月江南村，村村插秧无朝昏。

红妆少妇荷饭出，白头老人驱犊奔。

【译文】三四月江南的乡村里，村村户户都不分早晚忙着插秧。盛装打扮的少妇出来送饭，满头白发的老人驱赶着小牛。

初夏行平水道中

［宋］陆游

老去人间乐事稀，一年容易又春归。

市桥压担莼丝滑，村店堆盘豆荚肥。

傍水风林莺语语，满原烟草蝶飞飞。

郊行已觉侵微暑，小立桐阴换夹衣。

【译文】人老了以后生活中就少了许多乐趣，一年一年过得很快，又是一年春归来。农民们挑着一筐筐鲜嫩滑腻的莼菜歇在桥头高声叫卖，路旁小酒店的菜盘子里堆满了刚煮好的粒实饱满的豆荚，吸引行人驻足品尝。傍水林中，随风传来声声莺语，市上人家的园内，碧草如烟，蝴蝶翻飞。在郊外游玩已感到暑气袭人，在梧桐树荫下休息片刻，脱下夹衣换单衣。

闲居初夏午睡起

［宋］杨万里

梅子留酸软齿牙，芭蕉分绿与窗纱。

日长睡起无情思，闲看儿童捉柳花。

【译文】梅子味道很酸，吃过之后，余酸还残留在牙齿之间；芭蕉初长，而绿阴映衬到纱窗上。春去夏来，日长人倦，午睡后起来，情绪无聊，闲着无事观看儿童戏捉空中飘飞的柳絮。

幽居初夏

［宋］陆游

湖山胜处放翁家，槐柳阴中野径斜。

水满有时观下鹭，草深无处不鸣蛙。

箨（tuò）龙已过头番笋，木笔犹开第一花。

叹息老来交旧尽，睡来谁共午瓯茶。

【译文】湖光山色之地是我的家，槐柳树荫下小径幽幽。湖水很满，不时有白鹭从高处飞到湖边觅食，绿草丛中到处有青蛙在叫。新茬的竹笋早已成熟，木笔花却刚刚开始绽放。感慨自己已老，当年老友故去，午睡起来后没有人和自己一起品茶聊天了。

读山海经　其一

［东晋］陶渊明

孟夏草木长，绕屋树扶疏。

众鸟欣有托，吾亦爱吾庐。

既耕亦已种，时还读我书。

穷巷隔深辙，颇回故人车。

欢言酌春酒，摘我园中蔬。

微雨从东来，好风与之俱。

泛览《周王传》，流观《山海》图。

俯仰终宇宙，不乐复何如？

【译文】立夏的时节草木茂盛，房屋四周绿树缠绕，枝叶浓密。鸟儿们高兴有了歇息的地方，鸣唱着，我也更加喜爱我的房子了。耕种过之后，我时常返回来读我喜爱的书。这僻静的村巷太荒凉冷清，连老朋友驾车来探望也半途掉头回去了。我独自欢快地喝着春酒，采摘园中的蔬菜。细雨从东方而来，夹杂着清爽的微风。泛读着《周王传》，浏览着《山海经图》。在俯仰之间纵览宇宙，还有什么比这个更快乐呢？

小满

节气景物·农时动态

麦豆灌浆，小得盈满，温差缩小，降水增多，小满十日遍地黄……

小满

小满是二十四节气中的第8个节气，常年为5月20—22日，太阳到达黄经60°时，夏熟作物籽粒开始灌浆饱满但未成熟，除东北地区和青藏高原外，各地均渐入夏季，平均气温达到22 ℃，南北温差缩小，降水增多。小满是适宜水稻栽插的时节，也是江南地区收割油菜的时候。小满养生要做好“防热防湿”，尤其是南方地区。

小满三候　一候苦菜秀；二候靡草死；三候麦秋至。苦菜已经生长得非常繁茂了；5天过后，在强烈阳光的照晒下，枝条细软的靡草开始枯死；再过5天，小麦结出了沉甸甸的穗子，即将成熟收获了。此节气常开的花有虞美人、无患子、南天竹、枣花等。

●国际儿童节：6月1日。为了保障世界各国儿童的生存权、保健权和受教育权而设立的节日。

小满三候组图

◎西北地区

冬小麦灌浆期/春小麦分蘖期

春油菜苗后期

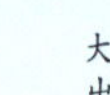
春大麦（青稞）三叶期

玉米壮苗期

大豆播种出苗期

粳稻播种期

◎西南地区

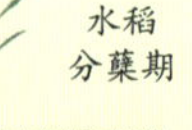
小麦收获期

水稻分蘖期

春玉米抽雄期/夏玉米播种期

春马铃薯结薯、膨大、淀粉积累期

节气农俗

大地见黄，丰收在即……

●**祭车神：**小满时节民间流传着“祭三车”的习俗，即水车、油车和丝车。传说水车神是一条白龙，人们在水车前放上鱼肉、香烛等物品祭拜。有趣的是，在祭品中会有一杯白水，祭拜时将白水泼入田中，有祝福水源涌旺的意思。

车神

●**祭祀蚕神：**相传小满为蚕神诞辰，因此江浙一带在小满节气期间有一个祈蚕节。在男耕女织的中国传统社会中，蚕丝是南方地区“织”的重要原料。由于蚕难养，古代把蚕视作“天物”，在小满节气前后放蚕时举行祈蚕仪式，期望蚕神保佑养蚕能有个好收成。

桑蚕

●**看麦梢黄：**在陕西关中地区，每年麦子快要成熟的时候，嫁出的女儿都要回娘家探望，问候夏收的准备情况，这一习俗叫“看麦梢黄”。

节令美食宜忌

●**荐尝鲜：**推荐食材有黄瓜、蚕豆、薏米、樱桃、黄花菜等。

●**宜食苦：**小满节气宜食苦菜（又称苦苦菜），具有清热、凉血和解毒的功能。

●**忌食：**油腻、辛辣、海鲜和生冷食物。

苦菜

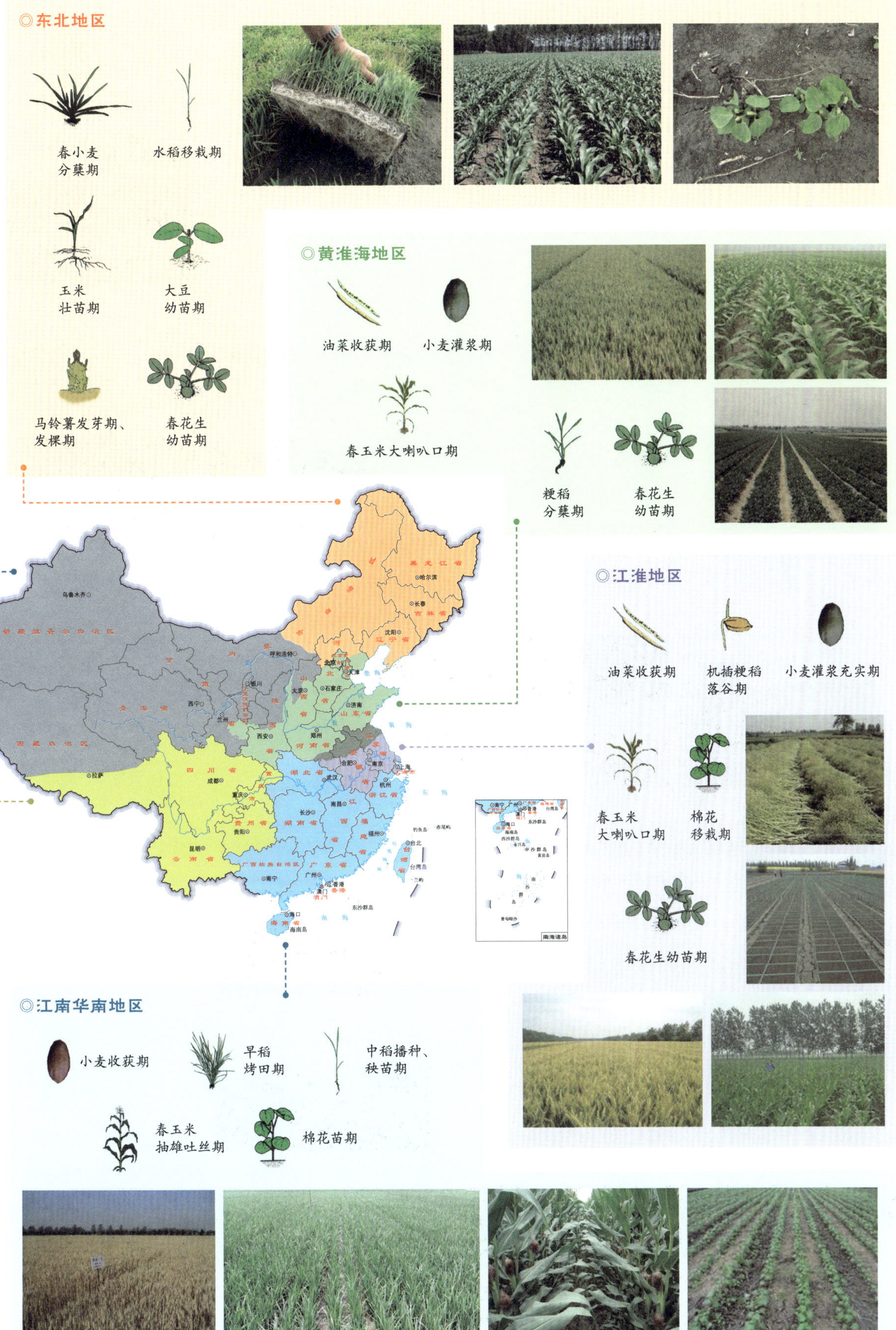
◎东北地区
春小麦
分蘖期
水稻移栽期
玉米
壮苗期
大豆
幼苗期
马铃薯发芽期、
发棵期
春花生
幼苗期
◎黄淮海地区
油菜收获期
小麦灌浆期
春玉米大喇叭口期
粳稻
分蘖期
春花生
幼苗期
◎江淮地区
油菜收获期
机插粳稻
落谷期
小麦灌浆充实期
春玉米
大喇叭口期
棉花
移栽期
春花生幼苗期
◎江南华南地区
小麦收获期
早稻
烤田期
中稻播种、
秧苗期
春玉米
抽雄吐丝期
棉花苗期
哈尔滨
长春
沈阳
北京
天津
呼和浩特
银川
太原
石家庄
济南
西宁
兰州
西安
郑州
合肥
南京
上海
武汉
杭州
成都
重庆
长沙
南昌
福州
贵阳
昆明
南宁
广州
海口
拉萨
乌鲁木齐
南海诸岛

物种文化

油菜

◎**起源与传播**:一般认为油菜有2个起源中心;一是以中国和印度及中东一带为主的亚洲起源中心,二是以北欧和地中海沿岸为主的欧洲起源中心。我国古代栽培的都是白菜型和芥菜型油菜,现今广泛栽培的甘蓝型油菜在20世纪30年代中期和50年代先后由日本和欧洲引入。

◎ **生产与应用**:油菜种植遍布全球,油料作物中,面积、产量仅次于大豆,其最主要的用途是榨油食用。目前我国大面积推广种植的低芥酸、低硫苷(双低)油菜,其籽压榨的菜油,所含油酸、亚油酸等不饱和脂肪酸高达90%以上,营养价值可与橄榄油媲美,是我国重要的食用油源。此外,油菜还有菜用、花用、蜜用、饲用、肥用等多种功能。

◎**衍生的文化现象与价值**:每逢阳春三月,铺天盖地的油菜花景色怡人,是休闲观光的好景致。近年来,全国各地纷纷举办油菜花节,以油菜为媒,唱经济大戏,大力发展休闲观光农业。

◎西北地区

●**小麦**:冬小麦叶面喷施营养型调节剂,防早衰,防倒伏。春小麦压青苗1~2次;干旱时浇水1次。
●**棉花**:①中耕除草,弱苗喷提苗肥;②防治蓟马、盲蝽象等苗期虫害。
●**玉米**:①5叶定苗,6~7叶除蘖,及时中耕除草;②防旱防低温,划锄提温保墒;③防治地下害虫和苗期病虫害。
●**大豆**:①5月中下旬播种,亩用种5千克;②带水播种保全苗;③亩施40千克复合肥作基肥。
●**水稻**:①种子脱芒、包衣;适时早播,精量播种;②播种封药后及时灌水。
●**蚕豆**:①浇水,利于现蕾开花。

春小麦压青苗

大豆播种

◎西南地区

小麦收获

早茬水稻病虫防治

夏玉米苗期除草

●**小麦**:及时收获、干燥。
●**水稻**:①移栽后5~7天施分蘖肥+除草剂;②薄水灌溉,水层2~3厘米,注意病虫草害防治。
●**夏玉米**:贴茬播种,灌溉保齐苗,及时间苗定苗、田间除草、排涝等。

防灾减灾

●**水稻高温烧芽(苗)**:水稻育秧过程中遇高温天气会引起烧芽或秧苗烧苗。

防御措施:采用活水浸种,日浸夜露;秧苗期间超过30 ℃要及时揭布。

●**水稻秧苗低温冷害**:南方早稻播种育秧期的主要灾害性天气引起的灾害,是烂种烂秧的主要原因。当日均气温低于12 ℃,连阴雨3~5天;或在短时间内气温急剧下降,最低气温5 ℃以下,均可造成早稻烂秧和死苗。

防御措施:对已播秧田,未盖地膜的及时补盖地膜,同时采取"夜灌日排""晴排雨灌"等科学排灌方式,调节秧田水热状况,做好防寒工作,防止出现烂种、烂秧,培育健壮秧苗。

水稻高温烧苗

水稻烂秧

◎江南华南地区

小麦抢收

早稻病虫防治

●**小麦**:及时抢收。
●**早稻**:加强田间管理促平衡,够苗搁田;中稻浸种催芽,精量播种,培育壮秧。
●**棉花**:移栽棉花或直播棉田疏沟排水;中耕松土、灭茬、破板结;行间每亩埋施100千克缓控释肥和50千克饼肥,弱苗用"802"约5 000倍液灌根促早发;人工或化学除草。

中稻培育壮秧

棉花施肥

◎东北地区

水稻机插

玉米除蘖

大豆查苗补苗

花生查苗补种

- **水稻：**①带肥带药移栽，栽前 3 天或栽后 5 天毒土封闭化除，浅水插秧，寸水活棵；②防稻瘟病、潜叶蝇等。
- **玉米：**①除蘖、耘地，5~6 叶展开时定苗，留壮苗、均苗、无病害的苗，缺苗处就近留双株补偿；②三类苗追施偏肥促长。
- **大豆：**查苗、补苗。
- **春花生：**及时打孔放苗，及时进行查苗补种。
- **小麦：**拔节期施拔节肥或叶面追肥，化除阔叶杂草。

◎黄淮海地区

玉米中耕

水稻追肥

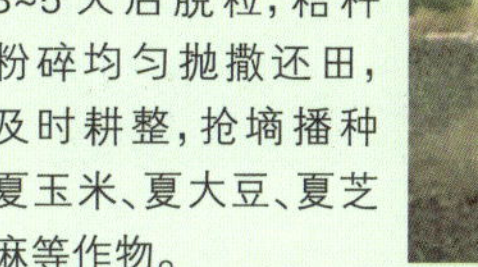

油菜收获

- **油菜：**角果七八成熟时人工割倒，堆晒 3~5 天后脱粒，秸秆粉碎均匀抛撒还田，及时耕整，抢墒播种夏玉米、夏大豆、夏芝麻等作物。
- **春玉米：**大喇叭口期亩追肥尿素 15~20 千克，中耕培土，化控防倒伏，及时防治玉米螟等病虫害。
- **粳稻：**机插后 5~7 天结合化除亩施用第 1 次分蘖肥 5~8 千克尿素，7~10 天后再亩施分蘖肥 5~8 千克尿素，及时防治灰飞虱、螟虫等，看苗补施平衡肥。
- **棉花：**麦收后棉花移栽，中耕除草，及早防治苗期虫害。

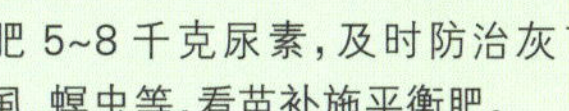

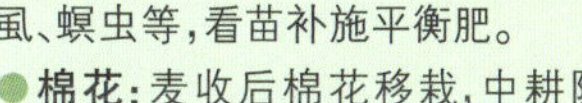

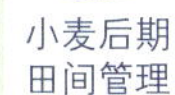
小麦后期田间管理

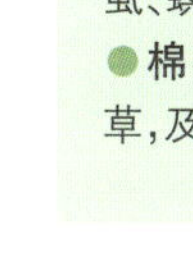

◎江淮地区

- **油菜：**角果七八成熟时可采用人工收获，或角果九成熟时采用机械联合收获。
- **大麦：**开始收获。
- **水稻：**抛栽、钵育秧 2 叶 1 心喷接力肥。机插秧苗分批育秧，①精做秧板；②适播落谷期 5 月 20 日至 6 月 5 日，播种前药剂浸种；③洇足底水，每盘播芽谷 130~150 克（或干种 100~110 克），覆土盖籽，封好无纺布；④秧苗第 2 真叶达 1~3 厘米时揭布、灌跑马水、喷施断奶肥每亩尿素 4~5 千克；⑤有缺肥落黄现象时喷施叶面肥；⑥秧田防治灰飞虱、二化螟等。
- **春玉米：**田间管理参照黄淮海地区。
- **棉花：**① 4~5 片真叶时带水带肥带药移栽，合理密植；②及时防治病虫害；③查苗补栽。

一粒米的诞生

油菜机收获

培育壮秧

油菜收获

棉花移栽

农谚

【气候】

小满不满，麦有一险。
干热风，风热干，要有条件"三个三"。
小满遇着水，笑得咧着嘴。
麦黄不要风，有风减收成。
麦收三月雨，害怕四月风。
西瓜怕热雨，麦子怕热风。
风刮小麦倒，自己把头翘。
小满不下，黄梅偏少。
小满大满江河满。
小满不满，干断田坎。

【物候】

热熟谷，粒实鼓；热熟麦，糠一堆。
清明有雨苗子壮，小满有雨穗头齐。
小满天天赶，芒种不容缓。
麦到小满日夜黄。
小满后，芒种前，麦田串上粮油棉。
小满小满，麦粒渐满。
小满鸟来全。
麦到小满，稻到立秋。
小满见三新［小（大）麦、油菜、蚕豆］或［小麦（仁）、大蒜、蚕黄］
小满桑葚黑，芒种三麦收。
节到小满，亲鱼催产。

【农事】

大麦不过小满，小麦不过芒种。
小满芝麻芒种豆，秋分种麦到时候。
小满节气到，快把玉米套。
白根有劲，黄根保命，黑根生病，灰根丧命。
秧苗插太深，栽后难发根。
肥田靠发，瘦田靠插。
小满栽秧压断腰，夏至栽秧轻飘飘。
有时尽饱胀，无时烧火向。
小满动三车，忙得不知他。
天晴种秧，落雨种谷。
小麦动三车（油车、丝车、水车，用于榨油、缫丝、翻水）。

农诗

归田园四时乐春夏二首（其二）

［宋］欧阳修

南风原头吹百草，草木丛深茅舍小。
麦穗初齐稚子娇，桑叶正肥蚕食饱。
老翁但喜岁年熟，饷妇安知时节好。
野棠梨密啼晚莺，海石榴红啭山鸟。
田家此乐知者谁？我独知之归不早。
乞身当及强健时，顾我蹉跎已衰老。

【译文】夏季的南风吹动了原上的各种野草，就在那草木丛深之处可见到那小小的茅舍。近处麦田那嫩绿的麦穗已经抽齐，在微风中摆动时像小孩子那样摇头晃脑娇憨可爱；而桑树上的叶子正长得肥壮可供蚕吃饱。对于农家来说，他们仍盼望的是当年的收成如何，为能有个丰收年而高兴，至于田园美景和时节的美好他们是无暇顾及的。田野中海棠梨树密密麻麻，晚莺在树上鸣啼，石榴鲜红欲滴，山间鸟儿婉转歌唱，这些是不会让农家人感到快乐的。我应当在身体强健之时就隐退的，岁月蹉跎，现在的自己已经衰老，归隐实在太晚了。

乡村四月

［宋］翁卷

绿遍山原白满川，子规声里雨如烟。
乡村四月闲人少，才了蚕桑又插田。

【译文】山坡田野间草木茂盛，稻田里的水色与天光相辉映。天空中烟雨蒙蒙，杜鹃声声啼叫，大地一片欣欣向荣的景象。四月到了，进入农忙季节，农村看不到闲着的人，刚刚忙完了采桑养蚕又要忙插秧了。

五绝·小满

［宋］欧阳修

夜莺啼绿柳，皓月醒长空。
最爱垄头麦，迎风笑落红。

【译文】夜莺在茂盛的绿柳枝头自由自在地啼鸣，皎洁的明月照亮了万里夜空。站在田垄上，看着在风中摇摆的麦穗仍然生机勃勃，似乎在嘲笑百花的残败凋零。

插秧歌

［宋］杨万里

田夫抛秧田妇接，小儿拔秧大儿插。
笠是兜鍪（móu）蓑是甲，雨从头上湿到胛（jiǎ）。
唤渠朝餐歇半霎，低头折腰只不答。
秧根未牢莳未匝，照管鹅儿与雏鸭。

【译文】农夫把成捆的秧苗抛到稻田里，农妇接着，小儿子忙着拔秧，大儿子忙着插秧。斗笠就像头盔，蓑衣就像盔甲，大雨倾盆，雨水从头流入脖颈沾湿肩膀。老人喊他们来吃早饭歇一会儿，但他们只顾低着头弯着腰干活，无人应答。秧苗还未栽稳，稻田还没有插完，您把饭放这儿，赶紧回去看管好鹅和小鸭。

缫（sāo）丝行

［宋］范成大

小麦青青大麦黄，原头日出天色凉。
姑妇相呼有忙事，舍后煮茧门前香。
缫车嘈嘈似风雨，茧厚丝长无断缕。
今年那暇织绢著，明日西门卖丝去。

【译文】在小麦青、大麦黄的时候，天气晴朗、凉爽，正适合缫丝。姑嫂相互呼唤着，赶快趁此好天气缫丝，门前飘来屋后煮茧的阵阵香气。缫车飞快地转动，发出“嘈嘈”的声响，好像刮风下雨一样；蚕茧很厚，蚕丝很长，没有断丝。今年没有时间织绢穿在自己身上了，明天要赶快拿到西门卖掉。

渭川田家

［唐］王维

斜阳照墟落，穷巷牛羊归。
野老念牧童，倚杖候荆扉。
雉雊（zhì gòu）麦苗秀，蚕眠桑叶稀。
田夫荷（hè）锄至，相见语依依。
即此羡闲逸，怅然吟式微。

【译文】村庄处处披满夕阳余晖，牛羊沿着深巷纷纷回归。老叟惦念着放牧的孙儿，拄杖等候在自家的柴扉。雉鸡鸣叫，麦儿即将抽穗；蚕儿成眠，桑叶已经薄稀。农夫们荷锄回到了村里，相见欢声笑语恋恋依依。如此安逸怎不叫我羡慕？我不禁怅然地吟起《式微》。

村家四月词（其一）

［清］查慎行

小满初过上簇迟，
落山肥茧白如脂。
费他三幼占风色，
二月前头早卖丝。

【译文】小满过了，蚕才上山结茧，有点迟，蚕山上满是又大又白的蚕茧，它们辛苦完成三眠的过程后，不到两个月就可以卖丝了。

四月二十三日晚同太冲表之公实野步

［宋］洪炎

四山矗矗野田田，近是人烟远是邨（cūn）。
鸟外疏钟灵隐寺，花边流水武陵源。
有逢即画原非笔，所见皆诗本不言。
看插秧栽欲忘返，杖藜徙倚至黄昏。

【译文】四周耸立的山峰，中间是一片田野，近处有人家和炊烟，远处隐约可见村庄。在鸟飞走时听到灵隐寺的钟声，野花芬芳流水潺潺犹如武陵桃源。一路上到处是画、随处有诗，但不是用笔墨描摹出来的画，也不是用言语表达出来的诗。诗人沉迷于欣赏农民插秧而忘了回家，拄着藜杖一直看至黄昏。

三夏大忙，收麦种稻，连收带种，适时而作，最是一年红运当头时……

芒种

芒种是二十四节气中的第9个节气，常年为6月4—7日，太阳到达黄经75°时，有芒的麦子快收，有芒的稻子可种，是一年中最忙的季节。雨量充沛，气温显著升高，除青藏高原和黑龙江北部外，都能体验到夏天的炎热，但一般不是持续性的高温。常见的天气灾害有龙卷风、冰雹、大风、暴雨、干旱等。此时是华南东南地区一年中降水量最多的时节，长江中下游地区先后进入梅雨季节。芒种时节春天御寒的衣服不要过早地收藏起来，必要时还要穿着，以免受凉。

芒种三候 一候螳螂生；二候䴗始鸣；三候反舌无声。小螳螂破卵而出；5天过后，喜阴的伯劳鸟开始在枝头鸣叫；再过5天，反舌鸟与春夏喜欢鸣叫的众鸟不同，反而不鸣叫了。此节气常开的花有金银花、大叶黄杨、合欢、石榴、小叶女贞等。

芒种三候组图

●**端午节**：农历五月初五。有怀古人、吃粽子、赛龙舟等民俗。

●**世界环境日**：6月5日。反映了世界各国人民对环境问题的认识和态度，表达了人类对美好环境的向往和追求。

◎西北地区

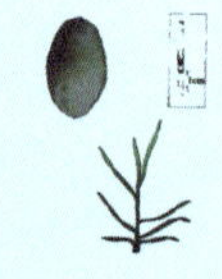
冬小麦灌浆期/春小麦拔节期

春油菜蕾薹期

春大麦（青稞）分蘖期

玉米拔节期

棉花盛蕾期

春马铃薯结薯期

大豆幼苗期

粳稻苗期

节气农俗

抢收抢种人倍忙……

●**送花神**：芒种时已是阳历6月，此时百花凋零，花神退位，民间举行祭祀花神的仪式，饯送农历二月十二花朝节上迎来的花神归位，表达对花神的依依不舍之情，盼望来年再次相会。

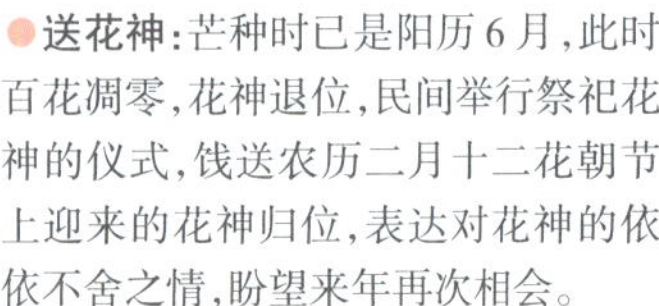

送花神

●**安苗**：是皖南地区的农事习俗活动，始于明初。每到芒种时节，种完水稻，为祈求秋天有个好收成，各地都要举行安苗祭祀活动。家家户户用新麦面蒸发包，把面捏成五谷六畜、瓜果蔬菜等形状，然后用蔬菜汁染上颜色，作为祭祀供品，祈求五谷丰登、村民平安。

祭祀用的供品

●**打泥巴仗**：芒种前后，贵州侗族新婚夫妇在青年男女簇拥下到田间插秧，男追女赶，展开竞赛。插完秧之后相互之间开始投掷泥巴打仗，把抓住的人按在泥田中，让其浑身沾满泥巴，最后谁身上泥巴最多，就表示谁最受青睐。这种节俗寓乐于劳，一举两得。

节令美食宜忌

●**宜**：吃苦饮酸，多食谷菽菜果，清补护脾胃。如食用青梅有助于恢复食欲。

●**忌**：过多食肉、贪吃冷饮等寒凉食物；梅子、山药忌与猪肉同食。

粽子

◎西南地区

春油菜苗期

水稻分蘖盛期

春玉米开花吐丝期/夏玉米苗期

大豆初花期

春马铃薯薯块膨大期、淀粉积累期

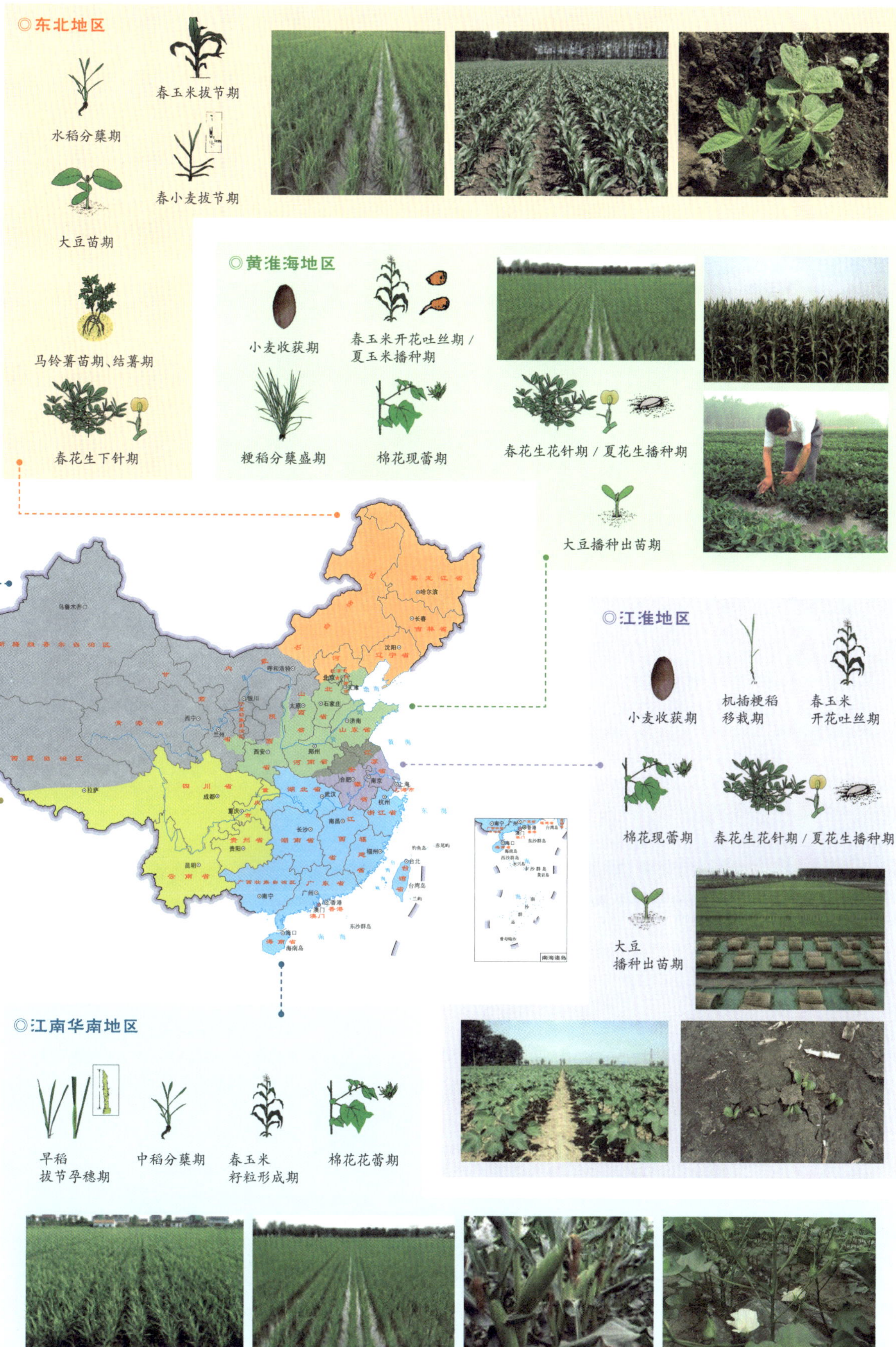
◎东北地区
水稻分蘖期
春玉米拔节期
春小麦拔节期
大豆苗期
马铃薯苗期、结薯期
春花生下针期
◎黄淮海地区
小麦收获期
春玉米开花吐丝期 / 夏玉米播种期
粳稻分蘖盛期
棉花现蕾期
春花生花针期 / 夏花生播种期
大豆播种出苗期
◎江淮地区
小麦收获期
机插粳稻移栽期
春玉米开花吐丝期
棉花现蕾期
春花生花针期 / 夏花生播种期
大豆播种出苗期
◎江南华南地区
早稻拔节孕穗期
中稻分蘖期
春玉米籽粒形成期
棉花花蕾期

物种文化

小麦

◎**起源与传播：**小麦起源于亚洲西南部和近中东一带，食用历史已有万年以上。考古研究发现，早在公元前 1.1 万年，野生二粒小麦已作为食物被当时的伊拉克人采集食用；在公元前 5000 年以前，埃及的尼罗河谷已有人种植小麦。现在普遍认为，小麦起源于中东的新月沃土地带，并从西亚、近东一带传入欧洲和非洲，后向印度、阿富汗、中国传播。

◎**生产与应用：**小麦是世界上最早栽培并广泛种植的粮食作物，普遍用于主食口粮、流通商品粮甚至战略物资储备粮。我国是小麦生产和消费大国，近几年的种植面积、总产量和进口量分别占世界的 12%、18% 和 10% 左右，在世界小麦产销市场中居于首位，影响较大。

◎**衍生的文化现象与价值：**我国面食技艺已被列入国家级非物质文化遗产，如山西闻喜花馍、岚县面塑，上海南翔小笼包等。我国的麦秆画与剪纸、布贴一样，是民间特有的剪贴艺术工艺品，始于隋唐时代，已有千年历史。

◎西北地区

● **冬小麦：**收获前去杂，春小麦化除结合叶面喷肥。

● **棉花：**①盛蕾期浇头水前揭撤地膜；②瘦地弱苗追氮肥、钾肥，旺苗控肥水并化控；③防治蚜虫、黄萎病等。

● **春油菜：**蕾薹期亩施尿素 5 千克，化除，结合除草防治草地螟、小菜蛾等。

● **春大麦（青稞）：**苗情诊断，酌情补苗，松土除草。

● **玉米：**8~10 叶期控旺防倒伏。

● **马铃薯：**化除，防治病虫害。

● **大豆：**化除，防治蚜虫、蛴象、飞虱，控制病毒病，抗旱排涝。

● **水稻：**水层管理，大水浸种，浅水催芽，干干湿湿扎根。

● **谷子：**查苗补苗，松土除草，施足底肥。

棉花精准防治与化控

春油菜施花肥

马铃薯飞防

◎西南地区

● **水稻：**①间断控水，灌水时保持田间 2~3 厘米水层，够苗排水晒田；②人工除草或第 2 次化除。

● **玉米：**春玉米人工辅助授粉、隔行去雄；花期追粒肥防早衰，喷施调节剂防旱防热害。夏玉米追苗肥，治虫除草，化控防倒。

● **春马铃薯：**除草、清沟培土、排涝，防治病虫害。

● **大豆：**①抗旱排涝；②根外追肥；③防治豆荚螟、食叶害虫；④拔除田间杂草；⑤使用矮壮素。

● **春油菜：**①遇高温干旱可结合浇水灌溉追施提苗肥；②防治蚜虫、菜青虫等虫害和多种旱地杂草。

水稻晒田

春玉米抽雄吐丝期增施粒肥

春马铃薯晚疫病防治

◎江南华南地区

● **春玉米：**防治玉米螟、夜蛾幼虫、蚜虫等。

● **水稻：**早稻倒 2 叶前后施穗肥，一般亩施纯氮和氧化钾各 2.5~4.0 千克，并做好病虫防治。中稻田整地、施肥、移栽。

● **棉花：**①补施蕾肥。弱苗每亩补施 4~6 千克尿素，并深中耕、起垄培蔸；旺苗于 8 片真叶时每亩用缩节胺 1 克喷雾化控。②防治枯萎病、黄萎病、蜗牛等。

水稻病虫测报

棉花施蕾肥

棉花病虫防治

防灾减灾

● **烂麦场：**若小麦成熟后遭遇持续阴雨，则收获前田间会出现穗发芽，收获后产生霉烂变质。

防御措施：一是选择抗性品种；二是成熟后及时收获、烘干。

烂麦场

● **小麦倒伏：**春夏之交的大风暴雨、冰雹等会导致小麦倒伏。

防御措施：一是选抗倒品种；二是扩行精播；三是拔节前化控，科学肥水。

补救措施：倒伏后的补救措施主要是加强病虫害防治，并及时根外喷施叶面肥或生化制剂。

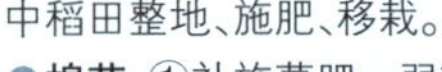

◎ 东北地区

水稻追肥

玉米深松追肥

玉米化控

大豆除草

●**水稻：**①浅水灌溉，提高土温，促分蘖，遇低温深水护苗；②插后5~10天亩施分蘖肥8千克尿素；③依草情第2次化除；④遇低温延迟性冷害防僵苗。

●**玉米：**即将进入拔节期，在8~10展叶期结合行间中耕深松进行第1次追肥和化控，亩施纯氮7.5~10.0千克，占总氮肥的30%，喷施玉黄金等控制株高和节间长度，防倒防空秆防秃尖。注意防治一代玉米螟、二代黏虫及红蜘蛛等及防御低温延迟型冷害。

●**大豆：**单双子叶杂草同时茎叶处理，防治蚜虫、蛴象、飞虱、纹枯病、灰斑病。苗高约6厘米时进行第2遍铲趟，中耕深度12厘米。

●**小麦：**化除结合叶面喷肥。

●**马铃薯：**北部地区马铃薯适期灌溉、提苗肥；中南部地区马铃薯除草。

●**春花生：**①加强肥水管理，及时防治病虫害；②做好旱灌涝排。

◎黄淮海地区

小麦收获

玉米病虫防治

花生病虫防治

●**小麦：**及时抢收并晾晒归仓，秸秆切碎匀抛，耕整还田。

●**玉米：**春玉米阴雨天气人工辅助授粉；及时防治病虫害；排涝防渍，防止早衰。夏玉米麦收后及时种肥同播，一播全苗；墒情不足时，播后24小时内灌蒙头水。

●**粳稻：**浅水灌溉，肥水等促平衡，根据草情第2次化除。

●**棉花：**中耕除草促根由浅到深，适时揭膜撤走。

●**花生：**春花生加强肥水管理，及时防治病虫害；做好旱灌涝排。夏花生及时倒茬播种。

●**大豆：**①麦收后保水板茬播种，亩播量5千克；②播后灌水促全苗；③亩施基肥40千克。

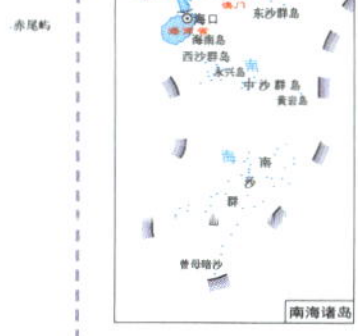
一粒米的诞生

◎江淮地区

●**小麦：**①抢收并及时干燥归仓；②麦秸碎草匀抛或匀铺、耕整还田。

●**粳稻：**①秸秆深埋还田，配方施肥精整田平；②栽前3天或栽后施分蘖肥时封闭化除；③带肥带药移栽；④浅水插秧，适当露田促活棵。

●**玉米、大豆、花生：**春玉米、大豆、春花生田间管理参照黄淮海地区，夏玉米播前准备，夏花生播种。

●**棉花：**①查苗补栽，清沟排水；②撤膜，中耕除草促根，培土；③化控、去叶枝；④蕾肥掌握壮苗少施、弱苗多施；⑤防治虫害。

小麦收获

水稻机插

夏玉米机播

农谚

【气候】
未食端午粽，寒衣不可送。
麦收有三怕：雹砸、雨淋、大风刮。
五月端午晴，烂稻刮田塍。
芒种雨大，夏至要淋。
芒种夏至是水节，如若无雨是旱天。
芒种夏至天，走路要人牵。
五月南风涨大水，六月南风干海底。

【物候】
春谷宜晚，夏谷宜早。
夏种晚一天，秋收晚十天。
夏种无早，越早越好。
五黄六月去种田，午前午后差一拳。
雨芒种头，河鱼泪流；雨芒种脚，鱼捉不着。
麦黄种豆，豆黄种麦。
麦子去了头，高粱没了牛。
芒种前后麦梢黄，红花小麦两头忙。
四月芒种麦在前，五月芒种麦在后。
蚕老一时，麦熟一晌。

【农事】
麦在地里不要笑，收到囤里才牢靠。
麦收九十九，不收一百一。
九成熟，十成收；十成熟，一成丢。
麦收有五忙：割、拉、打、晒、藏。
麦熟一晌，虎口夺粮。
麦收三件宝：头多穗大籽粒饱。
麦收要紧，秋收要稳。
麦子夹生割，谷子要熟妥。
麦子争青打满仓，谷子争青少打粮。
芒种忙，麦上场。
芒种忙种，连收带种。
芒种不种，再种无用。
芒种插的是个宝，夏至插的是根草。
过了芒种，不可强种。
芒种前，好种田；芒种后，点好豆。
芒种糜子急种谷。
芒种忙忙种，夏至谷怀胎。
葵花播种五月前，颗粒不收全空盘。
豆子播上大雨下，不管黑白快套耙。
要想多打粮，苞谷黄豆种两样。
过了芒种不栽棉，过了夏至不栽田。
芒种麦上场，龙口夺粮忙。
芒种下种，大暑莳。

农诗

观刈（yì）麦

［唐］白居易

田家少闲月，五月人倍忙。
夜来南风起，小麦覆陇黄。
妇姑荷箪食，童稚携壶浆，
相随饷田去，丁壮在南冈。
足蒸暑土气，背灼炎天光，
力尽不知热，但惜夏日长。
复有贫妇人，抱子在其旁，
右手秉遗穗，左臂悬敝筐。
听其相顾言，闻者为悲伤。
家田输税尽，拾此充饥肠。
今我何功德，曾不事农桑。
吏禄三百石，岁晏有余粮。
念此私自愧，尽日不能忘。

【译文】农家很少有空闲的月份，五月到来人们更加繁忙。夜里刮起了南风，覆盖田垄的小麦已成熟发黄。妇女担着用竹篮盛的饭，小孩子提着用壶装的汤水，前呼后拥给田里辛苦劳作的人送去饭食，割麦的男子正在南冈操劳。双脚受地面的热气熏蒸，脊梁受炎热的阳光烘烤。精疲力竭仿佛不知道天气炎热，只是希望夏日天再长一些。又见一位贫苦妇女，抱着孩儿站在割麦者身旁，右手拿着从田里拾取的麦穗，左臂上挎着一个破筐。听她望着别人说话，听到的人都为她感到悲伤。因为缴租纳税卖尽家田，只好拾些麦穗填饱饥肠。现在我有什么功劳德行，一直不从事农业生产。一年领取薪俸三百石米，到了年底还有余粮。想到这些内心感到非常惭愧，整日也不能忘却。

五月

［清］钱大昕（xīn）

五月秧针绿，兼旬雨泽稀。
瓯（ōu）窭（jù）干欲坼（chè），布谷暮空飞。
米价频年长，田园生计非。
老农占甲子，辛苦候荆扉。

【译文】五月的秧苗细弱嫩绿，连续二十天没什么雨水。高地狭小的田里干得快裂开了，布谷鸟在空中飞来飞去。米价连年直线上涨，农家的生活已不能维持了。老农预测着天气，每天在门口艰难地等候雨水到来。

农家望晴

［唐］雍裕之

尝闻秦地西风雨，为问西风早晚回？
白发老农如鹤立，麦场高处望云开。

【译文】曾经听说秦地（今陕西一带）刮起西风就会下雨，西风啊，你什么时候回去？头发花白的老农久久站立，在麦场的高处，盼望着乌云散去，太阳重现。

题榴花

［唐］韩愈

五月榴花照眼明，枝间时见子初成。
可怜此地无车马，颠倒青苔落绛英。

【译文】五月如火的榴花映入眼帘格外鲜明，枝叶间不时可以看到已经结果的石榴。只是此地偏僻，没有达官贵人乘车来欣赏，殷红的石榴花飘零散落在青苔上，好可惜。

减字木兰花

［宋］卢炳

莎衫筠笠。正是村村农务急。
绿水千畦。惭愧秧针出得齐。
风斜雨细。麦欲黄时寒又至。
馌（yè）妇耕夫。画作今年稔（rěn）岁图。

【译文】四月多雨，农民们穿蓑衣、戴笠帽来到田头。正是村村忙农活的时候，翻耕好了的千亩水田，正等待插秧；幸亏今年秧苗出得齐整，长得好。斜风细雨，连日不晴，小麦将黄熟时天又转冷。男人们都去田里抢收抢种，妇女们送饭来到田头。麦田、水田、秧田，男人、女人冒雨收麦、插秧，以勤劳的双手，描绘出一幅丰收的景象。

插秧诗

［唐］契此

手把青秧插满田，
低头便见水中天。
六根清净方为道（稻），
退步原来是向前。

【译文】农民站在田里一手拿秧一手插秧，弯着腰，脸朝下，低头便看见倒映在水中的天空。洗净秧根有利稻苗成长，就好比心灵干净才能修炼成道。农夫插秧，边插边退，这样才能把稻秧全部插好，就好比退步有时也是进步，是一种修行之法。

打麦

［宋］张舜民

打麦打麦，彭彭魄魄，声在山南应山北。
四月太阳出东北，才离海峤（jiào）麦尚青，
转到天心麦已熟。
鹖（hé）旦催人夜不眠，竹鸡叫雨云如墨。
大妇腰镰出，小妇具筐逐，
上垄先捋（luō）青，下垄已成束。
田家以苦乃为乐，敢惮（dàn）头枯面焦黑！
贵人荐庙已尝新，酒醴（lǐ）雍容会所亲；
曲终厌饫（yù）劳童仆，岂信田家未入唇！
尽将精好输公赋，次把升斗求市人。
麦秋正急又秧禾，丰岁自少凶岁多，
田家辛苦可奈何！
将此打麦词，兼作插禾歌。

【译文】打麦打麦，彭彭魄魄，声音发在山南，回声响在山北。四月里太阳从东北升起，刚爬上山尖，麦儿还青，转到中天，麦穗已黄熟。鹖旦不停地叫着，催着农民们早早起床；竹鸡又鸣起，报告大雨将来，乌云如墨。大妇带着镰刀出门，小妇背上筐子跟着。

上田垄先捋取青穗，下田垄麦已捆成束。田家以苦为乐，怕什么头发枯黄面容焦黑？达官贵人们祭祖后已经尝新，喝着酒大宴宾客。一曲奏罢吃饱喝足犒赏奴仆，怎能想到农民们一口也没吃着！他们把好麦都交了租赋，又把剩下的上市场去出售。正忙着收麦又要赶着插秧，毕竟丰年太少凶年太多，田家辛苦是无可奈何的！献上我的打麦词，又当作一首插秧歌。

芒种后急雨骤冷

［宋］范成大

梅霖倾泻九河翻，百渎交流海面宽。
良苦吴农田下湿，年年披絮插秧寒。

【译文】芒种时节，梅雨倾盆而下，使得九河的水都快溢出，上百条河流汇集在一起，海面显得更加宽阔。辛苦的吴县农民去湿地里劳作，天气仍显寒冷，每年都是披着棉絮去插秧。

日长之至，昼晷至极，高温续升，阵雨如梭，消夏避伏，圆荷始散芳……

夏至

夏至是二十四节气中的第10个节气，常年为6月20—22日，太阳到达黄经90°（夏至点）时，北半球日照时间最长。此后地面受热强烈，空气对流强，午后至傍晚常易形成雷阵雨，江淮地区形成“梅雨”；频频出现暴雨天气，容易形成洪涝灾害，甚至对农业生产和人民生命财产造成威胁，此时应注意加强防汛工作。夏至养生要顺应阳盛于外的特点，注意保护阳气。

夏至三候　一候鹿角解；二候蜩始鸣；三候半夏生。此节气，鹿角开始脱落；5天过后，蝉开始鸣叫；再过5天，喜阴植物半夏开始生长繁茂。此节气常开的花有蜀葵、栀子花、臭檀、栾树、梧桐等。

夏至三候组图

● **建党节**：7月1日。1941年中共中央确定将1921年7月1日作为中国共产党建党日。7月1日也是香港回归纪念日。

● **父亲节**：6月的第3个星期天。是感恩父亲的节日。

◎西北地区

冬小麦收获期/春小麦抽穗期　棉花初花期　春油菜初花期　春大麦（青稞）拔节期　玉米小喇叭口期　春马铃薯现蕾期　大豆苗期、分枝期　粳稻苗期

节气农俗

祈福驱邪，避伏消暑……

● **祭神祀祖**：夏至时值麦收，自古以来有在此时庆祝丰收、祭祀祖先之习俗，以祈求灾消年丰。因此，夏至作为节日，纳入了古代祭神礼典。夏至日正是麦收之后，农人既感谢天赐丰收，又祈求获得“秋报”。夏至前后，有的地方举办隆重的“过夏麦”，系古代“夏祭”活动的遗存。

过夏麦

● **消夏避伏**：夏至日，妇女们互相赠送折扇、脂粉等物什。《酉阳杂俎·礼异》：“夏至日，进扇及粉脂囊，皆有辞。”“扇”，借以生风；“粉脂”，用以涂抹，散体热所生浊气，防生痱子。在古代，夏至之后，皇室乃至贵族拿出冬藏夏用的冰消夏避伏，而且从周代始，历朝沿用，进而成为制度。

消夏避伏

◎西南地区

水稻拔节期　春油菜抽薹期　春玉米籽粒形成期/夏玉米小喇叭口期

春马铃薯薯块膨大、淀粉积累、收获期

大豆始荚期

节令美食宜忌

● **“冬至馄饨夏至面”**：有吃面尝鲜之意。江南地区也有中午吃馄饨、“麦粽”与夏至饼等食俗。

● **饮食宜忌**：宜清淡，多食杂粮；忌食热性食物，以免助热。多喝温开水，冷食瓜果当适可而止，过食会伤脾胃。

夏至面

夏至饼

早稻抽穗扬花期　中稻分蘖期/晚稻播种期

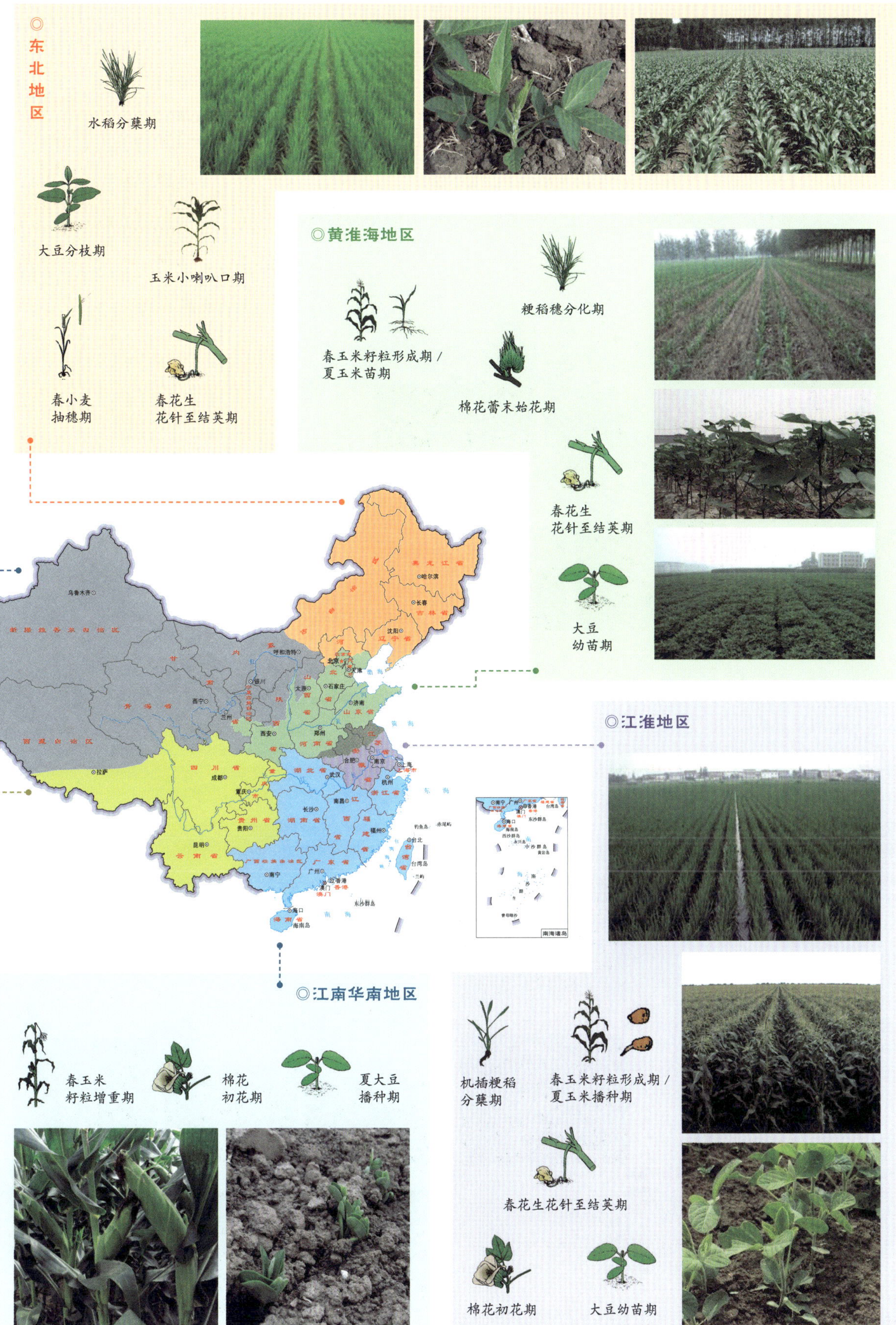
◎东北地区
水稻分蘖期
大豆分枝期
玉米小喇叭口期
春小麦
抽穗期
春花生
花针至结荚期
◎黄淮海地区
粳稻穗分化期
春玉米籽粒形成期／
夏玉米苗期
棉花蕾末始花期
春花生
花针至结荚期
大豆
幼苗期
◎江淮地区
机插粳稻
分蘖期
春玉米籽粒形成期／
夏玉米播种期
春花生花针至结荚期
棉花初花期
大豆幼苗期
◎江南华南地区
春玉米
籽粒增重期
棉花
初花期
夏大豆
播种期

物种文化

桃

◎**起源与传播：**桃原产于中国，沿丝绸之路传播到波斯（今伊朗），然后传到亚美尼亚，再传播到古希腊和古罗马，并由罗马人传至地中海沿岸诸国，而后传至法国、英国、德国、比利时、荷兰等国家，并于16世纪随欧洲船队被带到南美，后又传到北美并得到发展。

◎ **生产与应用：**全世界80余个国家有桃树的栽培，主要分布在南北纬22~45°。据2013年FAO资料，我国桃栽培面积有1 166万亩，其中以露地栽培为主，设施栽培面积约35万亩。桃果肉柔软，鲜食易被消化吸收，是老少皆宜的水果。

◎**衍生的文化现象与价值：**在古代，桃树就被用作景观打造。当今的园林景观和城市绿化中，人们打造出了各式各样的桃花岛。到桃园赏花、摘果，已成了当今发展桃产业、体验桃文化不可缺少的元素。

冬小麦收获

春油菜追肥

玉米追肥

◎**西北地区**

●**小麦：**冬小麦开始收获，晾晒入仓。春小麦防治赤霉病，叶面喷肥。

●**棉花：**①初花期第2次灌溉，亩追施尿素4~5千克、硫酸钾1~2千克；②多次中耕培土除草促根、由浅到深。

●**春油菜：**初花期喷施硼肥和氨基酸、腐殖酸类等叶面肥。

●**玉米：**①中耕除草，看苗追肥；②注意抗旱灌溉保墒；③防治病虫害。

●**水稻：**2叶1心期追施断乳肥，适时防除杂草。

●**蚕豆：**拔除杂株。

春马铃薯收获

水稻施促花肥

春玉米遭受风暴

◎**西南地区**

●**春马铃薯：**开始收获。

●**水稻：**①根据苗情诊断施促花肥，在倒4叶期（抽穗前25~30天）每亩施用尿素6~8千克、硫酸钾5千克，苗多、叶色浓少施，苗少、叶色淡多施；②防治病虫害。

●**玉米：**①遇连日阴雨、风灾、涝渍，应及时扶苗排水，防病排涝，遇旱灌水；②注意该时期高发病害的防治。

●**春油菜：**①防治蚜虫、菜青虫、甘蓝夜蛾等虫害；②若遇高温干旱，则可结合浇水灌溉，追施蕾薹肥。

防灾减灾

●**洪涝灾害：**每年4—6月是暴雨、洪涝多发季节，易给农业生产带来灾损。

防御措施：加固塘、库、河堤坝等设施，清理淤泥，增强防洪蓄水能力。灾后恢复生产自救。①受淹的一季稻和双季晚稻秧田，退水后用清水洗苗，清理叶表污泥，恢复绿叶功能；②药剂防治水稻细菌性褐条病、白叶枯病、基腐病等，可选用40%强氯精粉剂100克或20%叶枯唑可湿性粉剂100克兑水30千克喷施；③采取露田补肥或喷施叶面肥，配合施用碧护、天丰素等调节剂促进根系发生，迅速恢复正常生长。

水稻涝灾

大雨洗花形成白穗

●**大雨洗花：**早稻抽穗扬花期空气相对湿度＞90%或持续大到暴雨造成“雨打禾花”，花粉被淋洗，造成空穗或半穗空粒，结实率下降。

防御措施：①根据当地气候条件选择适宜品种类型，使开花避过雨期。②实行保温灌溉，降温时灌水，升温时排水，提高泥温，增强土壤氧化度。不用含“九二〇”（赤霉酸）的植物生长调节剂，避免稻苗提早到雨期抽穗开花。

◎**江南华南地区**

●**水稻：**早稻主治纹枯病、稻瘟病，挑治稻飞虱、稻纵卷叶螟、黏虫。中稻早施分蘖肥，浅水勤灌促分蘖，防治二化螟和稻蓟马。晚稻根据早稻茬口适时精量播种。

●**春玉米：**鲜食玉米适时收获。

●**移栽棉花：**①及时摘除基部叶枝；②棉株8~10片真叶时视苗情化控，亩用缩节胺1克或助壮素4毫升，兑水20~30千克叶面喷施。

●**夏大豆：**开始播种。

早稻病虫防治

棉花化控

鲜食玉米采收

晚稻播种

夏大豆播种

◎东北地区

水稻病虫防控

水稻搁田

玉米病虫防控

小麦病虫防控

● **水稻：**①浅湿交替灌溉，控制无效分蘖，从第 10 叶露尖开始，群体总茎数达到所需穗数 80% 时排水搁（晾）田；②防治稻瘟病、潜叶蝇和二化螟等，二化螟蛀食枯鞘率≥3% 时亩用 20% 三唑磷乳油或 5% 氟虫腈或 18% 杀虫双撒滴剂防治。

● **玉米：**防治玉米螟、黏虫及红蜘蛛等。

● **小麦：**①防治蚜虫、黏虫、赤霉病等；②叶面喷肥。

● **大豆：**当 5%~10% 的植株卷叶或百株蚜量在 1 500 头以上时，每亩用 5% 来福灵乳油 20 毫升兑水约 2 500 倍或 10% 吡虫啉 20 克兑水约 20 千克喷雾防治。

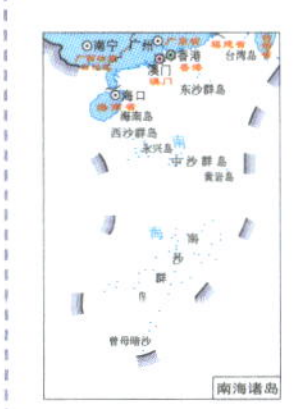

◎黄淮海地区

● **夏玉米：**①追施苗肥；②防芽涝；③合理施用除草剂，防药害。

● **粳稻：**①群体茎蘖数达穗数 80%（每亩 20 万左右）时落干搁田，多次轻搁，搁田到硬板；②防治纹枯病、稻瘟病、螟虫、稻纵卷叶螟、稻飞虱等。

● **棉花：**遇旱轻浇，瘦地少量追氮肥；旺长苗化控，整枝打叉；防治虫害。

● **大豆：**苗期管理，注意排涝降渍、及时间苗、补施苗肥。

水稻搁田

棉花病虫防控

玉米追施苗肥

◎江淮地区

● **粳稻：**①机插后 5~7 天结合化除亩施用第 1 次分蘖肥 5~8 千克尿素，7~10 天后再亩施分蘖肥 5~8 千克尿素；②及时防治灰飞虱、螟虫等；③看苗补施平衡肥。

● **夏玉米：**①麦收后及时种肥同播，一播全苗；②墒情不足时，播后 24 小时内灌蒙头水。

● **花生、大豆：**做好夏播花生、大豆的苗期管理，注意排涝降渍、及时间苗、补施苗肥促平衡。

水稻施分蘖肥

夏花生破膜放苗

大豆中耕

农谚

【气候】

夏至风从西边起，瓜菜园中受煎熬。
冬至三庚数九，夏至三庚入伏。
夏至响雷三伏冷，夏至无雨晒死人。
夏至大烂，梅雨当饭。
夏至落雨，九场大水。
夏至落大雨，八月涨大水。
夏至无雨干断河。
夏至雷响，打破梅娘。
夏至有雨，仓里有米。
有钱难买五月旱，六月连阴吃饱饭。
烟不出门，大雨降临。
夏雨隔田炊。
东边日出西边雨，道是无晴却有晴。
不到冬至不寒，不到夏至不热。
冬至始打霜，夏至干长江。
夏至东风摇，麦子水里捞。

【物候】

雁、燕、蝉始叫，夏至到；蟋蟀叫，秋天到。
吃了夏至面，一天短一线。
清明高粱小满谷，芒种芝麻夏至豆。
夏至杨梅满山红。
夏至不着棉。
夏至加端阳，田里不打浪。
夏至赶端阳，好汉嫁婆娘。

【农事】

芒种夏至忙，莫把烟草忘。
夏至棉田草，如同毒蛇咬。
豆子开花，垄沟摸虾。
大豆锄三遍，豆角结成串。
夏至前种玉米。
夏至种，秋分收，玉米百日保丰收。
夏至不起蒜，必定散了瓣。
要得庄稼好，田埂儿壳死草。
进入夏至六月天，黄金季节要赶先。
到了夏至节，锄头不能歇。
夏至种芝麻，头顶（披头）一朵花。

农诗

宗礼欲往桂州苦雨因以戏赠

［唐］吕温

农人辛苦绿苗齐，正爱梅天水满堤。
知汝使车行意速，但令骢（cōng）马著鄣泥。

【译文】天下着雨。农民虽然辛苦，但喜欢这样的梅雨天气，因为水塘里储满了水，庄稼长得整齐健壮。知道你要疾驰赶路，但要把马鞯（jiān）安好以防泥巴沾身。

无锡道中赋水车

［宋］苏轼

翻翻联联衔尾鸦，荦荦确确蜕骨蛇。
分畴翠浪走云阵，刺水绿针插稻芽。
洞庭五月欲飞沙，鼍鸣窟中如打衙。
天工不见老翁泣，唤取阿香推雷车。

【译文】水车的辐片在车水时一个联结一个不停地翻动，像一串衔尾而飞的乌鸦。水车静止不动时像一条蜕了皮肉的大蛇骨架子。水流入稻田的分区里掀起阵阵绿色的浪花，稻苗像绿针般刺出水面。五月的洞庭山干燥得要起飞沙了，天旱水干，鼍鸣于窟中，其声如打鼓一般。老天爷看不到老翁在哭，向天呼唤着推雷车女神布云下雨，解决旱情。

晚至村家

［宋］文同

高原硗（qiāo）确石径微，篱巷明灭余残晖。
旧裾（jū）飘风采桑去，白袷（jié）卷水秧稻归。
深葭（jiā）绕涧牛散卧，积麦满场鸡乱飞。
前溪后谷暝烟起，稚子各出关柴扉。

【译文】傍晚，沿窄小石路向上攀行，赶往小山村时，但见忽明忽暗、时隐时现的残阳余晖洒落在不远处乡村人家的篱笆墙上及小巷子里。农妇们正匆忙赶着去采摘桑叶，卷着裤脚、打着赤脚的农夫也从水稻田里往家走。几头耕牛静静地躺卧在芦苇丛生的山涧边，村边堆满麦子的谷场上，一群群家养的草鸡在拍翅乱飞。天色将晚，村庄前的小溪边和村庄后的山谷里暮霭缭绕，小孩们各自出来关好自家的柴门。

陌上桑

［元］王冕

陌上桑，无人采，入夏绿阴深似海。
行人来往得清凉，借问蚕姑无个在。
蚕姑不在在何处？闻说官司要官布。
大家小家都捉去，岂许蚕姑独能住？
日间绩麻夜织机，养蚕种田俱失时。
田夫奔走受鞭笞，饥苦无以供支持。
蚕姑且将官布办，桑老田荒空自叹。
明朝相对泪滂沱，米粮丝税将奈何？

【译文】路边的桑叶没人采，到了夏天，茂盛的桑林像绿色的大海。来往的行人在树下乘凉，为什么蚕姑一个都不在，去了哪里呢？听说官府要官布，家家都被捉去了，怎么可能允许蚕姑留下呢？白天织麻晚上织布，养蚕和种田的时节都错过了。农夫们为此奔走还受鞭打，没有东西吃，饥荒困苦。等蚕姑把眼前的官布织完，桑叶已老、田地已荒，只能自己唉声叹气。日后夫妻相对泪流满面，拿什么来交米粮丝税呢？

同王十三维偶然作（其一）

［唐］储光羲

仲夏日中时，草木看欲燋。
田家惜工力，把锄来东皋。
顾望浮云阴，往往误伤苗。
归来悲困极，兄嫂共相谗（náo）。
无钱可沽酒，何以解劬劳。
夜深星汉明，庭宇虚寥寥。
高柳三五株，可以独逍遥。

【译文】夏日太阳当空照，草木眼看着都快被烧焦。农民不惜劳力扛着锄头来到田里抗旱保苗。望着天空希望能飘来一片阴云遮住太阳，却常常事与愿违，导致田里的禾苗都被烫伤了。从田里出来又悲又困，兄嫂还在相互责骂。没有钱去买酒，怎么解除劳累呢？夜深了，星星更加明亮，房屋庭院显得更加寂寥。只有那三五棵高高的柳树在那边独自逍遥。

巴女谣

［唐］于鹄

巴女骑牛唱竹枝，
藕丝菱叶傍江时。
不愁日暮还家错，
记得芭蕉出槿篱。

【译文】一个巴地小女孩骑在牛背上，唱着竹枝曲，沿着处处盛开着荷花、铺展着菱叶的江岸，慢悠悠地回家。她不怕天晚了找不到家门，因为她认得她家门前有一棵伸出木槿篱笆外面的大大芭蕉叶。

雨过山村

［唐］王建

雨里鸡鸣一两家，
竹溪村路板桥斜。
妇姑相唤浴蚕去，
闲看中庭栀子花。

【译文】下雨天的小山村，零星传来鸡叫声，乡间小路旁有条长满了竹子的小溪，上面铺着一条歪歪斜斜的木板桥。村里的嫂嫂和小姑相互呼唤着去挑选蚕种，因为农忙没人欣赏庭院里盛开的栀子花。

夏至避暑北池

［唐］韦应物

昼晷（guǐ）已云极，宵漏自此长。
未及施政教，所忧变炎凉。
公门日多暇，是月农稍忙。
高居念田里，苦热安可当。
亭午息群物，独游爱方塘。
门闭阴寂寂，城高树苍苍。
绿筠尚含粉，圆荷始散芳。
于焉洒烦抱，可以对华觞。

【译文】夏至这天，昼晷所测白天的时间已经到了极限，从此以后，夜晚漏壶所计的时间渐渐加长。还没来得及实施自己的计划，就已经忧虑气候变化冷暖交替了。衙门每日空闲的时候居多，而这个月的农事却是比较忙的。老百姓在地里耕作，也不知道是怎么抵挡酷热的。时值正午，大家都在歇息，静悄悄的，只有我自己在池塘边走来走去好不惬意。城墙高耸，城门紧闭，树木葱翠，绿荫静寂。翠绿的嫩竹刚长出来，池塘里的荷花已经开始散发阵阵的清香了。在这里可以抛却烦恼忘掉忧愁，终日举着华丽的酒杯对饮。

裴司士员司户见寻

［唐］孟浩然

府僚能枉驾，家酝复新开。
落日池上酌，清风松下来。
厨人具鸡黍，稚子摘杨梅。
谁道山公醉，犹能骑马迴。

【译文】你们（指裴司士和员司户两位州上的官吏）能够屈尊来到我家，我感到荣幸之至，为你们打开自家酿制的酒。太阳下山，清风穿过松树林吹了过来，我们一起坐在池边喝酒。妻子准备了鸡肉和米饭，年幼的儿子爬到树上为客人采摘杨梅。谁说我们像山简一样醉倒在池边，他们仍旧能够骑着马回家去呢。

状江南·仲夏

［唐］樊珣

江南仲夏天，时雨下如川。
卢橘垂金弹，甘蔗吐白莲。

【译文】江南的农历五月，常常伴随着倾盆大雨，仿佛是立着的“哗哗”河流。枇杷树上枝叶繁茂，果子也成熟了，犹如金灿灿的弹珠；白色的香蕉花开了，像白莲花一样美丽。

小暑

江淮“出梅”，地煮天蒸，入伏炎热，盛夏登场，减少外出，少动多静……

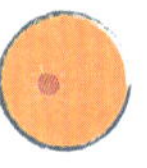

小暑

小暑是二十四节气中的第11个节气，常年为7月6—8日，太阳到达黄经105°时，天气开始炎热，但还没到最热。全国农作物都进入茁壮生长阶段，需加强田间管理。小暑是人体阳气最旺盛的时候，“春夏养阳”；养生重点突出“心静”，心静自然凉。

小暑三候　一候温风至；二候蟋蟀居壁；三候鹰始鸷。风中不再有凉意，而是卷着热浪；5天过后，蟋蟀开始躲在阴凉的墙壁（墙角）避暑；再过5天，老鹰因地面温度太高而在清凉的高空盘旋，凶猛无比。此节气常开的花有凌霄、木槿、槐花等。

●**卢沟桥事变**：又称“七七事变”。1937年7月7日“卢沟桥事变”揭开了全国抗日战争的序幕。

小暑三候组图

◎西北地区

春小麦
灌浆期

棉花
盛花期

春油菜
盛花期

春大麦（青稞）
孕穗期

玉米
大喇叭口期

大豆
初花期

粳稻
分蘖期

春马铃薯
薯块膨大期

◎西南地区

晚茬水稻
孕穗期

春油菜
盛花期

春玉米籽粒增重期／
夏玉米大喇叭口期

春马铃薯
薯块膨大、积累、收获期／
秋马铃薯始播期

大豆鼓粒期

节气农俗

一日热三分，晒伏尝新时……

●**天贶（kuàng）节**：农历六月初六是中国传统节日“天贶节”。据史书记载，此节始于宋代。“贶”即“赐”，即天赐之节。宋代皇帝在伏天向臣属赐“冰麨（chǎo）”和“炒面”，故称天贶节。到了元、明、清及之后，将这天称为“洗晒日”。现代习俗还有回娘家、吃新、庙会、猫狗洗浴、晒书、求平安等。

天贶节

●**伏日祭祀**：远在先秦已见著录。古书上说，伏日所祭，“其帝炎帝，其神祝融”。传说炎帝是太阳神，祝融则是炎帝玄孙火神。传说炎帝叫太阳发出足够的光和热，使五谷孕育生长，从此人们不愁衣食。人们感谢他的功德，便在最热的时候纪念他。因此就有了“伏日祭祀”的传说。

祭祀用的神像

节令美食宜忌

●**食伏面、食伏羊、吃藕、吃黄鳝**：前两者可排毒祛暑气；后两者应季鲜美，补脾开胃。

●**饮食宜忌**：多清淡，忌偏食。宜食薏米、绿豆、藕、丝瓜、蚕豆、苦瓜、冬瓜、番茄、黄瓜、薄荷、西瓜、桃、鳝鱼等；忌食山楂、坚果、烧烤、酱菜等。

蜜汁藕

食伏面

◎东北地区
水稻
拔节期
玉米大喇
叭口期
大豆初花期
小麦籽粒
灌浆期
马铃薯结薯期、
膨大期
春花生
结荚期
◎黄淮海地区
春玉米籽粒形成期/
夏玉米拔节期
粳稻拔节期
棉花盛花期
春花生结荚期/
夏花生开花期
大豆苗期、分枝期
◎江淮地区
机插粳稻
分蘖盛期
春玉米籽粒形成期/
棉花盛花期
春花生结荚期/
夏花生开花期
大豆苗期、分枝期
◎江南华南地区
中稻分蘖期/
晚稻移栽期
早稻成熟期
春玉米成熟期
棉花花铃期
夏大豆幼苗期

物种文化

小杂粮

◎**起源与传播：**小杂粮主要包括高粱、谷子、糜子、燕麦、荞麦以及各种豆类等作物，主要起源于我国，并由我国传到日本、欧洲、阿拉伯等世界各地。小杂粮在中国种植历史悠久，是主要粮食作物并占有重要地位。

◎**生产与应用：**小杂粮生育期短、抗旱、耐瘠，适应性强，是我国区域性特色农作物，也是中西部生态严酷地区重要的粮食作物，在维持这些地区的粮食安全、社会稳定、农民增收、农业增效和抗御自然灾害等方面发挥着重要作用。

◎**衍生的文化现象与价值：**“五谷”在古代最主要的有2种不同说法：一种指稻、黍、稷、麦、菽；另一种指麻、黍、稷、麦、菽。稷即粟，指谷子，黍指糜子；菽泛指今天的各种豆类，如今已成为副食或作油料使用，而非主食。五谷中最早为中华先民所熟悉种植的是粟与黍。

◎**西北地区**

- **小麦：**冬小麦收获扫尾。春小麦有条件地块，如遇干旱、高温，可适时浇灌。
- **棉花：**①滴灌少量多次或沟灌两次；②中耕施肥蕾期轻、花铃期重；③上中旬视长势打顶，化控两次前轻后重。
- **春大麦（青稞）：**合理水肥保生长，追施拔节孕穗肥，防倒伏，防治病虫害。
- **玉米：**①大喇叭口期重施穗肥每亩15~20千克尿素；②花期酌情施粒肥扩容增粒防早衰。
- **马铃薯：**注意抗旱，除草，清沟培土，病虫害防治。
- **大豆：**①使用矮壮素塑造株型；②干旱时及时浇水；③注意防除田间菟丝子。
- **水稻：**①保持浅水层，干湿交替灌溉；②追施氮肥；③防除杂草。
- **蚕豆：**防治赤斑病、蚜虫等。
- **谷子：**清垄除草，合理追肥，中耕培土，水分控制。

冬小麦收获

棉花打顶

◎**西南地区**

- **水稻：**①亩追施保花肥5千克尿素；②田间浅水勤灌，以浅水层和湿润为主，做好防治病虫害工作。
- **春玉米：**①注意防旱排涝，及时收获倒伏、倒折果穗；②出现高温热害，有条件应及时灌溉，以免高温逼熟减产。
- **春马铃薯：**除草、清沟培土、排涝，病虫害防治。
- **大豆：**①防治食叶害虫；②及时抗旱；③防治田间锈病。

水稻施保花肥

马铃薯除草

防灾减灾

夏旱与高温热害：是在水稻移栽后分蘖至抽穗灌浆期，或玉米抽雄吐丝至灌浆期发生的土壤缺水现象，严重时常伴有高温热害。连续5天逐日降水量≤5毫米，且5天累计雨量≤10毫米，持续晴热少雨，田块逐步干涸，往往导致水稻分蘖拔节困难，生长受阻，从而绝收，玉米空穗较多或籽粒不饱满。

高温热害影响水稻授粉受精

防御措施：①改变传统耕作常规，播期提前；②尽量选择生育周期短的良种；③提高田块质量，提高农田蓄水和抗旱能力；④退耕还林，大力植树造林；⑤加强田间农田水利设施，合理调水用水，把干旱造成的损失降到最低；⑥高温时期适时补水；⑦叶面喷肥或生化制剂如悦护等，既有利于降温增湿，又能补充水分及营养，抗逆增产。

玉米高温热害

◎**江南华南地区**

- **春玉米：**收获。
- **水稻：**中稻苗数达预期穗数80%时搁（晒）田。晚稻移栽，施足基肥与分蘖肥。
- **棉花：**①整枝打杈去老叶；②清沟防渍；③结合防治盲蝽象、蚜虫等；④叶面喷施硼肥；⑤12~14片真叶时亩用缩节胺2克或助壮素8毫升第2次化控。
- **夏大豆：**①防治蚜虫、蝽象；②杂草化除；③间苗。

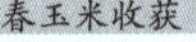
春玉米收获

中稻搁田

◎东北地区

水稻施穗肥

水稻病虫防治

玉米追施穗肥

大豆化控

● **水稻:**①浅湿交替灌溉;②抽穗前 25 天施穗肥(促花肥),施肥量不超过总氮量的 20%,长势过繁茂可不施;③防治稻瘟病、纹枯病等。

● **玉米:**大喇叭口后期追肥、喷施“壮丰灵”等化控药剂,控高防倒;防治黏虫及大、小斑病等。

● **大豆:**使用矮壮素控株型,干旱时及时浇水,防除田间菟丝子。

● **小麦:**有条件地块,如遇干旱、高温,可适时浇灌。

● **马铃薯:**①注意抗旱,适期灌溉;②除草,清沟培土;③排涝;④病虫害防治。

● **春花生:**①培土迎针,控旺促壮;②排涝防旱,防病治虫。

◎黄淮海地区

● **夏玉米:**小喇叭口后期重施穗肥,亩施 25~30 千克尿素。

● **粳稻:**①搁田结束后上“跑马水”,倒 4 叶期施促花肥,倒 3 叶末至倒 2 叶初施保花肥;②防治纹枯病、螟虫、稻纵卷叶螟、稻飞虱等。

● **棉花:**初花期重施肥,遇旱浇水、遇涝排水。

● **花生:**春花生培土迎针,控旺促壮,排涝防旱,防病治虫。夏花生管理同春花生开花下针期。

● **大豆:**①单、双子叶杂草同时化除,干旱时灌水;②防治蚜虫、飞虱、蓟马、点蜂缘蝽和蝽象。

玉米追施穗肥

水稻施穗肥

花生防控

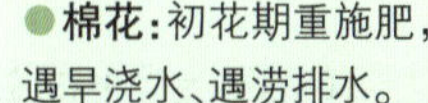

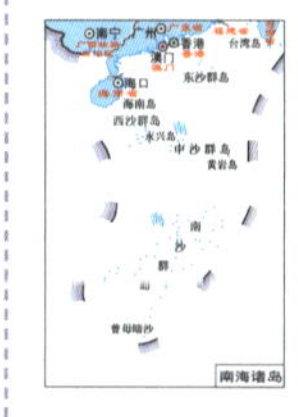

◎江淮地区

一粒米的诞生

● **粳稻:**①群体茎蘖数达穗数 80%(每亩 20 万左右)时落干搁田,多次轻搁,搁田到硬板;②防治纹枯病、螟虫、稻纵卷叶螟、稻飞虱等。

● **夏玉米:**①中耕培土,长势弱的田块可提前在拔节期施壮秆肥,注意治虫及灌水防旱;②合理施用除草剂,防药害。

● **棉花:**①两次追肥先轻后重;②遇旱浇水遇涝排水,中耕培土;③因苗适时化控前轻后重;④结合叶面喷肥防治病虫。

● **大豆、花生:**田间管理参照黄淮海地区。

晚稻栽插

棉花整枝

水稻开沟搁田

水稻病虫防治

棉花追肥

农谚

【气候】

雨打小暑头，四十五天不用牛。
小暑热过头，九月早寒流。
小暑不见日头，大暑晒开石头。
小暑过，一日热三分。
小暑打雷，大暑破圩。
小暑怕东风，大暑怕红霞。
六月初一，一雷压九台，无雷便是台。
不怕云彩顺风流，就怕云彩乱碰头。
东风刮得急，就要披蓑衣。
小暑一声雷，倒转做黄梅。
人在屋里热得跳，稻在田里哈哈笑。
旱年虫多，涝年病重。
谷秀三场雨，遍地都是米。
伏里雨多，稻里米多；伏里无雨，谷里无米。
三伏不受旱，一亩增一石。
天旱的芝麻，雨淋的北瓜。

【物候】

小暑吃黍，大暑吃谷。
小暑小禾黄。
大暑小暑，有米懒煮。
三伏夹一九，三九夹一伏。
谷打苞，水满腰。
见暑不种黍和豆。
小暑发棵，大暑长粗，立秋长穗。

【农事】

头遍追肥一尺高，二遍追肥正齐腰，
三遍追肥出毛毛（玉米）。
豆锄三遍粒儿圆。
过了小暑，不种玉蜀黍（玉米）。
伏里不搁稻，秋里喊懊恼；稻田搁得好，稻子不跌倒。
小暑前，草拔完，小暑节节雾，高田多失误。
棉花入了伏，三天两头锄。
小暑不栽薯，栽薯白受苦。
种豆入伏，押宝有无。
小暑前大暑后，庄稼老头种绿豆。
治病要早，除虫要了。
过伏不栽稻，栽了收不到。
小暑天气热，棉花整枝不停歇。

农诗

小暑六月节

［唐］元稹（zhěn）

倏忽温风至，因循小暑来。
竹喧先觉雨，山暗已闻雷。
户牖（yǒu）深青霭，阶庭长绿苔。
鹰鹯（zhān）新习学，蟋蟀莫相催。

【译文】 突然间感觉温热的风吹了过来，按照惯例是小暑到来了。竹叶发出沙沙声响想必是雨要来了，山里面暗了下来，已经能听到打雷的声音。窗外飘来云气，庭院的台阶上长满了绿绿的青苔。鹞鹰尚在学习飞翔中，蟋蟀你就不要催促了。

稻田

［唐］韦庄

绿波春浪满前陂（bēi），极目连云䆉（bà）稏（yà）肥。
更被鹭鹚（cí）千点雪，破烟来入画屏飞。

【译文】 满坡的稻禾长势喜人，苗肥棵壮，在春风的吹拂下，层层梯田绿浪翻滚，直接云天。在这绿色海洋的上空，数不尽的白鹭自由翱翔，宛如飞入一幅天然的彩色画屏。

小池

［宋］杨万里

泉眼无声惜细流，
树阴照水爱晴柔。
小荷才露尖尖角，
早有蜻蜓立上头。

【译文】 泉眼悄然无声是因舍不得细细的水流，树荫倒映水面是喜爱晴天和风的轻柔。娇嫩的小荷叶刚从水面露出尖尖的角，早有一只调皮的小蜻蜓立在它的上头。

鹤冲天·梅雨霁

［宋］周邦彦

梅雨霁，暑风和。高柳乱蝉多。
小园台榭远池波。鱼戏动新荷。
薄纱厨，轻羽扇。枕冷簟凉深院。
此时情绪此时天。无事小神仙。

【译文】绵绵多日的梅雨过去，夏天渐渐来临。高高的柳树上蝉鸣声阵阵。窗外水榭处，廊下的池塘被微风带起涟漪，鱼儿在水下嬉戏，惹得那新长出来的荷花一动一动的。支起薄薄纱帐，轻摇羽扇，躺在竹席上只觉凉爽舒畅。此时的情绪像此时的天空一样晴朗明媚，仿佛天上没事可做的小神仙一样悠闲快活。

苦热

［宋］陆游

万瓦鳞鳞若火龙，日车不动汗珠融。
无因羽翮（hé）氛埃外，坐觉蒸炊釜甑（zèng）中。
石涧寒泉空有梦，冰壶团扇欲无功。
余威向晚犹堪畏，浴罢斜阳满野红。

【译文】屋顶上的瓦就像火龙身上的鳞甲，拉着太阳的那辆车一动不动，汗水流出来又被蒸发掉。只可惜没有翅膀可以飞出尘世之外，只能忍受这坐在蒸笼里般的酷热。只能畅想远处深山里的寒泉可解热，现实中冰盆、团扇也无法带来凉意。熬到了傍晚太阳的余威依旧很大，沐浴过后斜阳映红了四周植被，仍显得很热。

夏日南亭怀辛大

［唐］孟浩然

山光忽西落，池月渐东上。
散发乘夕凉，开轩卧闲敞。
荷风送香气，竹露滴清响。
欲取鸣琴弹，恨无知音赏。
感此怀故人，中宵劳梦想。

【译文】山上的日光忽然西落了，池塘上的月亮从东面慢慢升起。披散着头发在夜晚乘凉，打开窗户躺卧在幽静宽敞的地方。一阵阵的晚风送来荷花的香气，露水从竹叶上滴下发出清脆的响声。正想拿琴来弹奏，可惜没有知音来欣赏。感慨良宵，怀念起老朋友来，整夜在梦中苦苦地想念。

采莲曲

［唐］白居易

菱叶萦波荷飐风，
荷花深处小船通。
逢郎欲语低头笑，
碧玉搔头落水中。

【译文】菱叶在水面飘荡，荷叶在风中摇曳，荷花深处，采莲的小船轻快飞梭。采莲姑娘碰见自己的心上人，想跟他打招呼又怕人笑话，便低头羞涩微笑，一不留神，头上的玉簪掉落水中。

夏日

［清］乔远炳

薰风愠（yùn）解引新凉，小暑神清夏日长。
断续蝉声传远树，呢喃燕语倚雕梁。
眠摊薤（xiè）簟（diàn）千纹滑，座接花茵一院香。
雪藕冰桃情自适，无烦珍重碧筒尝。

【译文】夏日小暑，白昼较长，偶有微风吹过令人心神清朗，感觉凉快。林中传来时断时续的蝉鸣声，屋梁上燕子呢喃絮语。躺在竹席上睡觉，感到身下纹络凉滑；坐在草地上，闻着满园花香。享用雪藕和冰桃，悠然自得；偶尔尝尝“碧筒”，无须别人劝导珍重（“碧筒”是用荷叶柄制成的烟斗；也指“碧筒杯”，是一种用荷叶制成的酒杯）。

前调·野老家

［明］无名氏

小暑啜瓜瓤。粗葛衣裳。
炎蒸窗牖气初刚。
无计遣兹长昼也，茗碗炉香。
深院一垂杨。又闹鸣童。
簿书堆案使人忙。
何不归与湖水上，做个渔郎。

【译文】小暑时节吃瓜消暑，身上穿着素朴简单的粗葛衣裳。炎热的气息从门窗中慢慢侵袭，白昼漫长。闲来无事不知如何打发这悠悠时光。煮一壶茶，炉碗都沾染了淡淡茶香。深深的庭院中有一树垂杨。夏蝉又开始鸣叫不停。书桌上堆满了朝中的书簿文案，使人忙碌不停，难以清闲。词人感叹自己为何不去那青山碧水之上，做个闲情泛舟的钓鱼郎。

答李滁州题庭前石竹花见寄

［唐］独孤及

殷疑曙霞染，巧类匣刀裁。
不怕南风热，能迎小暑开。
游蜂怜色好，思妇感年催。
览赠添离恨，愁肠日几回。

【译文】这是一首赠答诗，描写了一种在小暑开放的花——石竹花。石竹花颜色鲜丽，让人疑觉它被朝霞染上了霞光。花瓣精巧好似用匣刀细细剪裁。它不惧酷暑炎热，能在小暑绽放。蜜蜂也爱它颜色动人，思念丈夫的女子看到它也不禁感叹时光的流逝。诗人见到此花更添离愁别绪，思念友人的心情百转千回。

大暑

酷热至极，高温强光，雷暴常伴，水深火热，灾害频繁，龙口夺食……

大暑

大暑是二十四节气中的第12个节气，常年为7月22—24日，太阳位于黄经120°，是一年中气温最高最热的时期，农作物生长最快，但旱、涝、风等灾害也最为频繁。汉族有饮伏茶、晒伏姜、烧伏香等习俗。大暑天气炎热，人体的水分蒸发消耗过快，需要及时补充水分。

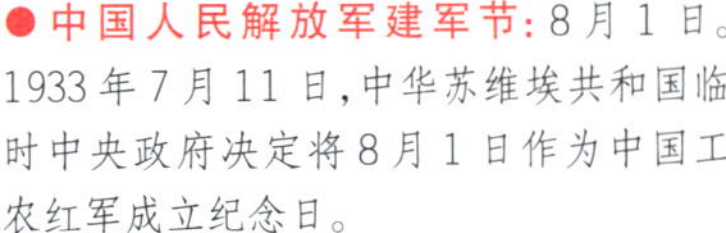

●**中国人民解放军建军节：**8月1日。1933年7月11日，中华苏维埃共和国临时中央政府决定将8月1日作为中国工农红军成立纪念日。

●**乞巧节：**农历七月初七。又名七夕，起源于牛郎与织女的传说，又称"东方情人节"。

大暑三候　一候腐草为萤；二候土润溽暑；三候大雨时行。萤火虫在腐草丛里出现；5天过后，天气变得闷热，土地变得潮湿；再过5天，时常有大雨降临。此节气常开的花有睡莲、荷花、紫薇等。

大暑三候组图

◎西北地区

春小麦
灌浆期

棉花
花铃期

春油菜
角果期

春大麦（青稞）
开花期

玉米
开花吐丝期

粳稻
分蘖盛期

大豆
鼓粒期

◎西南地区

晚茬水稻
抽穗开花期

春油菜
终花期

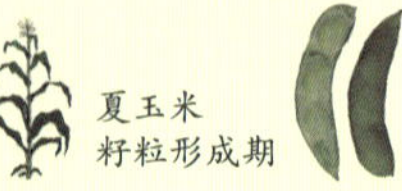

夏玉米
籽粒形成期

大豆
鼓粒、绿熟期

节气农俗

消暑、纳凉、赏荷是夏末最美好的打开方式……

●**送"大暑船"：**在浙江台州沿海已有几百年的历史。"大暑船"内载各种祭品，渔民们轮流抬着"大暑船"在街道上行进，鼓号喧天，鞭炮齐鸣，街道两旁站满祈福人群。"大暑船"最终被拉出渔港，然后在大海上点燃，任其沉浮，以此祝福人们五谷丰登，生活安康。

送"大暑船"

●**赏荷花：**大暑所在的农历六月也称"荷月"，此月多有赏荷的习俗。天津、江苏、浙江等地以农历六月二十四日为"荷花生日"，那一天人们多结伴游湖赏荷。在四川盐源，农历六月二十四日为"观莲节"，人们多沿袭古俗，互相赠送莲子。

赏荷花

节令美食宜忌

●**节气食俗：**大暑节气，山东南部"喝暑羊"（喝羊肉汤）；广东多地"吃仙草"（吃凉粉草、仙人草）；福建莆田吃荔枝、羊肉和米糟；台湾地区吃凤梨等。

●**饮食宜忌：**清热解暑，多酸多甘。宜选用具有补气清暑、健脾养胃的食材做粥，比如薏米、红豆、绿豆、百合、紫菜等。民间素有饮伏茶、喝解暑汤的习俗，吃姜汁调蛋可以驱寒止吐，健脾暖胃。忌食肥肉、海鲜、辣椒、八角、芥末等。

喝暑羊

吃荔枝

◎东北地区

水稻孕穗期

玉米开花吐丝期

小麦
灌浆充实期

马铃薯现蕾期、
开花期

◎黄淮海地区

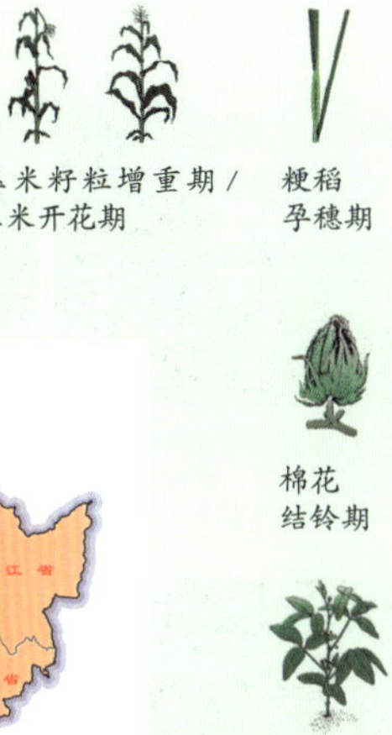

春玉米籽粒增重期 /
夏玉米开花期

粳稻
孕穗期

棉花
结铃期

大豆
现蕾期

◎江淮地区

机插粳稻
拔节期

春玉米籽粒增重期 /
夏玉米拔节期

棉花花铃期

大豆现蕾期

◎江南华南地区

早稻
成熟收获期

中稻拔节期 /
晚稻分蘖期

棉花
结铃期

秋玉米
播种出苗期

夏大豆分枝期

物种文化

梨

◎**起源与传播：**梨起源于第三纪甚至更早的中国西部或者西南部的山区。先秦时期，人们食用的以野生梨为主。秦汉以来，梨树的栽培数量和区域不断扩大。魏晋之际，梨树栽培、繁殖有了长足发展，于唐宋时期达到兴盛。元明清时，梨树的栽培实现区域化，并且梨在果品中的地位逐渐上升。

◎**生产与应用：**梨为我国第三大水果。2014 年据相关统计，梨种植面积为 1 670 万亩，主要分布在河北、辽宁、山东、河南、安徽、新疆和陕西 7 个主产区。

◎**衍生的文化现象与价值：**梨含有多种维生素、有机酸、钙、磷等多种矿物质，有很高的营养价值，药用价值也很高。在长期生活实践中，各地逐渐形成不同的食梨习惯，可生吃、可炖着吃。历代文人墨客在文学作品中不仅赞美梨的形态、梨果味美等表象特征，还对梨的内涵进行深入挖掘，赋予象征寓意。

棉花防病虫

油菜防病

玉米防病虫

◎**西北地区**

● **棉花：**结合叶面肥防治黄萎病及棉蓟马、蚜虫和棉铃虫等。

● **春油菜：**①防菌核病、霜霉病；②结合防病喷施叶面肥；③有条件地块，如遇干旱、高温，可适时浇灌。

● **玉米：**灌水防旱防干热风，防治病虫害。

● **大豆：**干旱时灌水。

● **水稻：**适度晒田。

防灾减灾

● **玉米掐脖旱：**玉米抽雄前后是产量形成关键期，对水分和养分需求量大，此时缺水会造成抽雄困难、授粉不良、结实率降低、果穗小籽粒少等，就如同人的脖子被掐住一样，对产量影响很大。

防御措施：及时灌溉补水。

● **东北水稻障碍性冷害：**水稻抽穗前后及灌浆期遇阶段性低温会影响产量器官分化，破坏生理机制，影响产量。

防御措施：选用耐冷性强的品种；提高水温，深水护胎，增施磷肥，控制氮肥。

玉米掐脖旱

水稻开花期遭受障碍性冷害

夏玉米排涝

水稻螟虫诱捕

● **春玉米：**分期收获，收获不宜过早，应在果穗包叶蓬松枯黄，籽粒变硬，乳线消失，呈现出品种固有的色泽时适时收获。

● **夏玉米：**防旱、排涝，及时除草、防病虫。

● **水稻：**保持田间寸水，防治稻飞虱、二化螟、稻纵卷叶螟、纹枯病、稻瘟病等。

● **春油菜：**预防大风大雨造成的严重倒伏。

◎**西南地区**

春玉米收获

早稻收割

◎**江南华南地区**

● **早稻：**当成熟度达 90% 以上时即可收割，晾晒归仓。

● **中稻：**追施穗肥，并做好病虫害防治。

● **秋玉米：**播种。起畦整地，施底肥；避免连作；甜玉米与普通玉米间隔至少 500 米。

● **棉花：**遇旱及时沟灌，防治病虫害。

中稻防虫

秋玉米整地播种

棉花防病虫

◎东北地区

水稻施粒肥

玉米防掐脖旱

马铃薯病虫防治

大豆抗旱

●**水稻：**①浅湿交替灌溉；②倒 2 叶期，顶 4 叶与顶 3 叶同色显黑时追施粒肥，施氮量占总量的 10%~15%；③防治病虫害。

●**玉米：**①抽雄前灌水，防止掐脖旱；② 防治黏虫及大、小斑病等；③预防涝灾等自然灾害。

●**马铃薯：**注意抗旱、排涝，病虫害防治。

●**大豆：**干旱时及时浇水。

◎黄淮海地区

●**春玉米：**① 喷施生长调节剂减轻高温高湿和逼熟伤害；② 排涝防渍，防止早衰；③ 及时防治病虫。

●**夏玉米：**① 大喇叭口期防治玉米螟；② 对密度大、生长旺、易倒伏田块，适时化控降高防倒；③ 防干旱高温危害，及时排涝防倒伏。

●**粳稻：**防治稻瘟病、纹枯病、稻飞虱、二化螟等。

●**棉花：**①中耕培土，月末适时打顶，因苗化控前轻后重；②结合叶面喷肥防治病虫。

防治玉米螟

棉花打顶

水稻病虫防治

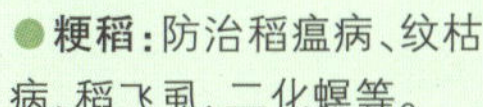

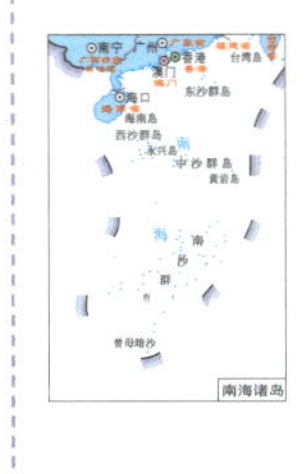

◎江淮地区

●**粳稻：**① 搁田结束后上“跑马水”；② 倒 4 叶期施促花肥（亩施 45% 复合肥 20~25 千克、尿素 6~8 千克）；③ 防治纹枯病、螟虫、稻纵卷叶螟、稻飞虱等。

●**春玉米：**田间管理参照黄淮海地区。

●**夏玉米：**小喇叭口后期重施穗肥，亩施 25~30 千克尿素。

水稻追肥

水稻病虫防治

夏玉米追穗肥

农谚

【气候】
大暑热不透，大热在秋后。
小暑大暑不热，小寒大寒不冷。
大暑无酷热，五谷多不结。
大暑连天阴，遍地出黄金。
小暑怕东风，大暑怕红霞。
小暑雨如银，大暑雨如金。
伏天雨丰，粮丰棉丰。
大暑有雨多雨，秋水足；大暑无雨少雨，吃水愁。
九里的雪，伏里的雨，吃了麦子存了米。
小暑不算热，大暑正伏天。
蝎子水缸底下爬，天公就要把雨下。
雨中蝉鸣，就要天晴。
蝈蝈叫得欢，必定是晴天。

【物候】
蚂蚁搬家蛇过道，燕子低飞雨来到。
蜻蜓高，晒得焦；蜻蜓低，满地泥。
禾到大暑日夜黄。
小暑吃黍，大暑吃谷。
小暑大暑，有米不愿回家煮。
人在屋里热得跳，稻在田里哈哈笑。
大暑无汗，收成减半 。

【农事】
大暑不浇苗，到老无好稻。
暑不割禾，一天少一箩。
玉米掐脖旱，产量减一半。
玉米施穗肥，穗大籽粒肥。
棉锄七遍桃似蒜，圪梿长得成了串。
过了大暑不种芥，过了小暑不种豆。
遇到伏旱，赶快浇灌，单靠老天，就要减产。
要旱要旱未真旱，准收棉；要涝要涝未真涝，粮丰产。
大暑大热暴雨增，复种秋菜紧防洪。
高温预防畜中暑，查治日晒和烂蹄。
头伏萝卜二伏芥，三伏里头种白菜。

农诗

池上

［唐］白居易

小娃撑小艇，
偷采白莲回。
不解藏踪迹，
浮萍一道开。

【译文】一个小孩撑着小船，偷偷地采了白莲回来。他不知怎么掩藏踪迹，水面的浮萍上留下了一条船儿划过的痕迹。

悯农（一）

［唐］李绅

锄禾日当午，
汗滴禾下土。
谁知盘中餐，
粒粒皆辛苦。

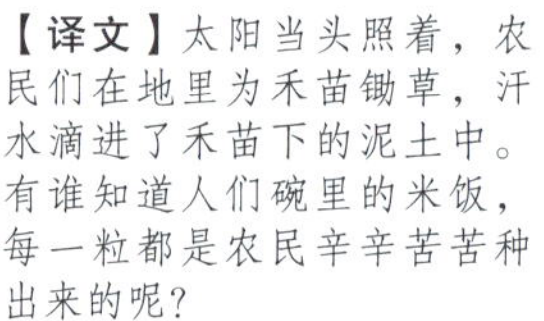

【译文】太阳当头照着，农民们在地里为禾苗锄草，汗水滴进了禾苗下的泥土中。有谁知道人们碗里的米饭，每一粒都是农民辛辛苦苦种出来的呢？

山亭夏日

［唐］高骈

绿树阴浓夏日长，楼台倒影入池塘。
水晶帘动微风起，满架蔷薇一院香。

【译文】盛夏时节，绿树葱郁，树荫下显得格外清凉，白昼比其他季节要长，清澈的池塘中映射出楼台的倒影。整个水面犹如一挂水晶做成的帘子，被风吹得泛起微波。蔷薇花开满了蔷薇架，满院都可闻到它那沁人心脾的香味。

晓出净慈寺送林子方

［宋］杨万里

毕竟西湖六月中，
风光不与四时同。
接天莲叶无穷碧，
映日荷花别样红。

【译文】六月里西湖的风光景色到底和其他时节的不一样：那密密层层的荷叶铺展开去，与蓝天相连接，一片无边无际的青翠碧绿；那亭亭玉立的荷花绽蕾盛开，在阳光辉映下，显得格外鲜艳娇红。

如梦令·常记溪亭日暮

［宋］李清照

常记溪亭日暮，沉醉不知归路。
兴尽晚回舟，误入藕花深处。
争渡，争渡，惊起一滩鸥鹭。

【译文】经常记起在溪边的亭子游玩直到太阳落山，被美景深深陶醉而流连忘返。游兴满足了，天黑往回划船，不小心划进了荷花池深处。着急地划呀，划呀，结果惊动了满滩的水鸟，都飞起来了。

煎盐绝句

［清］吴嘉纪

白头灶户低草房，六月煎盐烈火傍。
走出门前炎日里，偷闲一刻是乘凉。

【译文】白发苍苍的老盐工住在低矮简陋的破草房里，在炎炎六月里傍在熊熊大火的锅灶旁忙着熬盐。好不容易在繁忙中偷得一点空闲走出草房站在烈日下喘口气，对他来说，这居然算是“乘凉”了。

大暑

［宋］曾几

赤日几时过，清风无处寻。
经书聊枕籍，瓜李漫浮沉。
兰若静复静，茅茨深又深。
炎蒸乃如许，那更惜分阴。

【译文】大暑时的太阳十分毒辣，不知何时才能落下，清风似乎也躲了起来，无处可寻。用几卷经书打发悠长的白天，看着泡在冷水中的瓜果起起浮浮。森林寂静无声，深处的茅屋安谧宁静。虽然天气这般炎热，但更应该珍惜当前美好的时光啊。

耕田鼓诗

［唐］可朋

农舍田头鼓，王孙筵上鼓。
击鼓兮皆为鼓，一何乐兮一何苦。
上有烈日，下有焦土。
愿我天翁，降之以雨。
令桑麻熟，仓箱富。
不饥不寒，上下一般。

【译文】农夫们在田间击鼓求雨，贵族子弟却在筵席上击鼓助兴。农夫和贵族击打的同样是鼓，为何一方的鼓声是这样的欢乐，而另一方的鼓声却是这样的悲苦？农民头顶上有烈日烤晒，脚下有滚烫的泥土灼烧。祈求上天能普降大雨，使桑麻成熟、粮食丰收，百姓们有饭吃有衣穿，不挨饿不受冻，和贵族一样的生活富足。

莲花

［唐］温庭筠

绿塘摇滟接星津，轧轧兰桡入白苹。
应为洛神波上袜，至今莲蕊有香尘。

【译文】碧绿的池塘水波浮动，水天相接，小船“轧轧”地划入白苹里，犹如洛神步履轻盈地走在平静的水面上，荡起细细的涟漪，到今天莲蕊上还有她留下的香尘。

立秋

暑去凉来，气温始降，月明风清，秋高气爽，秋物盛熟，丰收在望，一枕新凉一扇风……

立秋

立秋是二十四节气中的第13个节气，常年为8月6—9日，太阳到达黄经135°时，暑去凉来落叶，意味着秋天开始，但全国大多数地方尚未入秋（日均温22 ℃以下），常有“秋老虎”之暑威及“啃秋”习俗。立秋后田间农事活动不断增多，如晚稻移栽、茶园翻耕除草、多种作物病虫害防治等。立秋养生要做到内心平静、神志安宁、早睡早起、加强锻炼。

节气景物·农时动态

立秋三候　一候凉风至；二候白露降；三候寒蝉鸣。天气开始慢慢凉爽起来，风也渐渐散去暑气，带来一丝清凉；5 天过后，早晚的温差开始变大，早晨空气中的水分凝结成雾气笼罩着大地；再过 5 天，喜阴的寒蝉开始鸣叫。此节气常开的花有蓝雪、丁香、月季、米兰等。

立秋三候组图

●**立秋节**：也称七月节。周代天子于立秋日要亲率三公六卿诸侯大夫，到西郊迎秋，并举行祭祀少皞、蓐收的仪式。少皞和蓐收，二者都为司秋之神，掌管秋收秋藏。

◎西北地区

春小麦收获期

春大麦（青稞）籽粒形成期

玉米籽粒形成期

春马铃薯薯块膨大期

大豆始荚期

蚕豆鼓粒期

棉花盛铃期

节气农俗

割打晒藏夏秋交，去暑盼凉贴秋膘……

●**晒秋**：每年立秋，生活在湖南、江西、安徽等地山区的村民，利用房前屋后及自家窗台、屋顶架晒或挂晒农作物，久而久之就演变成一种传统农俗现象。这种村民晾晒农作物的特殊生活方式和场景，逐步成了画家、摄影家的创作素材，并塑造出诗意般的“晒秋”称呼。

晒秋

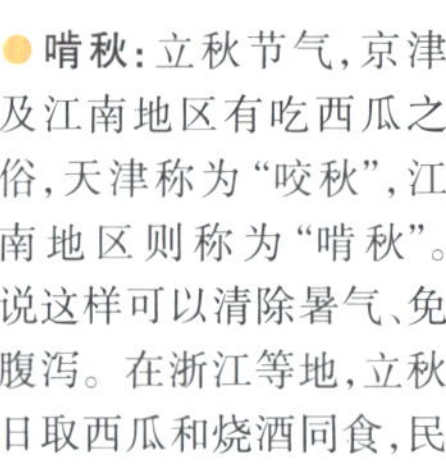

●**啃秋**：立秋节气，京津及江南地区有吃西瓜之俗，天津称为“咬秋”，江南地区则称为“啃秋”。说这样可以清除暑气、免腹泻。在浙江等地，立秋日取西瓜和烧酒同食，民间认为可以防疟疾。

啃秋

●**贴秋膘**：立秋之后，随着大气的凉爽，人的胃口也开始好转，于是就想吃些好的以弥补夏暑的亏空，把夏天身上掉的膘重新补回来，所以叫“贴秋膘”。

◎西南地区

春玉米成熟期 / 夏玉米灌浆期

水稻灌浆期

春油菜结角期

春大豆成熟期

甘薯薯蔓生长期

节令美食宜忌

●**节气食俗**：民间流行吃炖肉“贴秋膘”、喝立秋水、吃良宵（糯米制作的冰冻的粥）、吃渣（豆末和青菜煮成的小豆腐）、吃茄饼、吃红豆等。

●**饮食宜忌**：适宜进补，少辛多酸。宜多吃滋阴润燥、增强肝脏功能的食物，如苹果、葡萄、杨桃、柚子、柠檬、山楂、银耳、梨、芝麻、核桃、藕、西红柿、菠菜、扁豆、豆浆、鸭蛋、蜂蜜等。

茄饼

◎东北地区
春小麦
收获期
水稻
抽穗期
玉米籽粒形成期
大豆始荚期
马铃薯
薯块膨大期
春花生
饱果期
◎黄淮海地区
春玉米收获期 /
夏玉米开花吐丝期
粳稻抽穗期
棉花盛铃期
春花生饱果期 /
夏花生结荚期
大豆开花期
◎江淮地区
春玉米收获期 /
夏玉米抽雄期
粳稻
拔节长穗期
棉花结铃期
夏花生结荚期
夏大豆开花期
◎江南华南地区
春玉米收获期 / 夏玉米开
花吐丝期 / 秋玉米苗期
中稻孕穗期 /
晚稻分蘖期
棉花盛铃期
夏大豆初花期

物种文化

葡萄

◎起源与传播：葡萄的起源地为北美、欧洲中南部和亚洲北部。欧洲葡萄栽培开始于公元前 7000 年至前 5000 年，此后，葡萄随着旅行者、移民及其他交流活动，逐渐广泛分布于全世界。近代新疆考古发现并证实，我国的葡萄栽培起始于张骞出使西域之前。

◎ 生产与应用：我国是葡萄种植大国，产量和种植面积多年来位居世界前列，其中鲜食葡萄已连续多年位列世界第 1 位。葡萄的主要用途包括鲜食、酿酒、制干、制汁等，葡萄营养丰富，含有多种人体必需的矿物质元素和维生素。

◎衍生的文化现象与价值：古往今来，人们视葡萄为吉祥、美满和幸福的象征，因此无论石雕、玉雕、瓷器及其他工艺品，有不少作品都采用葡萄图案和纹饰，现代以葡萄为主题的农业体验项目正越来越受到人们的欢迎。

◎西北地区

●春小麦：分段或联合方式适时收获，及时晾晒脱水。

●春大麦（青稞）：采用喷施方式合理追肥。

●棉花：① 只滴水不滴肥，亩滴水 10~15 立方米；② 喷施尿素或磷酸二氢钾叶面肥水溶液防早衰；③ 防治病、虫及僵铃、烂铃等。

●玉米：① 灌水追肥；② 防治棉铃虫、玉米螟、丝黑穗病和瘤黑粉病等；③ 结合防病治虫根外追肥防早衰。

●马铃薯：注意抗旱，防治病虫害。

●大豆：根外追肥，抗旱排涝，防治食心虫、点蜂缘蝽和食叶性昆虫。

●蚕豆：① 鲜荚采收，收干籽；② 注意防治蚜虫和叶部病害。

●谷子：防旱排涝，防倒伏，防锈病。

春小麦收获

玉米病虫害防治

◎西南地区

旱茬水稻干湿管水

油菜飞防

夏玉米抗旱

●玉米：春玉米抢晴收、脱、晒，收后打药除草，粉碎秸秆，还田培肥。夏玉米看天看地适时灌排，看苗补肥，注意防治病虫害。

●旱茬水稻：田间保持干湿交替，预防高温危害。

●春油菜：防治多发虫害，预防鸟害、畜害。

●大豆：准备收获机械，收获前一周使用脱叶剂。

防灾减灾

●台风、暴雨、冰雹：导致水稻、玉米等作物出现倒伏、被砸损等情况的破坏性重灾。

防御措施：水稻应通过提前搁田、理沟排水、合理施肥、破口期喷施“劲丰”等营养抗倒剂，达到控制节间伸长和控高防倒的目的。种植玉米应选用抗倒品种、减少施氮量、增施钾肥、植株行顺风向等可减轻大风危害。水稻灾后应及时追施速效氮肥恢复生长。

●秋吊：指秋季降雨量≤ 60 毫米或连续两旬降雨量≤ 20 毫米时，籽粒灌浆受到影响，造成的果穗秃尖、籽粒不饱满、植株早衰或枯死等。

防御措施：防止掐脖旱，及时灌溉是防秋吊的主要措施。

大风造成倒伏

玉米抗旱防秋吊

◎江南华南地区

中稻化防

秋玉米播种

●水稻：中稻破口前后保持田间寸水，预防高温危害；做好病虫害防治。晚稻栽后 5~7 天灌寸水，早施分蘖肥，撒施除草剂。

●玉米：春玉米抢晴收获入库。夏玉米及时灌水促进抽雄吐丝。秋玉米直播后喷施除草剂，及时间苗、定苗，结合浇水追施苗肥。

●棉花：化控、防早衰，防治棉盲蝽、伏蚜等。

●夏大豆：干旱及时灌水，防治豆荚螟和食叶害虫，用好促花肥，拔除田间杂草。

棉花防虫

夏大豆防虫

◎东北地区

小麦收获

水稻防病

玉米防虫

大豆防虫

● **小麦：** 分段或联合方式适时收获，及时晾晒脱水。

● **水稻：** ①间歇灌溉，以湿为主，干湿交替，提高根部透气性，撤水不可过早；②防御低温冷害；③因苗适量追肥，提倡结合防病治虫根外喷肥；④破口和齐穗期重点防治稻瘟病、稻曲病。

● **玉米：** ①及时追攻穗粒肥，保叶防早衰；②隔行去雄，提高群体通透性；③防旱，及时灌溉；④防治黏虫，诱杀田鼠。

● **大豆：** 根外追肥，抗旱排涝，防治豆荚螟、点蜂缘蝽、食心虫等。

● **马铃薯：** 注意抗旱、排涝、病虫害防治。

● **春花生：** 根外追肥，抗旱排涝，防治叶斑病等。

◎黄淮海地区

● **玉米：** 春玉米及时收获，秸秆还田，防抗台风。夏玉米追施花粒肥，开花期辅助授粉，追施氮肥。

● **粳稻：** 田间管理参照江淮地区。

● **棉花：** ①施盖顶肥、微肥防早衰；②雨后清沟，遇旱浇水；③偏旺苗分次化控，打边心或摘晚蕾；④防治棉铃虫、盲蝽等。

● **花生：** 春花生鲜食收获。夏花生适时化控，防病治虫，遇旱顺垄沟浇"跑马水"，遇渍及时排水降渍。

● **大豆：** ①现蕾后、初花期每亩随行施花荚肥 10 千克尿素，促花保荚；②旺长田用多效唑或大豆维他灵控制。

水稻施肥

棉花病虫防治

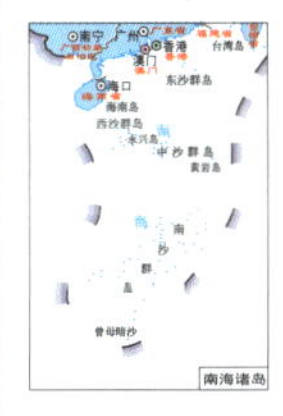

玉米收获

◎江淮地区

● **粳稻：** ①适时施保花肥；②浅水层为主，干湿交替灌溉；③防治稻飞虱、二化螟、稻纵卷叶螟、纹枯病、稻瘟病等，穗期严防。

● **春玉米、夏玉米及花生、大豆等旱作物：** 田间管理参照黄淮海地区。

● **棉花：** ①遇旱浇、遇雨排；②施盖顶肥、微肥防早衰；③立秋前后打顶、去空枝赘芽，适时化控；④防治病虫害。

水稻适量追肥

水稻病虫防治

棉花整枝

农谚

【气候】

立秋早晚凉，中午汗湿裳。
立了秋，枣核天，热在中午，凉在早晚。
立秋反比大暑热，中午前后似烤火。
立秋温不降，庄稼长得强。
立了秋，哪里有雨哪里收。
立秋雨滴滴，稻谷把头低。
立秋有雨丘丘收，立秋无雨人人忧。
秋旱如刀刮。
昼夜温差大，有利籽粒发。
立秋下雨人欢乐，处暑下雨万人愁。
立秋三场雨，遍地是黄金。
立秋下雨廿日旱，旱过廿日烂稻秆。
一场秋雨一场凉。
十场秋雨换上棉。
立秋三场雨，麻布扇子高搁起。
打雷立秋，干断河沟。

【物候】

立秋三日遍地红。
立了秋，把头揪。
立秋忙打甸。
立秋摸泥鳅，细娃下河沟。
立秋荞麦白露花，
寒露荞麦收到家。
热熟谷，粒实鼓。

【农事】

头伏芝麻二伏豆，晚粟种到立秋后。
立了秋，苹果梨子陆续揪。
棉花立了秋，高矮一齐揪，七挖金，八挖银。
六月押薹斤打斤，七月押薹光筋筋。
立秋处暑在八月，拔草放垄晒水田。
要打场拿连枷，要收割拿镰刀。
生砍高粱熟割谷。
立秋种芝麻，老死不开花。
六月秋，及早收；七月秋，慢慢收。

农诗

初秋

［唐］孟浩然

不觉初秋夜渐长，
清风习习重凄凉。
炎炎暑退茅斋静，
阶下丛莎有露光。

【译文】 不知不觉进入立秋之后夜晚变得长了，清风徐徐使凄凉之感越来越浓厚。炎炎夏日总算过去了，夏虫不再鸣叫，书房安静下来。台阶下的草丛中闪现着露水的光芒。

一剪梅·红藕香残玉簟秋

［宋］李清照

红藕香残玉簟秋。
轻解罗裳，独上兰舟。
云中谁寄锦书来，雁字回时，月满西楼。
花自飘零水自流。
一种相思，两处闲愁。
此情无计可消除，才下眉头，却上心头。

【译文】 秋天了，粉红色的荷花已经凋谢，仍散发着残留的幽香，光滑如玉的竹席已透出秋的凉意。轻轻地脱下罗绸外衫，独自躺在床上。仰望长空，白云悠悠，谁会将书信寄来？等雁群飞回来时，清亮的月光已经洒满了西楼。落花独自地飘零着，水独自地流淌着。我们两个人呀，彼此都在思念对方，可又两地分离，只好各在一方独自忧愁。这相思的愁苦实在无法排遣，刚从微蹙的眉间消失，又隐隐缠绕上了心头。

秋怀

［宋］陆游

园丁傍架摘黄瓜，
村女沿篱采碧花。
城市尚余三伏热，
秋光先到野人家。

【译文】 园中农丁靠着瓜架正在摘黄瓜，村中妇女沿着篱笆采着鲜花。城市里面三伏天的余热还没有退却，天高气爽的秋天已先到了农人家。

浣溪沙·荷花

［宋］苏轼

四面垂杨十里荷，问云何处最花多。
画楼南畔夕阳和。
天气乍凉人寂寞，光阴须得酒消磨。
且来花里听笙歌。

【译文】四周是高大的杨柳垂下来，中间围着一大片荷花池，一眼望不到边，只能问天上的云彩哪儿荷花开得最多、最美。南畔的画楼顶端挂着一轮温和的夕阳。天气突然变凉，给人们带来了秋的寂寞，需要用美酒来打发消磨时光。自己忙中取乐，躲进荷花丛中来听一曲悠扬哀伤的笙歌。

秋夜喜遇王处士

［唐］王绩

北场芸藿罢，
东皋刈黍归。
相逢秋月满，
更值夜萤飞。

【译文】在屋北的菜园锄豆完毕，又从东边田野收割黍子归来。在今晚月圆的秋夜，恰与老友王处士相遇，更有穿梭飞舞的萤火虫从旁助兴。

苏秀道中

［宋］曾几

一夕骄阳转作霖，梦回凉冷润衣襟。
不愁屋漏床床湿，且喜溪流岸岸深。
千里稻花应秀色，五更桐叶最佳音。
无田似我犹欣舞，何况田间望岁心。

【译文】一夜之间，炎炎烈日的晴空，忽然降下了渴望已久的甘霖；我在睡梦中惊醒，只觉得浑身舒适，凉气沁人。我不愁屋子会漏雨，淋湿我的床；只是欣喜溪流中涨满了雨水，不用再为干旱担心。我想，那千里平野上，喝够了水的稻子一定是葱绿一片；于是觉得，这五更天雨水敲打着梧桐，是那么的动听。像我这没有田地的人尚且欢欣鼓舞，更何况田间的农夫，祈望着丰年，该是多么的高兴。

立秋

［唐］刘言史

兹晨戒流火，商飙早已惊。
云天收夏色，木叶动秋声。

【译文】从这天的早晨起，暑气消去，秋风阵阵而起。天阔云高夏色已收，树木在风中作响，是秋天的声音。

立秋

［宋］刘翰

乳鸦啼散玉屏空，
一枕新凉一扇风。
睡起秋声无觅处，
满阶梧桐月明中。

【译文】小乌鸦鸣叫完之后就离去了，只有玉色屏风空虚寂寞地立着。突然间起风了，顿觉枕边清新凉爽。睡眠中朦朦胧胧地听见外面秋风萧萧，可是醒来去找，却什么也找不到，只见落满台阶的梧桐叶，沐浴在朗朗的月光中。

田家杂兴（其六）

［唐］储光羲

楚山有高士，梁国有遗老。
筑室既相邻，向田复同道。
糗（qiǔ）糒（bèi）常共饭，儿孙每更抱。
忘此耕耨（nòu）劳，愧彼风雨好。
蟪（huì）蛄（gū）鸣空泽，鶗（tí）鴂（jué）伤秋草。
日夕寒风来，衣裳苦不早。

【译文】小山村中生活着不少老人。因为房屋相互挨着，所以一起去田里干活，有午饭或者干粮大家共同分享，有儿孙大家轮换着抱抱、互相照看。客人来了，他们不只是高兴地款待，甚至还表示感激，忘记了耕田锄草的劳累。寒蝉在树上空鸣，杜鹃啼叫，夏天已经过去，秋天已经来到。日头刚刚从山岗上落下，就有阵阵寒风袭来，只是村民们的寒衣还没有准备好。

处暑

暑止出伏，炎夏将过，气温渐降，天气渐凉，秋凉来袭……

处暑

处暑是二十四节气中的第14个节气，常年为8月22—24日，太阳到达黄经150°时，夏天暑热开始终止，长江以北地区气温逐渐下降，争秋夺暑，早晚有凉意，秋高气爽。处暑后南方地区中稻和棉花开始收获，北方地区要防秋旱。处暑养生要因人而异，适度抗冻，增强抗寒抵抗力。

节气景物·农时动态

处暑三候 一候鹰乃祭鸟；二候天地始肃；三候禾乃登。天气转凉，老鹰开始大量捕捉鸟类，并把捕捉到的猎物摆放在地上，如同陈列祭祀；5天过后，气温开始下降；再过5天，农民辛勤耕耘的部分禾谷类作物如黍、稷、稻、粱即将成熟，迎来丰收的时节。此节气常开的花有玉簪、丹桂、牵牛花等。

处暑三候组图

中元节：农历七月十五日。俗称鬼节。

中国人民抗日战争胜利纪念日：9月3日。1945年8月15日，日本天皇宣布投降并通过广播宣读停战诏书，同年9月2日举行日本投降签字仪式。2014年正式确定9月3日为中国人民抗日战争胜利纪念日。

◎西北地区

春油菜收获期

棉花始絮期

春大麦（青稞）籽粒面团期

玉米籽粒增重期

水稻抽穗开花期

节气农俗

月圆兆人圆，祈福盼丰收……

放河灯：河灯也叫“荷花灯”，一般是在底座上放灯盏或蜡烛，中元夜放在江河湖海之中，任其漂泛。放河灯是为了超度水中的落水鬼和其他孤魂野鬼，现如今多表达人们对逝者的哀思和追忆之情。

开渔节：处暑以后便是沿海渔民进入渔业收获的时节。因为这时海域水温依然偏高，鱼虾贝类等已经发育成熟，停留在海域周围，因此，从这一时间开始，往往可以享受到种类繁多的海鲜。浙江省沿海等地每年在东海休渔结束后的某一天，都要举办隆重的开渔仪式，欢送渔民开船出海，期盼渔业丰收。

放河灯

开渔节

◎西南地区

春油菜成熟期

春马铃薯收获期／秋马铃薯播种幼苗期

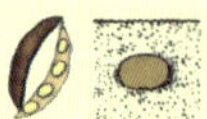

春大豆收获期／秋大豆播种期

水稻灌浆期

夏玉米乳熟期

节令美食宜忌

节气食俗：民间流行吃“三宝”（胡萝卜、鸭肉、莲藕），还有吃处暑鸭和采食菱角等习俗。

饮食宜忌：宜温补清热，少辛增酸，宜食鸭子、玉米、冬瓜、胡萝卜、银耳、莲子等；忌食羊肉、辣椒、生姜、葱、韭菜等。

处暑鸭

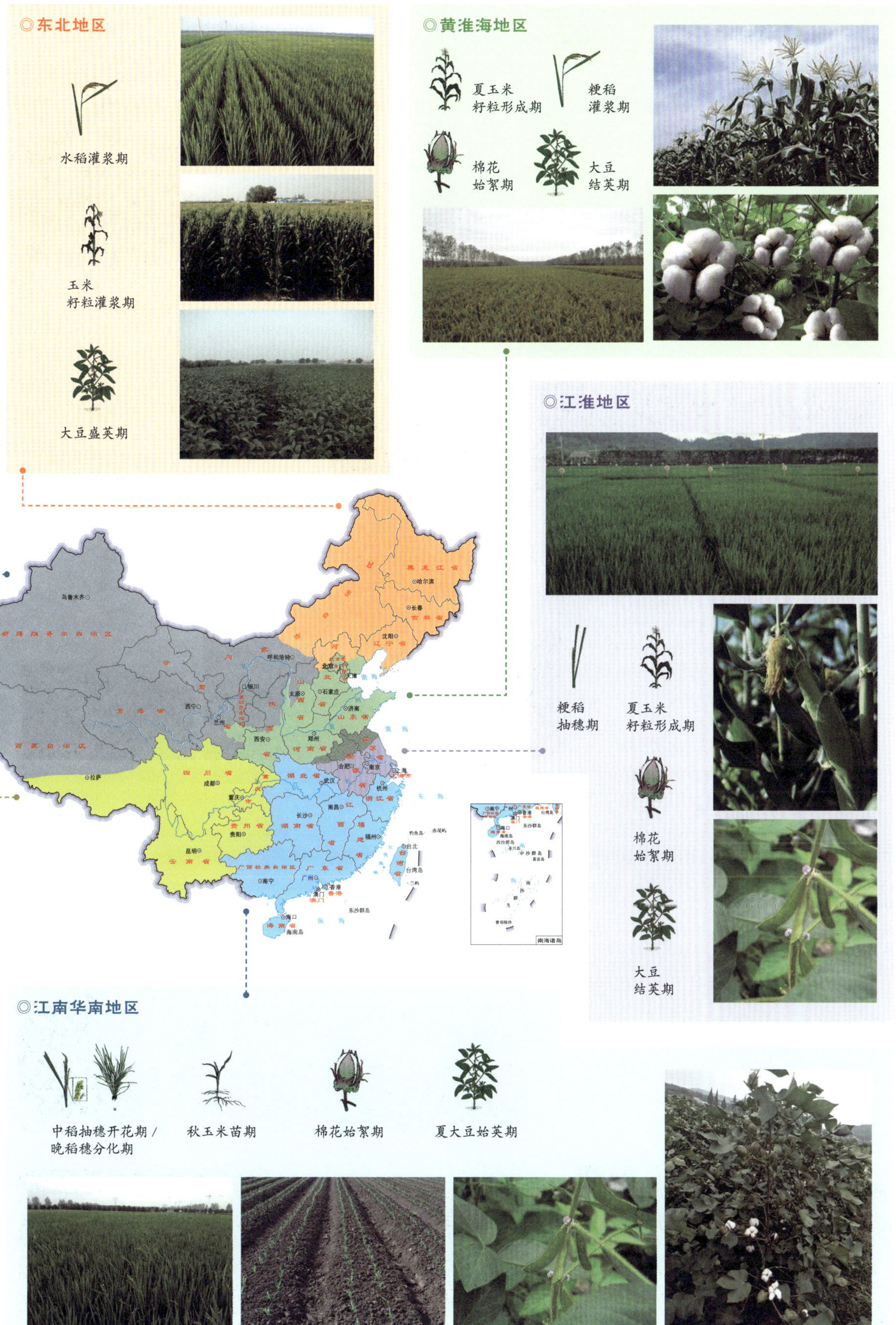
◎东北地区
水稻灌浆期
玉米
籽粒灌浆期
大豆盛荚期
◎黄淮海地区
夏玉米
籽粒形成期
粳稻
灌浆期
棉花
始絮期
大豆
结荚期
◎江淮地区
粳稻
抽穗期
夏玉米
籽粒形成期
棉花
始絮期
大豆
结荚期
◎江南华南地区
中稻抽穗开花期 /
晚稻穗分化期
秋玉米苗期
棉花始絮期
夏大豆始荚期
乌鲁木齐
哈尔滨
长春
沈阳
呼和浩特
北京
天津
石家庄
太原
银川
西宁
兰州
济南
郑州
西安
合肥
南京
上海
武汉
杭州
成都
重庆
拉萨
长沙
南昌
福州
贵阳
昆明
南宁
广州
香港
澳门
海口
台北
海南岛
东沙群岛
南海诸岛

物种文化

花生

◎**起源与传播：**人类栽培花生的历史有3 000~3 500年。花生原产于南美洲，以哥伦布为代表的欧洲航海家，于16世纪初由美洲大陆把花生带回欧洲，随之传入非洲，而后传到了印度，又从非洲传到了美国，之后从菲律宾传到中国的东南沿海。

◎**生产与应用：**印度、中国、尼日利亚的花生种植面积居世界前3位。花生是我国重要的油料作物和经济作物，栽培面积仅次于油菜，占我国油料作物总面积的1/4，占总产量的40%。

◎**衍生的文化现象与价值：**花生作为吉祥喜庆的象征，是传统婚礼中必不可少的“利是果”。它和红枣、莲子、桂圆等一起放在陪嫁的被子中，寓意“早生贵子”。花生也象征着“脚踏实地、埋头苦干、谦逊朴实、不计名利、不求虚名、默默奉献”的品格和精神。

◎西北地区

春油菜适时收获

棉花无人机飞防

青稞叶面喷肥

- **春油菜：**及时收获、储藏；秸秆粉碎还田。
- **棉花：**①防治棉铃虫、棉叶螨及角斑、炭疽、疫病、僵铃烂铃等；②稀植棉田去群尖，旺长棉田分次化控。
- **春大麦（青稞）：**采用喷施方式合理追肥。
- **水稻：**注意防治稻瘟病。
- **蚕豆：**低海拔区成熟收获。

◎西南地区

- **马铃薯：**春马铃薯选择晴日及时收获，收获存放注意通风、降温、排湿。秋马铃薯播种。
- **水稻：**①水分管理以浅湿交替为主，养根保叶；②预防稻纵卷叶螟、稻粒黑粉病。
- **春油菜：**注意预防鸟害、畜害，防治菜青虫、蚜虫、角野螟、甘蓝夜蛾幼虫等。
- **夏玉米：**喷药防治害虫、杂草。
- **大豆：**春大豆收获，种子田先割倒，晒干后再脱粒。秋大豆播种。

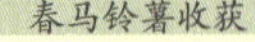
春马铃薯收获

春油菜无人机飞防

夏玉米病虫防治

防灾减灾

●**（秋收作物）秋旱：**主要指发生在8—9月的干旱，其表现为无透雨（一次连续下雨的过程雨量＜20毫米）连续时间≥30天，或连续30天累计降水量＜40毫米。秋旱造成农作物生长需水不足，轻者作物减产；重则河湖干涸，井泉枯竭，田土龟裂，庄稼枯死，主要发生在贵州大部。

防御措施：①大力植树造林，涵养水源，改善小气候；②引水灌溉，建设水利工程，提高灌溉技术；③加强田间农田基本建设，进行综合治理，建设旱涝保收的基本农田；④合理布局，抗旱栽培，选择耐旱作物，适时播种；⑤干旱地区开展人工增雨作业，把干旱造成的损失降到最低。

秋旱

◎江南华南地区

- **晚稻：**够苗及时复水后施穗肥。
- **秋玉米：**及时浇水，看苗补苗、施肥。
- **棉花：**①尽早摘除无效蕾及下部老叶，剪空枝、抹赘芽；②每7~10天喷施磷酸二氢钾或硝酸钾等叶面肥（可结合打药）1次，连续喷施3~4次；③及时采摘吐絮棉花；④根据测报防治斜纹夜蛾和棉铃虫等。

晚稻施穗肥

玉米补苗追肥

棉花整枝

棉花采摘

◎东北地区

水稻病虫防治

玉米防旱

大豆抗旱

大豆病虫防治

● **水稻**：浅湿交替灌溉，注意防治病虫害并药肥混喷、保绿防衰。

● **玉米**：①查看旱情防止秋吊，采用田间滴灌、喷灌、沟灌等方式及时灌水；②养根保叶防早衰，促进灌浆争粒重。

● **大豆**：①结荚盛期到鼓粒始期适时灌溉抗旱；②在灰斑病发病初期亩用 50% 多菌灵可湿性粉剂 100 克兑水喷雾，隔 10 天二次防治；③在菌核病发病初期每亩用 40% 多・硫悬浮剂 600~700 倍液或 50% 速克灵可湿性粉剂 100 克兑水喷雾，隔 7~10 天二次防治。

◎黄淮海地区

玉米病虫防治

● **夏玉米**：①及时防治病虫害，主要是锈病、玉米螟等；②防干旱高温危害，及时排涝防台风倒伏。

● **粳稻**：田间管理以湿为主，间歇通气。

● **花生**：春花生根外追肥，浇水排涝，防治叶斑病。夏花生管理同春花生结荚期。

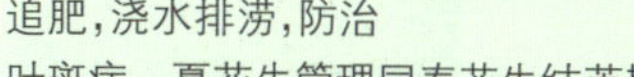

● **大豆**：抗旱排涝，防治豆荚螟，防治点蜂缘蝽和食叶性害虫。

水稻水分管理

花生病虫防治

◎江淮地区

● **粳稻**：①开始建立浅水层，视苗情施破口肥 3~4 千克尿素，破口前 5~7 天防治稻曲病；②生育进程快的田块注意防治褐飞虱、螟虫、穗颈瘟、条纹叶枯病等，药肥混喷；③预防抽穗前后高温危害。

● **夏玉米、大豆、花生**：田间管理参照黄淮海地区。

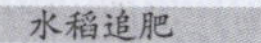

水稻追肥

水稻病虫防治

大豆施肥打药

农谚

【气候】
处暑天还暑，好似秋老虎。
处暑雨，粒粒皆是米。
处暑若还天不雨，纵然结子难保米。
风潮年年做，只怕处暑夹白露。
头秋旱，减一半，处暑雨，贵如金。
处暑有雨十八江，处暑无雨一河装。
处暑天不暑，炎热在中午。
春旱播种难，秋旱减一半。

【物候】
处暑高粱白露谷，霜降到了拔萝卜。
处暑萝卜白露菜。
处暑谷渐黄。
处暑高粱遍地红。
处暑开花不见花（絮）。
处暑花，不归家。
处暑三日无青谷。
处暑十日忙割谷。
处暑长薯。
处暑见新花。
七月枣，八月梨，九月柿子红了皮。

【农事】
处暑就把白菜移，十年准有九不离。
处暑拔麻摘老瓜。
处暑动刀镰。
处暑不拿头，割掉喂老牛。
处暑种荞，白露看苗。
立秋十八天，寸草也打籽。
积肥如积粮，粮在粪中藏。
黍子返青压塌场，谷子返青一把糠。
处暑好晴天，家家摘新棉。
大暑早、处暑迟，立秋晚薯正当时。
处暑栽，白露上，再晚跟不上。
处暑栽，白露追，秋分放大水。

农诗

汉水伤稼

［唐］许浑

西北楼开四望通，残霞成绮月悬弓。
江村夜涨浮天水，泽国秋生动地风。
高下绿苗千顷尽，新陈红粟万廒空。
才微分薄忧何益，却欲回心学钓翁。

【译文】西北高楼的大门敞开能望见四面八方，残留的云霞如丝般笼罩在似弓的月旁。忽然一夜暴雨，风雨交加，洪水铺天盖地席卷而来，远近村庄陷入一片汪洋。大片大片庄稼淹没殆尽，仓里新收和旧存的粮食转眼成空，农民损失严重。我人微言轻，忧愁百姓也没用，不如归隐田园去做不问世事的钓鱼翁吧。

过故人庄

［唐］孟浩然

故人具鸡黍，邀我至田家。
绿树村边合，青山郭外斜。
开轩面场圃，把酒话桑麻。
待到重阳日，还来就菊花。

【译文】老朋友准备好了鸡和黄米饭，邀请我到他的农舍做客。翠绿的树木环绕着小村子，墙外青山连绵不断。打开窗子面对着谷场和菜园，我们举杯欢饮，谈论着今年庄稼的长势。等到九月初九重阳节的那一天，我还要再来和你一起喝菊花酒，一起观赏菊花的美丽。

秋夕

［唐］杜牧

银烛秋光冷画屏，
轻罗小扇扑流萤。
天阶夜色凉如水，
坐看牵牛织女星。

【译文】在秋夜里烛光映照着画屏，手拿着小罗扇扑打萤火虫。夜色里的石阶清凉如冷水，坐在榻上凝视牛郎星和织女星。

秋风辞

［汉］刘彻

秋风起兮白云飞，草木黄落兮雁南归。
兰有秀兮菊有芳，怀佳人兮不能忘。
泛楼船兮济汾河，横中流兮扬素波。
箫鼓鸣兮发棹歌，欢乐极兮哀情多。
少壮几时兮奈老何！

【译文】秋风刮起，白云飞。草木枯黄，大雁南归。秀美的是兰花呀，芳香的是菊花。思念美人难忘怀。乘坐着楼船行驶在汾河上，划动船桨扬起白色的波浪。吹起箫来打起鼓，欢乐过头哀伤多。年轻的日子早过去，渐渐衰老没奈何。

野望

［唐］王绩

东皋薄暮望，徙倚欲何依。
树树皆秋色，山山唯落晖。
牧人驱犊返，猎马带禽归。
相顾无相识，长歌怀采薇。

【译文】傍晚时分，我伫立在东皋一块水边的土地上纵目远望，心中徘徊不知该归依何方。树都凋谢枯黄了，山峰都涂上了落日的余晖。牧人驱赶着牛群回家，猎人骑着骏马带着猎物回家。这里没有我认识的人，只想学伯夷、叔齐那样，过着隐居田园的生活。

山居秋暝

［唐］王维

空山新雨后，天气晚来秋。
明月松间照，清泉石上流。
竹喧归浣女，莲动下渔舟。
随意春芳歇，王孙自可留。

【译文】新雨过后山谷里空旷清新，深秋傍晚的天气特别凉爽。明月映照着幽静的松林间，清澈的泉水在碧石上流淌。竹林中少女喧笑洗衣归来，莲叶晃动处渔船轻轻摇荡。春天的美景虽然已经消歇，眼前的秋景足以令人流连。

仙吕·后庭花

［元］赵孟頫

清溪一叶舟，芙蓉两岸秋。
采菱谁家女，歌声起暮鸥。
乱云愁，满头风雨，戴荷叶归去休。

【译文】一叶轻舟行驶在清溪之上，两岸秋色，清新悦目，令人心旷神怡。船上有一位采莲女，唱着歌，歌声飞入荷花丛中，惊起了一群栖息的水鸟。霎时间，乱云密布，狂风大作，雨点纷纷，采莲女从容不迫地摘了一顶大荷叶戴在头上作雨具，划船回家。

秋日送客至潜水驿

［唐］刘禹锡

候吏立沙际，田家连竹溪。
枫林社日鼓，茅屋午时鸡。
鹊噪晚禾地，蝶飞秋草畦。
驿楼宫树近，疲马再三嘶。

【译文】驿站的官员已站在潜水沙洲边迎接（作者和友人）。停船的地方农舍连着竹林和溪流。枫林深处传来了社日祭祀的鼓声，中午时分茅屋里的鸡在觅食嬉闹。喜鹊在秋熟庄稼地里叫着，蝴蝶在秋季的草垄上飞舞。在靠近驿站的树下，驿马因疲惫而长一声短一声地嘶鸣。

田家二首

［宋］张耒（lěi）

门外清流系野船，白杨红槿短篱边。
旱蝗千里秋田净，野秫萧萧八月天。

【译文】门外清澈的河流上划过一条小船，河的两岸是白杨、红槿，还有低矮的篱笆。天气干旱，蝗虫在大片农田里肆意为害，导致八月天里高粱地中只剩高粱秆在随风摆动。

白露

露凝而白，露珠遍路，天气转凉，开始有霜，晨夜凉爽，明月皎夜光……

白露

白露是二十四节气中的第15个节气，常年为9月6—9日，太阳到达黄经165°时，阴气渐重，露凝而白，北方地区降水明显减少，秋高气爽，比较干燥。白露是收获的季节，同时也是播种的季节。白露养生要做到添衣加被、防寒保暖。

白露三候 一候鸿雁来；二候玄鸟归；三候群鸟养羞。天气明显转凉，大雁成群结队飞往南方，准备过冬；5天过后，燕子开始南迁，飞到南方去过冬；再过5天，鸟儿开始积极觅食，储存食物为过冬做准备。此节气常开的花有昙花、茑萝、美人蕉、姜花等。

白露三候组图

- **教师节**：9月10日。是感恩老师的节日。
- **中秋节**：农历八月十五。是团圆的节日。

◎西北地区

棉花吐絮期

春大麦（青稞）蜡熟期

玉米籽粒增重期

大豆鼓粒期

蚕豆成熟期

粳稻灌浆期

节气农俗

祭祀土地神，家人团聚为主旋律……

- **祭禹王**：禹王是传说中治水英雄大禹，太湖畔渔民称之为“水路之神”。每年正月初八、清明、农历七月初七和白露时节，这里都要举行祭禹王的香会。

祭禹王

- **吃龙眼**：福州有“白露必吃龙眼”习俗。龙眼本身就有益气补脾、养血安神等多种功效，而且白露之前的龙眼个大味甜口感好，所以白露吃龙眼是再好不过的了。龙眼最好剥壳后浸泡在煮好的稀粥或米汤内，早餐时吃，健脾，补充水分，不易上火。

吃龙眼

- **白露茶**：提到白露，爱喝茶的人都会想到“白露茶”。经过夏季的酷热，白露期间的茶树正值生长的极好时期。白露茶既不像春茶那样鲜嫩、不经泡，也不像夏茶那样干涩味苦，而是有一种独特甘醇的清香味，尤受老茶客喜爱。

◎西南地区

水稻成熟期

夏玉米成熟期

秋大豆幼苗期

秋马铃薯播种、幼苗期

节令美食宜忌

- **节气食俗**：民间流行酿白露米酒、吃石榴、白果、梨等。此时也正是鳗鱼肥美、红薯（甘薯）收获的时节，人们以各种方法将其烹饪加工而食。
- **饮食宜忌**：宜清淡滋补，忌生冷刺激。宜食鸡肉、芋头、山药、红薯、芝麻、栗子、柚子等；忌食虾、蟹、西瓜、香瓜等。

煨乌骨白毛鸡

香酥山药

◎东北地区
水稻乳熟期
玉米乳熟期
大豆鼓粒期
马铃薯
薯块淀粉积累期
◎黄淮海地区
棉花吐絮、收获期
春花生成熟收获期 /
夏花生饱果期
夏玉米
籽粒增重期
粳稻
乳熟期
大豆鼓粒期
◎江淮地区
粳稻开花期
春花生成熟收获期 /
夏花生饱果期
夏玉米籽粒增重期
棉花吐絮期
大豆鼓粒期
◎江南华南地区
中稻灌浆期 /
晚稻孕穗期
秋玉米
小喇叭口期
棉花吐絮期
夏大豆
鼓粒期
南海诸岛

物种文化

大豆

◎**起源与传播：**大豆起源于中国，现有5000年栽培历史，古称菽。中国各地均有栽培，东北地区为主产区。17世纪末随着国际贸易繁荣，大豆亦广泛栽培于世界各地，但主要集中在美国、巴西、阿根廷、中国等几个国家，在中国，大豆是除水稻、小麦和玉米之外的第四大粮食作物。

◎**生产与应用：**大豆是一种重要的粮、油、饲兼用作物。其种子含有丰富植物蛋白质、脂肪、无机盐、卵磷脂和维生素E等多种有效生理活性成分，可直接食用或加工成各种豆制品，也可用来榨取豆油、酿造酱油和提取蛋白质，榨油后的豆粕或磨成粗粉的大豆也常用于禽畜饲料。

◎**衍生的文化现象与价值：**古往今来，大豆也是文人墨客描述、赞美的对象，进入了高雅的文学艺术殿堂，与大豆相关的妙词佳句体现了其在文学史上的地位。

◎西北地区

●**棉花：**贪青晚熟田秋霜冻前15天趁暖用乙烯利催熟，回收滴灌带，机收棉喷脱叶催熟剂（北疆9月上旬、南疆9月10—15日）。

●**玉米：**避免大风天气灌水，防旱、防早衰，预防倒伏。

●**大豆：**抗旱排涝，防治食叶昆虫，拔除田间杂草。

●**蚕豆：**70%~80%成熟后，人工及时割晒，或用草胺磷杀青10天以上，完全干后机械收获。

●**水稻：**干湿间歇灌溉，不可停水过早。

蚕豆收获

棉花催熟

防灾减灾

●**结实灌浆期高温热害：**日最高气温≥35 ℃连续3天或以上，使开花灌浆期水稻形成高温逼熟的情况，典型症状为上3片功能叶早衰发黄。孕穗期如遇35 ℃以上持续高温则花器官发育不全，花粉发育不良，活力下降；盛花期更敏感，当粳稻遇35 ℃、籼稻遇37 ℃高温时，花粉粒破裂，失去授粉能力，造成空粒；灌浆结实期遇高温热害则缩短灌浆期，粒重下降，秕粒率增加，品质变劣。

防御措施：应在高温时段深灌水并保持水层加以缓解。

高温热害

低温冷害

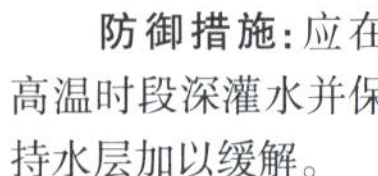

●**结实灌浆期低温冷害：**影响水稻正常抽穗、开花、结实、灌浆和成熟。孕穗至开花期的临界温度为粳稻18 ℃、籼稻20 ℃，孕穗期低温导致小花不孕、枝梗分化数和粒数减少、结实率下降；开花期低温使花粉发芽率下降，花药不开，颖壳开裂角度变小甚至不开裂，影响正常受精，造成不育，空秕率明显增加；灌浆期临界温度为粳稻13 ℃、籼稻15 ℃，低温将减慢籽粒灌浆速度，粒重下降并劣质。

防御措施：低温冷害的典型症状为青枯，应及时灌水保温、夜灌日排、叶面喷肥。

◎西南地区

●**水稻：**田间保持干湿交替，收获前一周断水。

●**油菜：**育苗准备，灭茬、除草，厢、沟配套，施足底肥。

●**夏玉米：**田间去除杂草，通风透光，促进成熟脱水。

●**秋马铃薯：**①种薯破除休眠，二半山区和平坝区早播；②覆膜种植，“底肥一道清”，防“秋老虎”；③春薯经常翻捡，剔除烂薯种。

●**秋大豆：**抗旱排涝，单双子叶杂草同时化除，每亩施用20千克复合肥作苗肥。

水稻控水

秋马铃薯播种

油菜育苗准备

水稻防虫

油菜苗床准备

◎东北地区

水稻水分管理

玉米扒皮晾晒

玉米防倒伏

大豆防虫

● **水稻**：①浅湿交替灌溉，并于收获前7~10天撤水，避免过早断水，保证成熟期有2片左右绿叶；②防低温冷害对水稻生育造成延迟。

● **玉米**：①采取促早熟措施防止早衰；②防风暴，如倒伏严重，则及时采取人工绑扶的方法进行扶正；③早熟玉米站秆扒皮晾晒，促早熟。

● **大豆**：抗旱排涝，防治豆荚螟和食叶害虫。

◎黄淮海地区

花生收获

夏玉米防病虫

● **棉花**：①雨后排水，除空枝赘芽和老叶防烂铃；②叶面喷肥防早衰；③吐絮集中的棉田及时收获；④贪青晚熟田施乙烯利促吐絮，防治病虫。

棉花收获

● **花生**：春花生从植株长相和荚果颜色判断收获时间，宜采用两段式收获。夏花生管理同春花生饱果期。

● **夏玉米**：防治病虫害，防止台风或雨后倒伏。

● **水稻**：乳熟期间歇通气灌溉，预防倒伏。

● **大豆**：干旱时下午和晚上灌水，根外追肥，防治食叶昆虫。

◎江淮地区

● **粳稻**：①田间保持浅水层，之后干湿交替；②破口期用药防治稻瘟病，兼治纹枯病、稻飞虱、螟虫、稻纵卷叶螟等，注意穗期用药安全，坚持药肥混喷；③齐穗期复查补治稻瘟病、纹枯病等其他病虫害。

水稻防病

● **夏玉米、棉花、大豆、花生**：田间管理参照黄淮海地区。

大豆治虫

◎江南华南地区

● **中稻**：干湿交替管理，重点防治稻飞虱。

● **油菜**：①晒田、灭茬、除草，农资准备；②厢、沟配套；③施足底肥。

● **秋玉米**：①苗期排水防涝，及时灌溉抗旱；②及早除蘖打杈，免伤茎叶。

● **棉花**：采摘，晾晒。

● **夏大豆**：防治食叶害虫，根外追肥，干旱时及时浇水，根外追肥。

秋玉米除蘖

棉花晾晒

农谚

【气候】

凉风至，白露降，寒蝉鸣。
白露秋分夜，一夜冷一夜。
草上露水凝，天气一定晴。
夜晚露水狂，来日毒太阳。
干雾露阴，湿雾露晴。
白露天气晴，谷米白如银。
稻秀只怕风来摆，麦秀只怕雨来淋。

【物候】

白露白迷迷，秋分稻秀齐。
白露割谷子，霜降摘柿子。
八月八，冬瓜南瓜回了家。
头白露割谷，过白露打枣。
喝了白露水，蚊子闭了嘴。
白露谷，寒露豆，花生收在秋分后。
谷子上囤，核桃挨棍。
枣红肚，磨镰割谷。
生砍高粱熟割谷。
春菜，夏瓜，秋萝卜。
太阳照门里吃新米，太阳照门外吃新麦。
白露豆结顶。
白露秋分菜，秋分寒露麦。
白露五升，寒露一斗。

【农事】

白露种葱，寒露种蒜。
割谷要稳，收麦要紧。
穷豆秸，富谷穰，再打几遍还有粮。
白露田间和稀泥，红薯一天长一皮。
萝卜白菜葱，多用大粪攻。
白露节，棉花地里不得歇。
白露麦，顶茬粪。
今年麦子耩得早，来年麦子收得好。
抢墒地薄白露播，比着秋分收得多。
白露种高山，秋分种平川，寒露种沙滩。
麦种拌农药，不怕虫子咬。
麦种温水泡，不长黑包包。
选好种，晒得干，来年多打没黑疸。

农诗

衰荷

［唐］白居易

白露凋花花不残，
凉风吹叶叶初干。
无人解爱萧条境，
更绕衰丛一匝看。

【译文】霜露中荷花将落未落，雨后风中荷花花叶被吹干。没有人懂得喜爱这凋零的荷花营造的萧条景色，只有我绕着衰败的荷塘走一圈看着。

杂诗

［西晋］左思

秋风何冽冽，白露为朝霜。
柔条旦夕劲，绿叶日夜黄。
明月出云崖，皦（jiǎo）皦流素光。
披轩临前庭，嗷嗷晨雁翔。
高志局四海，块然守空堂。
壮齿不恒居，岁暮常慨慷。

【译文】秋风是那么的凛冽，白露凝结成了晨霜。柔软的枝条似乎一天之间就变强韧了，绿叶似乎也一天之间就枯黄了。明月从云边露出，洒下皎洁的月光。早晨打开轩窗面对前庭，看到飞翔的大雁嗷嗷叫唤。我有比四海还远大的崇高志向，却只能孤独地守在空堂。岁月不会总是停留在壮年，不经意间已经衰老，到了岁终年末时常感慨。

由兴化迂曲至高邮七截句

［清］郑板桥

一塘蒲过一塘莲，
荇（xìng）叶菱丝满稻田。
最是江南秋八月，
鸡头米赛珍珠圆。

【译文】一池塘香蒲间隔着一池塘荷花，荇菜和菱丝铺满了稻田，江南八月的秋天最美好了，鸡头米比珍珠还圆润。

牧童

［唐］卢肇（zhào）

谁人得似牧童心，
牛上横眠秋听深。
时复往来吹一曲，
何愁南北不知音。

【译文】谁能比得上牧童的心境呢，他趴在牛背上睡着，周围满是秋声。在路上时不时还吹上一首曲子，根本就不担心有没有知音来欣赏。

南邻

［唐］杜甫

锦里先生乌角巾，园收芋栗未全贫。
惯看宾客儿童喜，得食阶除鸟雀驯。
秋水才深四五尺，野航恰受两三人。
白沙翠竹江村暮，相对柴门月色新。

【译文】锦江有一位先生头戴黑色方巾，他的园子里，每年可采收许多的芋头和板栗，并不贫穷。他总是乐呵呵地看着常来做客的宾客和孩子们，鸟雀也因一直无人驱赶而习惯于径自在台阶上觅食。秋天锦江里的水深不过四五尺，野渡的船能容下两三个人。天色已晚，白色的沙滩，翠绿的竹林和江边的村庄都笼罩在暮色中，锦里先生家的柴门外，正好能看见一轮明月刚刚升起。

秋凉晚步

［宋］杨万里

秋气堪悲未必然，轻寒正是可人天。
绿池落尽红蕖却，荷叶犹开最小钱。

【译文】秋天未必是让人感觉悲凉的季节，轻微有一点寒意正是最让人感觉舒适的天气。绿色池塘里的红色荷花虽然都落尽了，但还有新长出来的如铜钱那么小的荷叶。

宿楚国寺有怀

［唐］赵嘏（gǔ）

风动衰荷寂寞香，断烟残月共苍苍。
寒生晚寺波摇壁，红堕疏林叶满床。
起雁似惊南浦棹（zhuō），阴云欲护北楼霜。
江边松菊荒应尽，八月长安夜正长。

【译文】清风吹动着这满池塘衰败的荷叶，只散发出淡淡的荷叶余香，被风吹散的孤烟和那残缺不圆的明月在灰白色的广阔天际下相互映衬，共同生出那凄静又苍茫的夜色。入秋的夜总是格外清冷，心中亦是顿生寒意，凄凉之感袭来，好似一江碧波正摇撼着这楚国寺，屋外的红叶也在独自旋转、飘零落地，也有一些误落入屋内，散落在床榻之上。不知何处的棹声惊动了草丛中的睡雁，大雁纷纷从南浦中飞起，漫天的阴云笼罩在那高高的北楼之上，似乎是想要遮盖那瓦片上的冷霜。江边上原有的松菊怕是已经枯败荒芜不见了吧，可怜了这八月长安的漫漫长夜，该如何度过。

秋日行村路

［宋］乐雷发

儿童篱落带斜阳，豆荚姜芽社肉香。
一路稻花谁是主，红蜻蛉伴绿螳螂。

【译文】斜阳西照，孩子们正在院落的篱笆旁欢快地玩耍；农妇烧煮豆荚、姜芽和社肉的香味，从屋舍中阵阵飘出。路旁田间的稻谷正在扬花秀穗，远远望去，一个人也没有，只有红色蜻蜓低飞，绿色的螳螂在稻叶上跳动着。

丙辰岁八月中于下潠田舍获

［东晋］陶渊明

贫居依稼穑，戮力东林隈（wēi）。
不言春作苦，常恐负所怀。
司田眷有秋，寄声与我谐。
饥者欢初饱，束带候鸣鸡。
扬楫越平湖，泛随清壑回。
郁郁荒山里，猿声闲且哀。
悲风爱静夜，林鸟喜晨开。
曰余作此来，三四星火颓。
姿年逝已老，其事未云乖。
遥谢荷蓧（diào）翁，聊得从君栖。

【译文】贫居糊口靠农务，尽力勤耕东林边。春种苦辛不必讲，常恐辜负我心愿。田官关注秋收获，传语同我意相连。长期挨饿喜一饱，早起整装待下田。划动船桨渡平湖，山间清溪泛舟还。草木茂盛荒山里，猿啼悠缓声哀怨。悲凉秋风夜呼啸，清晨林间鸟唱欢。我自归田务农来，至今已整十二年。华年已逝人渐老，依旧耕耘在田间。遥遥致意荷蓧翁，姑且隐居为君伴。

茅屋为秋风所破歌

［唐］杜甫

八月秋高风怒号，卷我屋上三重茅。茅飞渡江洒江郊，高者挂罥（juàn）长林梢，下者飘转沉塘坳。南村群童欺我老无力，忍能对面为盗贼。公然抱茅入竹去，唇焦口燥呼不得，归来倚杖自叹息。

俄顷风定云墨色，秋天漠漠向昏黑。布衾多年冷似铁，娇儿恶卧踏里裂。床头屋漏无干处，雨脚如麻未断绝。自经丧乱少睡眠，长夜沾湿何由彻？

安得广厦千万间，大庇天下寒士俱欢颜！风雨不动安如山。呜呼！何时眼前突兀见此屋，吾庐独破受冻死亦足！

【译文】八月秋深，狂风大声吼叫，狂风卷走了我屋顶上好几层茅草。茅草乱飞渡过浣花溪，散落在对岸江边，飞得高的茅草缠绕在高高的树梢上，飞得低的飘飘洒洒沉落到池塘和洼地里。南村的一群儿童欺负我年老没力气，竟忍心这样当面做“贼”抢东西，明目张胆地抱着茅草跑进竹林里去了。我费尽口舌也喝止不住，回到家后拄着拐杖独自叹息。不久后风停了，天空上的云像墨一样黑，秋季的天空阴沉迷蒙，渐渐黑了下来。布质的被子盖了多年，又冷又硬像铁板似的，孩子睡相不好把被里蹬破了。如遇下雨整个屋子没有一点儿干燥的地方，雨点像下垂的麻线一样不停地往下漏。自从安史之乱后我的睡眠时间就很少了，长夜漫漫，屋漏潮湿，怎能挨到天亮？如何能得到千万间宽敞的大屋，普遍地庇护天底下贫寒的读书人，让他们喜笑颜开？房屋遇到风雨也不为所动，安稳得像山一样。唉！什么时候眼前出现这样高耸的房屋，到那时即使我的茅屋被秋风吹破、受冻而死也心甘情愿！

秋分

昼夜均分，寒暑齐平，碧空万里，秋色平分，风和日丽，丹桂飘香，蟹肥菊黄，秋果馨香，五谷登场……

秋分

秋分是二十四节气中的第16个节气，常年为9月22—24日，太阳位于黄经180°（秋分点）时，直射地球赤道，是秋季90天的中分点，昼夜等长，气温逐日下降，温差逐渐加大。此后北半球昼短夜长。秋分时节农事繁忙，秋收、秋耕、秋种格外紧张。秋分养生要注意保养阴气。

●国庆节：10月1日。1949年10月1日，中华人民共和国成立。

●中国农民丰收节：秋分日。自2018年起，每年的秋分日被设立为“中国农民丰收节”。

秋分三候 一候雷始收声；二候蛰虫坯户；三候水始涸。秋分之后，阳衰阴盛，打雷的现象渐少；5天过后，天气转冷，蛰居的虫儿开始堵塞门户（封塞巢穴），准备防寒过冬；再过5天，随着降水的减少，沟渠河水开始干涸。此节气常开的花有菊花、芦荟、常春藤等。

秋分三候组图

◎西北地区

春大麦（青稞）成熟期

玉米成熟期

粳稻成熟期

春马铃薯成熟收获期

大豆鼓粒、绿熟期

冬小麦播种期

节气农俗

落叶知秋，欢庆丰收……

●**祭月**：古有“春分祭日，夏至祭地，秋分祭月，冬至祭天”之说，秋分曾是传统的“祭月节”，不过由于这天在农历八月里的日子每年不同，不一定都有圆月，而祭月无月则是大煞风景的。所以，后来就将“祭月节”由“秋分”调至八月十五中秋月圆之日。中秋节吃月饼是现代人尽皆知的习俗。

祭月

●**立秋社、走社**：古人立社，原本是为了春天祈祷农事顺利举行的祭祀，后来倡导“春祈秋报”的做法，于是在秋分节气之际又设立秋社，如同拔禊最初只有上巳节（农历三月初三）的春禊，如兰亭曲水流觞等。后来春秋两季的佳日，都借以举行游戏活动，于是又有了秋禊。大概民间认为春季农事即将开始，祭祀可以祈祷农事顺利，而秋季耕作结束，便应以举行祭赛来表达感恩之情。

●民间还有挨家送秋牛图、用汤圆“粘雀子嘴”、放风筝、竖蛋等习俗。

◎西南地区

水稻收获期

夏玉米收获期

冬油菜播种出苗期

秋马铃薯苗期

节令美食宜忌

●**节气食俗**：秋分吃秋菜（野苋菜等），注重饮食均衡，温润养肺。

●**饮食宜忌**：宜酸味甘润，少辛味发散。宜多食梨子、甘蔗等水果，萝卜、莲藕等蔬菜，鸭肉、墨鱼等肉类，百合粥、银耳汤等粥汤，蜂蜜水、菊花茶等饮料，花生、杏仁等坚果。

苋菜

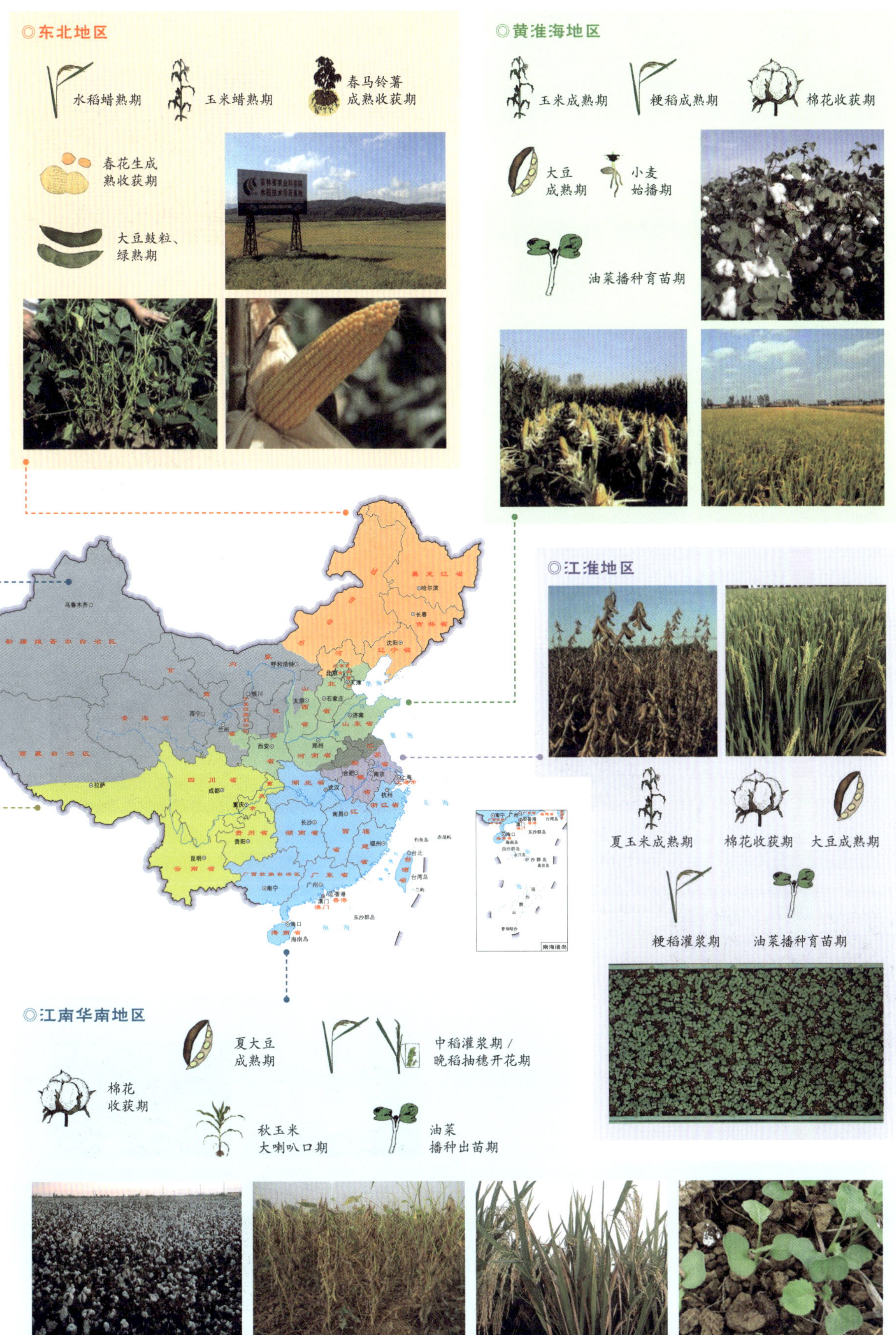
◎东北地区
水稻蜡熟期
玉米蜡熟期
春马铃薯
成熟收获期
春花生成
熟收获期
大豆鼓粒、
绿熟期
◎黄淮海地区
玉米成熟期
粳稻成熟期
棉花收获期
大豆
成熟期
小麦
始播期
油菜播种育苗期
◎江淮地区
夏玉米成熟期
棉花收获期
大豆成熟期
粳稻灌浆期
油菜播种育苗期
◎江南华南地区
夏大豆
成熟期
中稻灌浆期/
晚稻抽穗开花期
棉花
收获期
秋玉米
大喇叭口期
油菜
播种出苗期

物种文化

玉米

◎**起源与传播：**玉米起源于拉丁美洲，距今大约有 7 000 年历史。随着世界航海业的发展，玉米逐渐传到世界各地。大约 16 世纪中期，玉米由东南沿海、西南陆路、西北陆路传入中国。到了 18 世纪中至 19 世纪初，玉米开始在我国大规模推广。

◎**生产与应用：**世界各地均有玉米栽培，栽培面积最多的是美国、中国、巴西。如今，我国已成为世界第二大玉米主产国，年种植面积约 5.5 亿亩，平均亩产约 400 千克，年总产 2.2 亿吨。玉米用途广泛，可用作粮食、饲料、工业原料和能源原料等。

◎**衍生的文化现象与价值：**玉米文化是许多国家文化的重要组成部分，墨西哥民间有许多关于玉米的神话传说。近年来，我国多地以玉米为主题开展玉米文化节活动，以玉米为媒介进行形象宣传、科普教育等，塑造现代农业形象。

◎西北地区

棉花收获

青稞收获

●**棉花：**北疆、南疆地区先后开始收获。

●**春大麦（青稞）：**籽粒含水量低于 22% 时收获，并晾晒除杂；籽粒含水量低于 12% 时存储。

●**玉米：**穗收玉米生理成熟。粒收玉米站秆脱水后适时收获。

●**马铃薯：**选择晴日及时收获，收获存放通风、排湿。

●**冬小麦：**开始播种。①旱地开始旋地；②适时适量播种，施足底肥；③防治地下害虫；④查苗补苗。灌区开始备种备耕。

●**谷子：**适时收获。于蜡熟末期，茎叶大部发黄、穗子下垂变黄、籽粒硬化呈固有颜色时，及时人工或机械收获，脱粒晾晒。

冬小麦播种

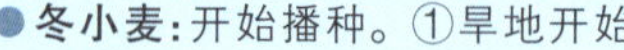

防灾减灾

●**东北霜冻：**在作物生长季因气温下降到 0 ℃或以下而对作物产生危害的气象灾害。每年入秋后第 1 次出现的霜冻为初霜冻；每年春季最后一次出现的霜冻为终霜冻。若初霜冻日比常年成熟期提前，则会使农作物正常的生长发育受到损害甚至死亡。

防御措施：霜冻来临前采取灌水、喷雾、熏烟、覆盖等措施防霜。

大豆霜冻

◎西南地区

水稻收割

油菜播种

马铃薯除草培土

●**水稻：**九成黄时收获，收获后立即晾晒或烘干，安全贮放。

●**夏玉米：**①抢晴收脱晒烘，贮藏或销售，防阴雨霉变；②翻耕整地备下季。

●**冬油菜：**适时播种，封闭除草，防地下害虫，查苗补苗。

●**秋马铃薯：**苗期及时喷药防控晚疫病，及时拔除病株，除草培土、清沟降渍（湿），改善通透条件。

●**青稞：**西藏片区开始播种，直至 10 月上旬。

◎江南华南地区

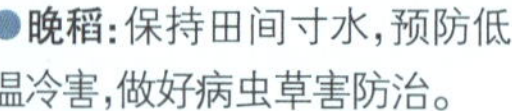

●**晚稻：**保持田间寸水，预防低温冷害，做好病虫草害防治。

●**油菜：**移栽油菜苗床播种。①留足、培肥苗床，与大田比为 1 ：（5~7），亩施农家肥 1 000 千克、45% 复合肥 30 千克及硼肥 0.5 千克或油菜苗床专用肥 50 千克；②选用高产优质抗逆品种，折亩大田备种约 0.1 千克；③精整苗床达到上虚下实、面平土细，苗床畦宽约 1.6 米，沟宽、深均约 20 厘米，与围沟相通；④精量匀播，按畦称种，浇足底墒水，均匀播种，细土盖籽。

●**秋玉米：**大喇叭口期重施攻苞肥亩约 17 千克尿素，防治病虫草害。

●**小麦：**种子、农资、机械等准备，前茬作物做好水分管理和秸秆处理。

油菜生产机械化

油菜机直播

水稻化防

玉米追肥

油菜早播

油菜苗床准备

◎东北地区

- **水稻**：一般掌握在水稻出穗后 40 天以上，尽量在枯霜到来前完成收获。
- **玉米**：①早熟玉米收获，晚熟玉米收获标准——吐丝后 30~45 天籽粒开始变硬，胚乳呈蜡状，用指甲可以划破；②防早霜促早熟；③防大风倒伏。
- **马铃薯**：选择晴日及时收获，收获存放通风、排湿。
- **春花生**：及时收获。

花生收获

水稻收获

玉米促早熟

马铃薯收获

◎黄淮海地区

棉花收获

- **玉米**：完熟期进行机械或人工抢收。
- **粳稻**：根据品种成熟度和天气情况确定适宜收获期。
- **棉花、花生**：收获。
- **小麦**：①前茬作物秸秆还田，确保质量；②深耕深松打破犁底层；③土地平整，上松下实，增施有机肥。

小麦种子

玉米收获

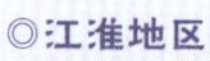

◎江淮地区

- **玉米、棉花、花生、甘薯等**：抢收、晾晒、安全贮藏。
- **小麦**：种子、农资、机械等准备，前茬作物做好水分管理和秸秆处理。
- **粳稻**：①干湿交替灌溉，保持土壤沉实硬板；②穗期重点防治稻瘟病、稻曲病、稻飞虱、稻纵卷叶螟、纹枯病等；③注意预防倒伏。
- **油菜**：移栽油菜准备苗床播种，管理参照江南华南地区。

小麦整地

油菜播种

农谚

【气候】

春旱不算旱,秋旱减一半。
秋分露重,冬季多霜。
秋分日晴,万物不生。
大暑旱,处暑寒,过了秋分见寒霜。
春分无雨莫耕田,秋分无雨莫种园。
热至秋分,冷至春分。
秋分冷雨来春早。
春分日有雨,秋分日大水。
秋分稻见黄,大风要提防。

【物候】

秋分秋分,昼夜平分。
白露看花,秋分看谷。
稻黄一月,麦黄一夜。
白露高粱秋分豆。
秋分见麦苗,寒露麦针倒。
淤种秋分,沙种寒。
白露秋分菜,秋分寒露麦。
分前种高山,分后种平川。
白露镰刀响,秋分砍高粱。
秋分棉花白茫茫。
大暑莲蓬水中扬,秋分菱角舞刀枪。

【农事】

秋分不起葱,霜降必定空。
麦子早下种,十年九收。
白露早,寒露迟,秋分种麦正当时。
秋分麦粒圆溜溜,寒露麦粒一道沟。
适时种麦年年收,种得晚了碰年头。
麦种八月土,不种九月墒。
天暖地肥不早种,天寒地薄要早种。
秋分到寒露,种麦不延误。
秋分种,立冬盖,来年清明吃菠菜。
秋分不出头,割了喂老牛。
白露过秋分,农事忙纷纷。
秋分无生田,处暑动刀镰。
种麦钍子响,地里红薯长。
秋分时节两头忙,又种麦子又打场。
小麦不过九月节,只怕来年二月雪。

农诗

不第后赋菊

[唐]黄巢

待到秋来九月八,我花开后百花杀。
冲天香阵透长安,满城尽带黄金甲。

【译文】等到秋天九月重阳节来临的时候,菊花盛开以后别的花就凋零了。盛开的菊花璀璨夺目,阵阵香气弥漫长安,满城均沐浴在芳香的菊意中,遍地都是金黄如铠甲般的菊花。

酬刘柴桑

[东晋]陶渊明

穷居寡人用,时忘四运周。
榈庭多落叶,慨然知已秋。
新葵郁北牖(yǒu),嘉穟(suì)养南畴。
今我不为乐,知有来岁不(fǒu)?
命室携童弱,良日登远游。

【译文】偏僻的居处少有人事应酬之类的琐事,有时竟忘记了一年四季的轮回变化。巷子里、庭院里到处都是树木的落叶,才知道原来已是金秋了。北墙下新生的冬葵生长得郁郁葱葱,南院地里将要收割的稻子金黄饱满。如今我要及时享受快乐,因为不知道明年此时我是否还活在世上。吩咐妻子快带上孩子们,趁着美好的时光我们一道去登高远游。

村行

[宋]王禹偁(chēng)

马穿山径菊初黄,信马悠悠野兴长。
万壑有声含晚籁,数峰无语立斜阳。
棠梨叶落胭脂色,荞麦花开白雪香。
何事吟余忽惆怅,村桥原树似吾乡。

【译文】马儿穿行在山路上,菊花已微黄,任由马匹自由地行走,兴致悠长。听无数山谷中回荡着的声音,看数座山峰在夕阳下默默无语。棠梨的落叶红得好似胭脂一般,香气扑鼻的荞麦花啊洁白如雪。是什么让我在吟诗时忽觉惆怅,原来乡村小桥像极了我的家乡!

移居·其二

[东晋]陶渊明

春秋多佳日,登高赋新诗。
过门更相呼,有酒斟酌之。
农务各自归,闲暇辄相思。
相思则披衣,言笑无厌时。
此理将不胜?无为忽去兹。
衣食当须纪,力耕不吾欺。

【译文】春秋两季有很多好日子,我经常同友人一起登高吟诵新诗篇。经过门前互相招呼,聚在一起,有美酒,大家同饮共欢。要干农活便各自归去,闲暇时则又互相思念。思念的时候,大家就披衣相访,谈谈笑笑永不厌烦。这种饮酒言笑的生活的确很美好,抛弃它实在无道理可言。穿的吃的需要自食其力,躬耕的生活永不会将我欺骗。

秋郊作

［唐］韦应物

清露澄境远，旭日照林初。
一望秋山净，萧条形迹疏。
登原忻时稼，采菊行故墟。
方愿沮溺耦，淡泊守田庐。

【译文】清晨远远地看见露水清澈如镜，刚升起的太阳照在树林中。放眼望去，秋天的郊山上干干净净，几乎没有行人踪迹，难免有些萧条。但是登高远望，看到庄稼快收了，不免有些欣喜，走到荒芜的庄园可以采摘菊花。我愿意学习古代隐士在这里耕种，守着田园过这种悠闲的生活。

普天乐·翠荷残

［元］滕宾

翠荷残，苍梧坠。
千山应瘦，万木皆稀，蜗角名，蝇头利。
输与渊明陶陶醉，尽黄菊围绕东篱。
良田数顷，黄牛二只，归去来兮。

【译文】翠荷凋残，苍梧叶落；山也憔悴消瘦，树林稀疏枯残，俗世的虚名小利皆是过眼云烟。在识时知机，进退行藏的认识上，自己怎能与陶渊明相较！一想到归隐后满目黄菊绕东篱，自耕良田数顷、黄牛两只，就无比向往啊！

寻陆鸿渐不遇

［唐］皎然

移家虽带郭，野径入桑麻。
近种篱边菊，秋来未著花。
扣门无犬吠，欲去问西家。
报道山中去，归时每日斜。

【译文】他把家迁徙到了城郭一带，乡间小路通向桑麻的地方。近处篱笆边都种上了菊花，但是到了秋天也没有开花。敲门后未曾听到一声犬吠，要去向西家邻居打听情况。邻人回答他是到山里去了，怕是要黄昏时分才能回来了。

秋登宣城谢朓北楼

［唐］李白

江城如画里，山晓望晴空。
两水夹明镜，双桥落彩虹。
人烟寒橘柚，秋色老梧桐。
谁念北楼上，临风怀谢公。

【译文】江城景色秀丽如画，在傍晚时刻登上城头，遥望万里晴空。两条溪水清澈明净，在夕阳余晖的映衬下，如两面明镜，波光粼粼，夹江城而流。那横跨在溪流上的两座桥，就如同从天上飘落下的两条彩虹，横卧在水面上。橘林柚林掩映在令人感到寒意的炊烟之中；秋色苍茫，梧桐也已经显得衰老。除了我还有谁会想着到北楼来，迎着萧飒的秋风，怀念谢公呢？

秋分后顿凄冷有感

［宋］陆游

今年秋气早，木落不待黄。
蟋蟀当在宇，遽（jù）已近我床。
况我老当逝，且复小彷徉。
岂无一樽酒，亦有书在傍。
饮酒读古书，慨然想黄唐。
耄矣狂未除，谁能药膏肓。

【译文】今年的秋天来得早，树叶都还没有变黄就纷纷落下了。蟋蟀本应还在屋檐之下，忽然间仿佛已靠近了我的床边。年华易逝，我也在老去，就让它们在这里再徘徊一番吧。拿起一杯酒，再打开一本身旁的书，一边饮酒一般读古书，想到黄帝尧帝圣明时期不禁感慨万千。虽然年岁已高，但我那疏狂的本性还没有消失，而且已经狂入膏肓，谁也治不了。

寒露

气温续降，寒意渐进，风清露冷，寒露菊芳，缕缕冷香，秋意渐浓，蝉噤荷残……

寒露

寒露是二十四节气中的第17个节气，常年为10月7—9日，太阳到达黄经195°时，露气寒冷将凝结成霜，全国大部均已入秋，进入秋收秋种高峰期。东北、西北地区将入冬（日均温3 ℃以下）。寒露时节抢收棉花、抢播冬小麦。寒露养生要养阴防燥、润肺益胃。

寒露三候 一候鸿雁来宾；二候雀入大水为蛤；三候菊有黄华。候鸟已经迁徙到南方准备过冬；5天过后，雀鸟都不见了，古人却发现海边突然出现很多颜色与雀鸟很相似的蛤蜊，便误以为是雀鸟变成的；再过5天，迎来了菊花的花期。此节气常开的花有桂花、百合、芙蓉等。

寒露三候组图

● **重阳节**：农历九月初九。是中国民间的传统节日，又称登高节、晒秋节、敬老节、重九节等。

● **世界粮食日**：10月16日。为唤起全世界对发展农业生产的高度重视，1979年11月第20届联合国粮食及农业组织大会决议确定，自1981年起每年10月16日为世界粮食日。

◎西北地区

晚春马铃薯收获期

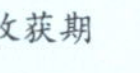

玉米收获期

棉花枯熟期

大豆成熟期

冬小麦播种期

冬青稞播种期

节气农俗

登高远望，遍地红黄……

● **登高**：在古代，民间有重阳登高的习俗，故重阳节又叫“登高节”，相传此风俗始于东汉。由于重阳节在寒露节气前后，凉爽的气候十分适合登山，久而久之，重阳节登高的习俗也就成了寒露节气的习俗。登高寓意“步步高升”“高寿”等。

登高

● **赏菊**：九九重阳节，文人士子们还举办社交宴乐性质的菊花会，赏菊吟诗。规模最大、气象最盛的当数宫廷赏菊，《武林旧事·重九》中记载：“禁中例于八日作重九排当，于庆瑞殿分列万菊，灿然眩眼，且点菊灯，略如元夕。”

重阳赏菊

节令美食宜忌

● **节气食俗**：此时民间有登高吃花糕的习俗，也是吃肥美螃蟹的好时节，热门食物还有芝麻食品（酥、糕、饼等）。

● **饮食宜忌**：宜甘润，少辛辣。宜食小白菜、花菜、胡萝卜、藕、石榴、山楂、柑橘等；忌食辣椒、花椒、桂皮等。

螃蟹

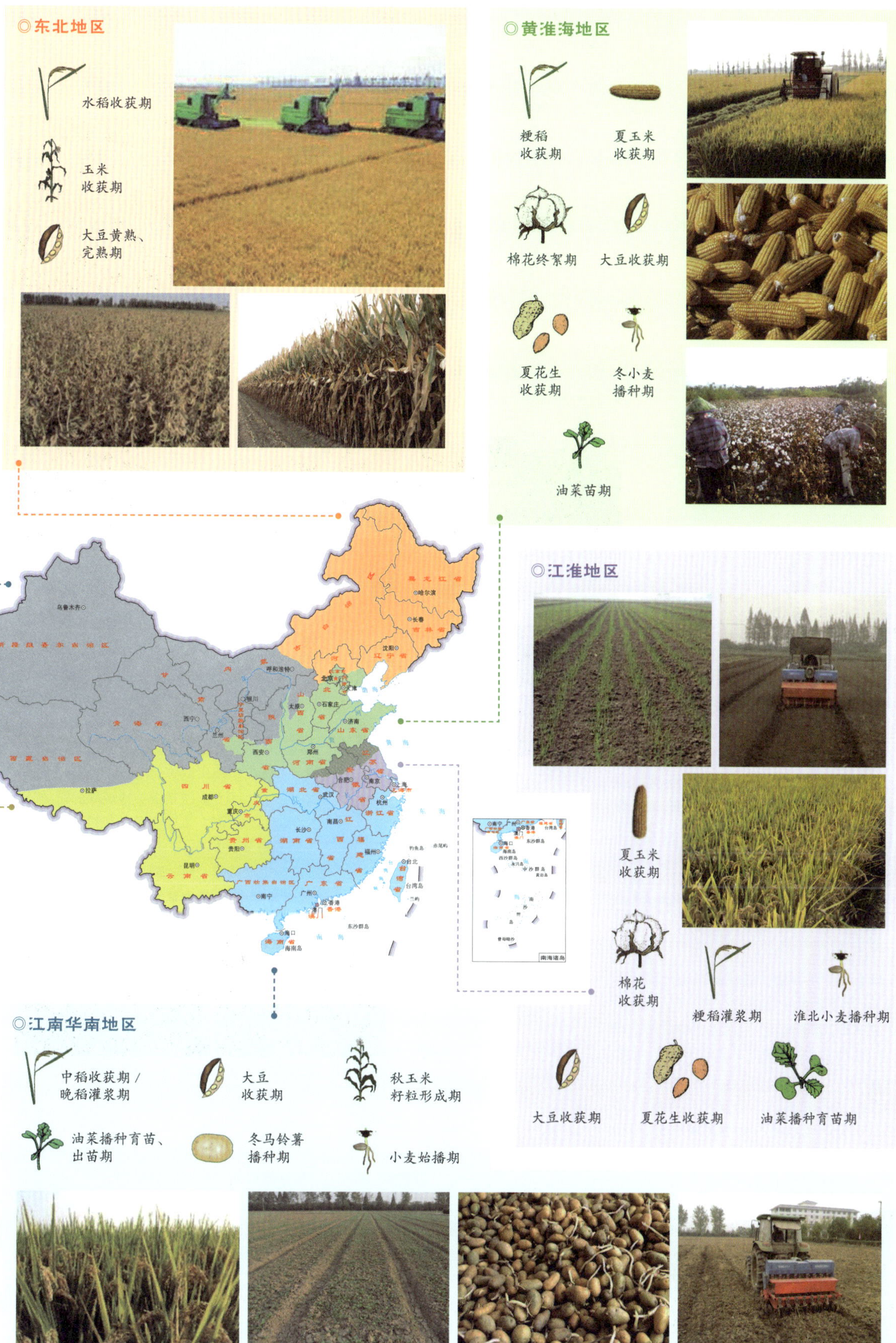
◎东北地区
水稻收获期
玉米
收获期
大豆黄熟、
完熟期
◎黄淮海地区
粳稻
收获期
夏玉米
收获期
棉花终絮期
大豆收获期
夏花生
收获期
冬小麦
播种期
油菜苗期
◎江淮地区
夏玉米
收获期
棉花
收获期
粳稻灌浆期
淮北小麦播种期
大豆收获期
夏花生收获期
油菜播种育苗期
◎江南华南地区
中稻收获期/
晚稻灌浆期
大豆
收获期
秋玉米
籽粒形成期
油菜播种育苗、
出苗期
冬马铃薯
播种期
小麦始播期

物种文化

水稻

◎**起源与传播**:水稻起源于中国,据考古发现,我国栽培稻的历史最早可追溯到1.2万~1.4万年以前。大约在殷周之交,水稻种植由我国传入朝鲜、日本和越南;汉代,传到菲律宾;5世纪,传到西亚,然后经非洲传到欧洲以至全世界。

◎**生产与应用**:水稻种植分布于世界五大洲,亚洲种植面积占全世界的90%以上,水稻被称为"亚洲人的粮食"。我国是水稻生产和消费大国,近几年种植面积4.5亿亩左右,居世界第2位。水稻的主要用途是供人类食用。现在仅在亚洲,就有20亿人从稻米及稻米制品中摄取60%~70%的热量和20%的蛋白质。

◎**衍生的文化现象与价值**:我国的一些传统节日,人们有做年糕、糍粑等习俗。此外,劳动人民在长期的稻作生产实践中,逐渐创造和发展了自己独特的民间文化艺术,文人墨客也以稻米为题材创作了很多诗歌、谚语等。

◎西北地区

●**玉米**:植株整体干枯时机械化收获,及时剥叶晾晒(穗收)或晾晒烘干(粒收)贮藏。

●**马铃薯**:留茬10~20厘米,以利于地表干燥,薯块在土中后熟,薯皮老化,减少收获时的破损。

●**棉花**:收获进入扫尾阶段。

●**冬小麦**:继续播种。

●**冬青稞**:开始播种。

玉米收获

小麦播种

马铃薯机械杀秧

防灾减灾

●**寒露风**:双季晚稻生育后期的主要气象灾害,持续3天以上日平均气温低于22℃,使正处在孕穗、抽穗扬花及灌浆阶段的晚稻遭受低温危害,严重影响水稻开花、授粉及灌浆,造成空壳、瘪粒,导致减产。

防御措施:①改善田间小气候,减轻危害。寒露风到来前给晚稻田夜灌约10厘米深水护根,白天排水增温,提高穗部和泥土的温度。②合理施肥,增强抗寒能力。在"寒露风"到来前施肥,改善稻株的营养条件,促进发育及壮秆,增强抗寒能力。每亩用1.5千克过磷酸钙加水50千克的浸出液,或0.5千克尿素加水50千克根外喷施。③施用生长调节剂促进齐穗。始穗时每亩喷施谷粒饱50克或低浓度赤霉素("九二〇")等,以促进齐穗,防止包颈。④采取保温、增温措施。在预报"寒露风"来临前1~2天,亩撒施60~70千克草木灰或火土灰、煤灰等,提高泥温、水层温度。⑤喷施化学增温剂,以抑制水分蒸发和植株叶面蒸腾耗热,减少辐射热散失,从而相对提高水体和作物温度,以减轻或防御低温带来的危害。

寒露风威胁双季晚稻

◎西南地区

小麦播前整地

●**小麦**:①前作收获后及时移出秸秆或机械粉碎,开沟排水;②备种备肥,测定种子发芽率;③在适宜播期内精细整地,施足底肥,灌足底墒水,适量播种。

●**油菜**:移栽冬油菜苗床和直播田第1次间苗、除杂,以"抓堆堆苗"为主;亩施提苗肥2~5千克尿素;喷施广谱杀虫剂防治地下害虫、菜青虫和跳甲虫;苗龄25~30天于栽前5~7天用治虫农药加0.5%尿素混喷作送嫁药肥;移栽密度每亩6 000~7 000窝(株),做到"壮、匀、直、深、稳"。直播油菜机旋耕使肥、土混合,开沟作厢,播前7天每亩用10%草甘膦500毫升加水40千克,或播后芽前除草(亩用80%乙草胺80~100毫升兑水50千克进行喷雾)。亩播种量250~300克,将种子与草木灰或细土粒充分拌匀后机播或均匀撒施,如遇干旱,可沟灌或浇水抗旱促齐苗。齐苗后喷药防虫,确保直播密度。

●**秋大豆**:化除,防治蚜虫、蟀象、飞虱,使用矮壮素,抗旱排涝。

●**秋马铃薯**:灌水、除草、培土、看苗施肥。

马铃薯除草培土

冬油菜移栽

●**水稻**:中稻抢晴天收割、晾晒,秸秆粉碎还田,适墒翻耕晒垡。晚稻间隔灌溉,保持田间潮湿,在收割前7天断水;重点防治稻纵卷叶螟、稻飞虱、纹枯病。

●**油菜**:播种、育苗参照江淮地区。

●**冬马铃薯**:抢时播种,一般采取免耕稻草覆盖栽培、地膜覆盖栽培。

●**秋玉米**:①每株留1个苞穗,除去多余苞穗;②根据品种早晚熟特性适时用肥水;③防病虫,勤除草。

●**小麦**:适期播种,播前晒种2天,三唑酮或多福克拌种包衣,亩用种10.0~12.5千克,亩基本苗15万~18万,实行机械精量条播或均匀撒播,做好"三沟"配套。

●**夏大豆**:①种子田要割倒晒干后脱粒;②收获前使用脱叶剂,及时晒干并分级包装。

◎东北地区

稻谷晾晒

玉米收获

大豆待收

秋整地

●**水稻**：收获、晾晒、干燥、归仓。

●**玉米**：①收获后的玉米要及时扒皮晾晒、脱水；②籽粒含水量低于 14% 时入仓贮藏。

●**大豆**：收获前一周使用脱叶剂，种子田单独收获。

●**秋整地**：①收获后秋灭茬同时起垄进行整地，灭茬深度≥ 15 厘米，保证质量，碎茬长度≤ 5 厘米；②也可以灭茬后起垄同时进行重镇压，避免失墒；③翌年春天进行三犁穿顶浆打垄的，打垄时间要在耕层化冻 15 厘米时进行，同时深施底肥。

◎黄淮海地区

水稻收获

油菜播种

小麦机条播

●**水稻、玉米、棉花**：①粳稻“十成黄收获”，即谷粒黄化完熟率达 95%，枯霜到来之前适时收获，收获后立即晾晒或烘干，安全贮藏。②夏玉米大面积机械化收获，安全烘晒贮藏，秸秆还田、培肥地力。③棉花、大豆、夏花生收获。

小麦播种出苗期田间管理

●**小麦**：①由北向南大面积播种，一般适期早播精量播种亩基本苗数约 12 万，适期播种亩基本苗数约 15 万；②播前、播后镇压提高播种质量。

●**油菜**：①苗床开始整地、育苗播种；②苗床与大田比为 1 ：（5~7），亩施农家肥 1 000 千克、45% 复合肥 30 千克及硼肥 0.5 千克；③选用高产优质抗逆品种，折亩大田备种约 0.1 千克，精量匀播，盖细土；④及时防治油菜蚜虫和菜青虫。

◎江淮地区

●**粳稻**：干湿交替灌溉，保持土壤沉实硬板，收获前约 10 天断水。

油菜生产机械化技术

●**小麦**.①由北向南开始播种，适期适量播种（适期早播精量播种亩基本苗数 12 万以内，适期半精量播种亩基本苗数约 16 万）；②宽幅精播、扩行机条播；③播后镇压覆盖，做好三沟配套等，黏土及干旱地区及时洇水出苗。

油菜机直播

●**油菜**：①直播，10 月 20 日为长江中下游油菜安全直播的临界期；②施足基肥，亩施 45% 复合肥 30 千克、尿素 10 千克、硼肥 1 千克；③人工开沟条播或机条播，播深 1~2 厘米，每亩播种 0.3~0.4 千克，播后镇压、封闭化除；④油菜育苗参照黄淮海地区。

水稻收前断水

小麦机械旋耕播种

油菜机械直播

◎江南华南地区

中稻收获

马铃薯播种

小麦机械条播

油菜播种

农谚

【气候】

重阳无雨一冬干。
寒露不算冷，霜降变了天。
棉怕八月连阴雨，稻怕寒露一朝霜。
人怕老来苦，麦怕胎里旱。
麦子难得倒针雨。
寒露有雨冬雨少，寒露无雨冬雨多。
麦有穿山之力，只怕烂泥压顶。

【物候】

吃了寒露饭，单衣汉少见。
菊花开，麦出来。
寒露前后看早麦。
夏至两边豆，重阳两边麦。
豆见豆，九十六。
白露谷，寒露豆。
寒露三日无青豆。

【农事】

秋分早，霜降迟，寒露种麦正当时。
麦浇苗，谷浇穗。
秋分种蒜，寒露种麦。
寒露时节人人忙，种麦、摘花、打豆场。
早麦补，晚麦耩，最好不要过霜降。
寒露到，割晚稻；霜降到，割糯稻。
麦稀勿担忧，麦密无穗头。
寒露不低头，割去喂老牛。
蚕豆种不过重阳，收不过谷雨。
霜降麦子寒露豆，油菜种在秋分头。
秋天高来秋天长，收了苞谷收高粱。
豆子寒露使镰钩，地瓜待到霜降收。
寒露到立冬，翻地冻死虫。

农诗

悯农

［宋］杨万里

稻云不雨不多黄，荞麦空花早着霜。
已分忍饥度残岁，更堪岁里闰添长。

【译文】稻田因天气大旱而没有多少成熟的，荞麦也因为寒霜来得太早而没了收成。农民们早就料到今年要忍饥挨饿过日子了，却偏偏又赶上今年闰了一个月，挨饿的日子就更长了。

渔歌子·荻花秋

［唐］李珣

荻花秋，潇湘夜，橘洲佳景如屏画。
碧烟中，明月下，小艇垂纶初罢。
水为乡，篷作舍，鱼羹稻饭常餐也。
酒盈杯，书满架，名利不将心挂。

【译文】潇湘的静夜里，清风吹拂着秋天的荻花，橘子洲头的美景，宛如屏上的山水画。浩淼的烟波中，皎洁的月光下，我收拢钓鱼的丝线，摇起小船回家。绿水就是我的家园，船篷就是我的屋舍，山珍海味也难胜过我每日三餐的糙米鱼虾。面对盈杯的水酒，望着诗书满架，我已心满意足，再不用将名利牵挂。

观田家收获

［明末清初］归庄

稻香秫（shú）熟暮秋天，阡陌纵横万亩连。
五载输粮女真国，天全我志独无田。

【译文】金秋时节，稻米熟了，万亩粮田到处是丰收景象。但是连续五年农民都要上缴田赋，老天成全我的民族气节，使我没有田地，无须向女真人纳粮。

五歌·放牛

［唐］陆龟蒙

江草秋穷似秋半，十角吴牛放江岸。
邻肩抵尾乍依隈（wēi），横去斜奔忽分散。
荒陂断堑无端入，背上时时孤鸟立。
日暮相将带雨归，田家烟火微茫湿。

【译文】江岸边的草渐渐枯萎，时至秋半，两头水牛在江边吃草。它们肩碰肩，牛尾相抵，时聚时散，东跑西颠。荒坡、断沟到处有，时而有一只悠闲的鸟儿站立在牛背上。天色渐晚，细雨蒙蒙，农家升起袅袅炊烟，扬鞭催牛把家还。

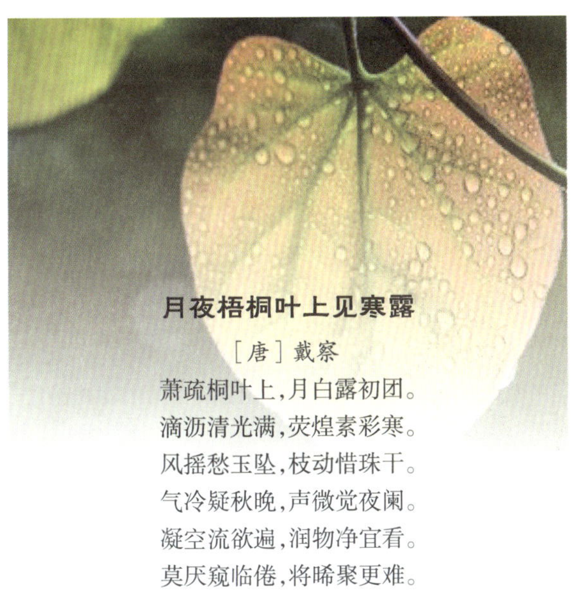

月夜梧桐叶上见寒露

［唐］戴察

萧疏桐叶上，月白露初团。
滴沥清光满，荧煌素彩寒。
风摇愁玉坠，枝动惜珠干。
气冷疑秋晚，声微觉夜阑。
凝空流欲遍，润物净宜看。
莫厌窥临倦，将晞聚更难。

【译文】秋夜桐叶白露团，月光露珠伴夜寒。风吹唯恐玉盘坠散，叶摇可惜露珠将干。空气冷凝知秋晚，万籁声微觉夜阑。月光静洒满天空，露水润物更好看。莫嫌观色倦，好景不常在，再现更亦难。

梦种菜

［宋］杨万里

背秋新理小园荒，
过雨畦丁破块忙。
菜子已抽蝴蝶翅，
菊花犹著郁金裳（cháng）。
从教芦菔专车大，
早觉蔓菁扑鼻香。
宿酒未销羹糁（shēn）熟，
析酲（chéng）不用柘为浆。

【译文】秋天里清理荒芜的小园，雨后破土开挖种植的菜畦。菜籽已经抽出像蝴蝶翅膀一样的新芽，菊花依然绽放。萝卜一类的蔬果已经长得很大，早已可以闻见枝蔓扑鼻的清香。整夜的酒意还未消散，羹粥已经煮熟，想要醒酒已然不需要喝下柘浆茶。

田家

［唐］顾况

带水摘禾穗，夜捣具晨炊。
县贴取社长，嗔怪见官迟。

【译文】清晨农民早早地下地，沾带着露水采摘稻穗，前一天晚上已经准备好第二天要吃的饭食。而乡里的官员却送来官文指责农民上交粮食太晚。

暮秋

［宋］陆游

百年大耋（dié）龙钟日，九月初寒惨淡天。
岭谷高低明野火，村墟远近起炊烟。

【译文】农历九月天气开始寒冷，年老体衰、行动不便的老人（作者自己）看着那惨淡的秋色。只见高高低低的岭谷发出明亮的野火，远远近近的荒凉村庄升起袅袅炊烟。

秋怀

［宋］欧阳修

节物岂不好，秋怀何黯然！
西风酒旗市，细雨菊花天。
感事悲双鬓，包羞食万钱。
鹿车何日驾，归去颍东田。

【译文】这节令风物有哪一点使人不称心？可不知怎的，我面对这满眼秋色，却禁不住黯然神伤。西风猎猎，市上的酒旗迎风招展；细雨蒙蒙，到处有金色的菊花怒放。想到国事家事，愁得我双鬓灰白；白白地耗费朝廷俸禄，我心中感到羞耻难当。什么时候能满足我的愿望——挽着鹿车，回到颍东，耕田植桑。

霜降

气肃而凝，露结为霜，天气渐冷，凝露成霜，叶落秋晚，菊黄枫红，收种双抢……

霜降

霜降是二十四节气中的第18个节气，常年为10月22—24日，太阳到达黄经210°时，天气渐冷，露水凝结成霜，黄河流域出现初霜，北方大部分地区秋收秋种扫尾。霜降时节是大秋作物最后完成收获的季节。霜降养生关键是进补，俗话说“冬补不如补霜降”。

霜降三候　一候豺乃祭兽；二候草木黄落；三候蛰虫咸俯。豺狼捕获野兽陈列祭拜后再食用，草木枯黄树叶凋零，蛰虫开始潜藏进入冬眠。此节气常开的花有彼岸花（曼珠沙华）、迷迭香、茶花等。

● 联合国日：10月24日。1947年联合国大会为纪念《联合国宪章》正式生效和联合国正式成立而确定。

霜降三候组图

◎西北地区

节气农俗

看万山红遍，层林尽染……

● **赏菊赏枫**：霜降时节，正是秋菊盛开的时候，我国很多地方在这时举行菊花会，赏菊饮酒，以示对菊花的喜爱。尤其是南方地区气候温和，霜降期间，田畴青葱，橙黄橘绿，秋菊竞放。

霜降后也是赏枫的好时节。枫叶遭霜侵后叶子更加火红，色彩鲜艳，灿如锦绣。古人曾有“霜叶红于二月花”的诗句。国内如北京的香山、苏州的太平山、南京的栖霞山，都以枫叶美景著称。夕阳西下，红叶参差交错，驰目远眺，仿佛珊瑚火海，十分壮观。

● **扫墓祭祖**：古时候，霜降时节有扫墓祭祖的习俗。《清通礼》中记载：“岁寒食及霜降节，拜扫圹茔，届期素服诣墓，具酒撰及芟剪草木之器；周服封树，剪除荆草，故称扫墓。”如今，霜降扫墓的风俗已少见。但霜降时节的十月初一“寒衣节”，在民间仍较为盛行，寄托着对故人的怀念悲悯之情，也是亲人们为所关心的人送御寒衣物的日子。

节令美食宜忌

● **节气食俗**：民间此时多进补时令美食，如吃柿子、栗子、胡萝卜等；也有吃鸭子、牛肉等肉食的习俗。

● **饮食宜忌**：宜滋润，忌耗散。宜食洋葱、白果、柿子、大枣、梨、苹果等；忌食动物内脏、葱、姜、蒜、辣椒等。

柿子

◎西南地区

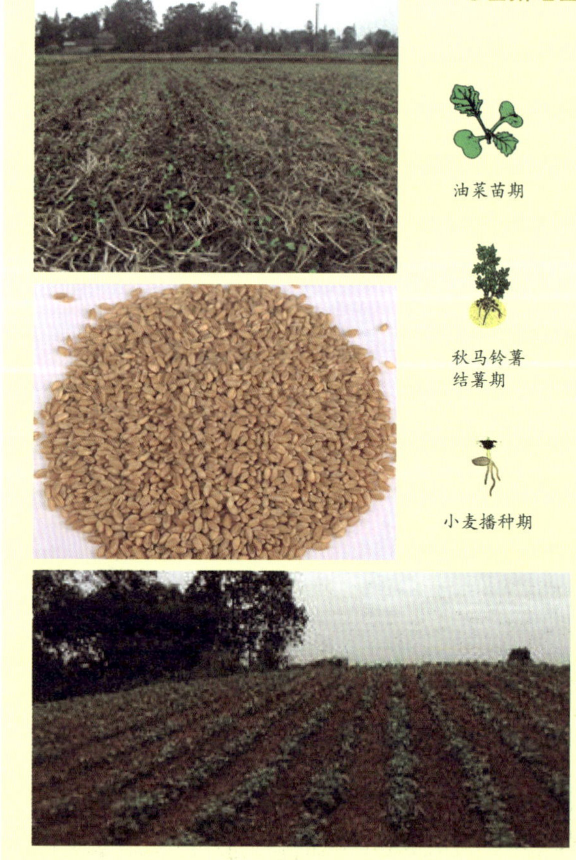

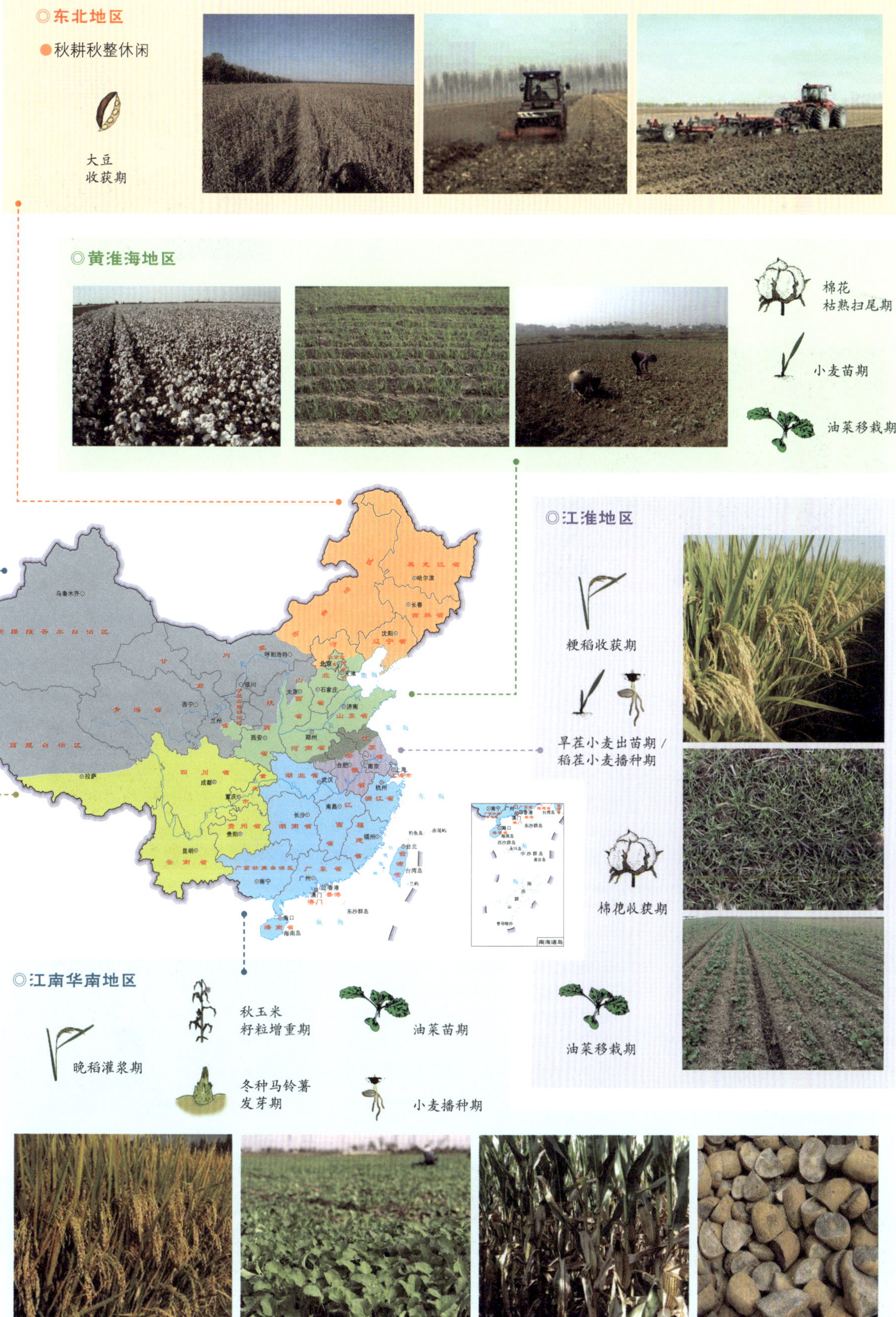

◎东北地区
●秋耕秋整休闲
大豆
收获期
◎黄淮海地区
棉花
枯熟扫尾期
小麦苗期
油菜移栽期
◎江淮地区
粳稻收获期
旱茬小麦出苗期/
稻茬小麦播种期
棉花收获期
油菜移栽期
◎江南华南地区
晚稻灌浆期
秋玉米
籽粒增重期
油菜苗期
冬种马铃薯
发芽期
小麦播种期

物种文化

棉花

◎**起源与传播：**棉花的起源似乎是多中心的，除欧洲外，其他四大洲都有早期棉花的足迹。其中，原产于南美洲的海岛棉和原产于中美洲的陆地棉，几乎传遍世界大部分植棉国，栽培面积占植棉总面积的 80% 以上。

◎**生产与应用：**亚洲棉田面积占全球棉田面积的 60% 以上，美洲占近 30%。中国、美国、印度和巴基斯坦是最大的棉花生产国和消费国，我国有着 2 000 多年的植棉历史，现为全球最大的棉花生产国和消费国。栽培棉花的主产品是籽棉，它既是纺织工业的主要原料，又是重要的油料原料。

◎**衍生的文化现象与价值：**自古以来，棉花的美态就常出现在绘画及雕刻艺术中，许多兼具历史和艺术价值的画卷或木刻、石刻棉花图及纺织图等一直保留传承至今。

◎西北地区

青稞播种

马铃薯田间堆垛

- **马铃薯：**①晾晒、挑拣、分级、入窖；②收获后不宜在烈日下暴晒或在窖外堆放时间过长，以免薯皮变绿，影响食味；③收获后可先放在阴凉通风处，把病、烂和破伤的薯块挑出来，然后再入窖贮藏。
- **大豆：**种子田单独收获，商品豆收获后立即清理干燥。
- **冬小麦：**①查苗补苗，旱地小麦过旺苗要镇压或耙麦伤根控制旺长，弱苗要补肥促苗；②麦田金针虫或蛴螬活跃期，点片发生的田块要进行药水灌根防治。
- **棉花：**①田块清除棉田残膜杂草滴灌带；②人工采摘地边地角，适时机收，清田复采；③分级分晒分存分售；④北疆地区冬灌耙耱。
- **冬青稞：**播种出苗。

◎西南地区

- **冬油菜：**苗期“四查四补”，查苗补缺，查肥补肥（基肥不足总量的 50% 时苗肥补），查沟补沟，查草化除（日均气温 8 ℃以上）或人工中耕除草。直播油菜 1~2 片真叶时开始匀苗、间苗；3 叶时定苗。
- **小麦：**①选择优良品种，播前药剂拌种或种子包衣；②及时整地开厢（开沟），处理秸秆，调试播种机，推广灭茬免耕带旋播种技术；③免耕田应在播种前选用高效、低毒、低残留除草剂，如草甘膦等喷雾进行化除；④旱地麦田如采用旋耕方式，则应在墒情适宜时镇压保墒。
- **秋马铃薯：**防治晚疫病。

油菜查苗

小麦免耕播种

防灾减灾

- **秋播干旱：**耕层土壤相对含水量为 65% 以下，不能满足小麦、油菜等作物播种出苗的土壤相对含水量（70%~80%）需要。

  防御措施：①及时腾茬，抢早机械抢墒或造墒播种；②抗旱剂拌种；③播后镇压；④洇水出苗；⑤稻草或泥杂肥覆盖。

播后镇压抗旱

◎江南华南地区

- **晚稻：**预防低温冷害。
- **油菜：**苗期管理参照西南地区。
- **冬马铃薯：**大面积种植，注意保持土壤湿润，确保种薯长根发芽，要避免干旱造成干薯死芽，也要避免田间积水造成烂种。
- **小麦：**抢时抢墒播种，参照江淮地区。

油菜化除、治虫

马铃薯播种准备

马铃薯播种

小麦播种

◎东北地区

大豆收获

机械秋整地

● **水稻**：收获、脱粒、晾晒扫尾，搞好粮食等农产品的干燥与储藏。

● **大豆**：收获，收获后立即清理干燥。

● 采取大田灭茬、翻地、秸秆还田等秋耕秋整地措施。

稻谷晾晒

◎黄淮海地区

小麦机条播

● **稻茬小麦**：播种扫尾。

● **油菜**：移栽参照江淮地区。

● **棉花**：①裂铃5~6天后及时抢晴采收棉絮；②清除病桃，及时晾晒打包交售新棉。

● 冬季空闲田块及时耕翻晒垡，做好前茬秸秆还田，增施腐熟有机肥。

油菜化除

机械整地

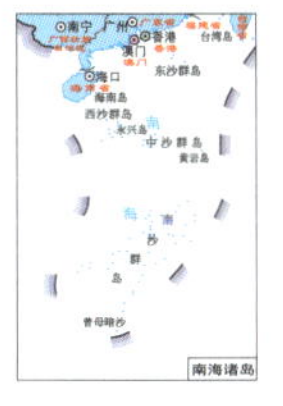

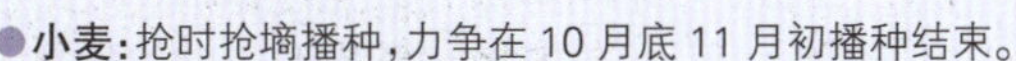

◎江淮地区

● **粳稻**：①掌握最佳收获期及时抢收腾茬备秋播，尽量在10月份收获并碎草匀铺；②收获后立即晾晒或烘干，安全贮放。

● **小麦**：抢时抢墒播种，力争在10月底11月初播种结束。

● **油菜移栽**：①苗龄35~40天，于10月下旬至11月上旬移栽；②及时整地开行，施足基肥，亩施45%复合肥25~30千克、尿素5~8千克、硼肥0.5千克；③板茬移栽或免耕摆栽、套栽；④合理密植亩约7 000株，等行或大小行移栽；⑤做到健苗下田、大小苗分开、根直苗正、心叶平泥、根土密接，浇足随根水。

● **棉花**：①清除病烂桃，裂铃5~6天后及时抢晴采收；②分摘、分晒、分存、分售。

水稻收获

小麦机条播

油菜移栽

一粒米的诞生

小麦播种出苗期田间管理

油菜机开沟起垡摆栽技术

油菜毯苗机栽

农谚

【气候】

不怕霜降霜，就怕寒露寒。
霜降见霜，五谷满仓。
夏雨少，秋霜早，夏雨淋透，霜期推后。
晚稻就怕霜来早。
风大夜无露，阴天夜无霜。
霜重见晴天。
霜后暖，雪后寒。
一夜孤霜，来年有荒；多夜霜足，来年丰收。
秋雁当头叫，必有大风到。
霜降前降霜，挑米如挑糠；霜降后降霜，稻谷打满仓。
麦喜三月雨，菜怕九月霜。

【物候】

霜降腌菜。
霜降百草枯。
霜见霜降，霜止清明。
雪打高山霜打洼。
霜降蚕豆立冬麦。
千树扫作一番黄，只有芙蓉独自芳。
寒露无青稻，霜降一齐倒。
霜降一到，地瓜入窖。

【农事】

寒露早，立冬迟，霜降收薯正适宜。
红薯半年粮，好好来保藏。
霜降前，苕收完。
棉是秋后草，就怕霜来早。
轻霜棉无妨，酷霜棉株僵。
早春棉，减产少，夏棉霜早不得了。
霜后还有两喷花，摘拾干净把柴拔。
时间到霜降，种麦就慌张。
时间到霜降，白菜畦里快搂上。
芒种黄豆夏至秧，想种好麦迎霜降。
种麦霜降口，一颗收一斗。
霜降摘柿子，立冬打软枣。

农诗

山行

［唐］杜牧

远上寒山石径斜，
白云深处有人家。
停车坐爱枫林晚，
霜叶红于二月花。

【译文】深秋时节，我沿山上蜿蜒的道路而行。云雾缭绕的地方隐隐约约可以看见几户人家。我不由自主地停车靠边，因为这傍晚枫林的美景着实吸引了我，那被霜打过的枫叶比二月的花儿还要红。

拨不断·菊花开

［元］马致远

菊花开，正归来。
伴虎溪僧、鹤林友、龙山客，
似杜工部、陶渊明、李太白，
在洞庭柑、东阳酒、西湖蟹。
哎，楚三闾休怪！

【译文】在菊花开放的时候，我正好回来了。虽然闲居野处，交往的是虎溪高僧、鹤林道友、龙山佳客这样的高人雅士，过的是如同自己崇仰的陶渊明、杜工部、李太白那样诗酒自娱的生活，在草堂东篱之间自由自在地享用洞庭的柑橘、东阳的美酒、西湖的螃蟹。哎，楚大夫你可不要见怪呀！

山馆

［宋］余靖

野馆萧条晚，凭轩对竹扉。
树藏秋色老，禽带夕阳归。
远岫（xiù）穿云翠，畬（yú）田得雨肥。
渊明谁送酒，残菊绕墙飞。

【译文】野外的客舍傍晚时分格外萧条冷寂，倚着堂前栏杆透过竹门向远处观望。树木萧瑟蕴藏着深秋的景色，家禽在夕阳西下时纷纷归来。远处的山峰从云中穿出更显葱翠，烧过草木的田野雨后更加肥沃。陶渊明隐居在田园时尚有亲朋好友送去美酒，而我却只有那绕墙的残菊陪伴左右。

商山早行

［唐］温庭筠

晨起动征铎（duó），客行悲故乡。
鸡声茅店月，人迹板桥霜。
槲（hú）叶落山路，枳（zhǐ）花明驿墙。
因思杜陵梦，凫（fú）雁满回塘。

【译文】黎明起床，车马的铃铎已震动；一路远行，游子悲思故乡。鸡声嘹亮，茅草店沐浴着晓月的余晖；足迹依稀，木板桥覆盖着早春的寒霜。枯败的槲叶，落满了荒山的野路；淡白的枳花，鲜艳地开放在驿站的泥墙上。因而想起昨夜梦见杜陵的美好情景；一群群鸭和鹅，正嬉戏在岸边弯曲的湖塘里。

秋日

［宋］秦观

霜落邗沟积水清，
寒星无数傍船明。
菰蒲深处疑无地，
忽有人家笑语声。

【译文】已是降霜时分，邗沟里，水还是清澈的，天上万颗星星，映在水里，和船是那么近。原以为岸边茭蒲之地，没什么人家，忽然传出了欢声笑语。

村夜

［唐］白居易

霜草苍苍虫切切，
村南村北行人绝。
独出门前望野田，
月明荞麦花如雪。

【译文】在一片被寒霜打过的灰白色秋草中，小虫在窃窃私语着，山村周围行人绝迹。我独自来到前门眺望田野，只见皎洁的月光照着一望无际的荞麦田，满地的荞麦花简直就像一片耀眼的白雪。

鲁东门观刈蒲

［唐］李白

鲁国寒事早，初霜刈渚蒲。
挥镰若转月，拂水生连珠。
此草最可珍，何必贵龙须。
织作玉床席，欣承清夜娱。
罗衣能再拂，不畏素尘芜。

【译文】鲁国的秋冬来得早，刚刚下霜便开始收割水中小洲上的蒲草了。农民来回挥动弦月般的镰刀，拂起的水珠就像断线的珍珠一样飘洒。蒲草最值得珍惜，何必还要花高价去买龙须草呢？用白净的蒲草编织成席，铺在玉床上，夜间睡在上面是多么清凉适意。蒲席光滑平贴，可以用丝绸织物反复拂拭，不用担心会有灰尘堆积。

秋日田园杂兴（其八）

［宋］范成大

新筑场泥镜面平，
家家打稻趁霜晴。
笑歌声里轻雷动，
一夜连枷响到明。

【译文】新造的场院地面平坦像镜子一样，家家户户趁着明亮月色打稻子，农民欢笑歌唱着，场院内声音如轻雷鸣响，一夜连枷挥舞打稻子一直到天亮。

吴中田妇叹

［宋］苏轼

今年粳稻熟苦迟，庶见霜风来几时。
霜风来时雨如泻，杷头出菌镰生衣。
眼枯泪尽雨不尽，忍见黄穗卧青泥！
茅苫（shān）一月垄上宿，天晴获稻随车归。
汗流肩赪（chēng）载入市，价贱乞与如糠粞。
卖牛纳税拆屋炊，虑浅不及明年饥。
官今要钱不要米，西北万里招羌儿。
龚黄满朝人更苦，不如却作河伯妇！

【译文】今年粳稻谷成熟得太晚了，差不多都到了寒霜冷风来临的季节。霜风到来时秋雨连绵，耙头都发霉了，镰刀也生锈了。哭得眼泪干枯了，大雨却没有停止，实在不忍心看到金黄的稻穗倒在烂泥地！在田埂上搭了茅草棚子住了一个月，终于等到天晴收获了稻子，用车拉回家。累得满身大汗，肩膀压红了，将稻米运到市场上，价格便宜得像谷皮和瘪谷一样。没有办法，只好把牛卖了去交税，拆下屋子的木料烧饭，思虑短浅管不了明年的饥饿了。如今官府收税只要钱不要米，还用钱来招抚西北的羌族部落。满朝都是好官清官，但老百姓的生活却越发苦不堪言，还不如投河而死算了！

南乡子·秋暮村居

［清］纳兰性德

红叶满寒溪，
一路空山万木齐。
试上小楼极目望，高低。
一片烟笼十里陂（bēi）。
吠犬杂鸣鸡，
灯火荧荧归路迷。
乍逐横山时近远，东西。
家在寒林独掩扉。

【译文】寒冷的溪上飘满红色落叶，一路上山林寂静无人，万木都笼罩在一片肃杀的气氛中。试着登上小楼极目远眺，群山高低连绵。一片烟雾笼罩着数十里湖泊。狗吠声中夹杂着鸡鸣，灯光闪烁，找不到回去的路。沿着横亘之山而行，忽远忽近，时东时西。家掩映在秋冬的林木深处，孤独地关着门儿。

立冬

入冬前奏，气温下降，寒风乍起，天地萧索，繁华落尽，万物收藏……

立冬

立冬是二十四节气中的第19个节气（十月节），常年为11月6—8日，指太阳位于黄经225°时，日照时间将继续缩短，偏北风加大，北部地区大幅降温，南部地区仍在抢秋收及抢种晚茬冬麦。按气候学划分标准，候（5天）均气温降到10 ℃以下为冬季，故“立冬，冬日始”的说法与黄淮海地区基本吻合，往北已入冬，往南尚较暖。“冬，终也，万物收藏也”意指农作物收割后要收藏起来、规避寒冷。剧烈的降温，特别是冷暖异常的天气对人们的生活、健康以及农业生产均有严重的不利影响，应当注意保暖。

立冬三候 一候水始冰；二候地始冻；三候雉入大水为蜃。水面开始结冰，土地也开始冻结，野鸡伏藏少见，而颜色相似的大蛤出现在海边。此节气常开的花有双荚决明、红花羊蹄甲（紫荆花）、粉黛乱子等。

立冬三候组图

●**祭祖节**：又称“十月朔”。我国自古以来就有新收时祭祖宗的习俗，以示孝敬、不忘本，这一天也是冬天的第一天，此后气候渐寒冷，祭祀时除了食物、香烛、纸钱等一般供物外，还有一种不可缺少的供物——冥衣，叫作“送寒衣”。

◎西北地区

晚熟苹果采收期

冬小麦苗期、分蘖期

马铃薯贮藏期

冬马铃薯播种至发芽期

冬青稞播种至出苗期

◎西南地区

秋玉米籽粒形成期

秋马铃薯膨大期

冬马铃薯出苗期

冬玉米播种出苗期

油菜苗前期

小麦播种出苗期

蚕豆苗期

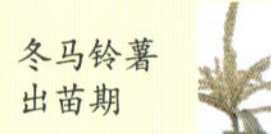
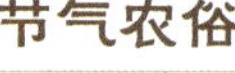

节气农俗

残秋尽，冬未隆，犒赏尽孝时……

●**贺冬**：亦称拜冬，起源于古代皇帝出郊迎冬之礼，并有赐群臣冬衣、矜恤孤寡之制。宋代每逢此日，人们更换新衣，庆贺往来，一如年节；清代士大夫家拜贺尊长、交相出谒，细民必更新衣以相揖；民国以来有些活动已逐渐简化。

●**补冬**：立冬了，农闲了，劳动了一年的人们当然要好好休息一下，顺便犒赏一家人一年来的辛苦，所以才有了“立冬补冬，补嘴空”这样的谚语。北方特别是北京、天津的人们爱吃饺子，南方地区热补，立冬时爱吃鸡鸭鱼肉，以增强体质抵御寒冬。

●**立冬游泳**：在黑龙江、河南、江西等地的冬泳爱好者们用立冬时冬泳这种方式迎接冬天的到来。

贺冬

冬泳

节令美食宜忌

●**节气食俗**：北方补冬吃饺子，南方则以鸡鸭鱼肉来补充能量。

●**饮食宜忌**：立冬宜进补，配汤水，但不宜过量补；忌生冷食物，要吃易于消化的食物。要多吃白菜，别忘多喝水。

白菜排骨煲　饺子　含碘食物　羊肉汤

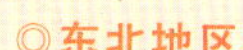

◎东北地区

●秋耕秋整休闲

◎黄淮海地区

小麦苗期、分蘖期

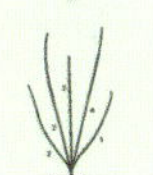

大蒜幼苗期、洋葱移栽活棵期

油菜移栽活棵期

◎江淮地区

粳稻收获期扫尾

秋延后蔬菜采收期

蚕豆、豌豆出苗、分枝期

油菜移栽活棵期

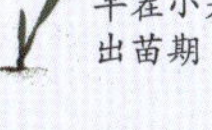

旱茬小麦出苗期

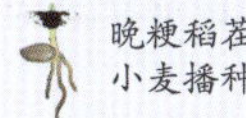

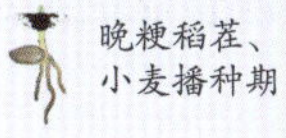

晚粳稻茬、小麦播种期

◎江南华南地区

晚稻收获期

秋玉米成熟期

秋马铃薯结薯期

冬玉米播种出苗期

油菜苗前期

冬马铃薯出苗期

物种文化

苹果

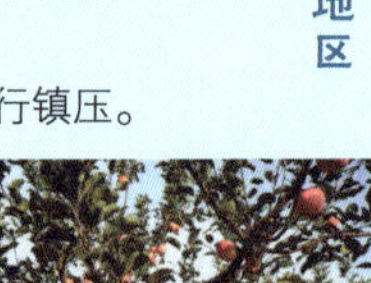

苹果是世界上最重要的温带水果之一，有“温带水果之王”的美称。

◎**起源与传播**：苹果起源于欧洲中东南部、中亚细亚以及我国新疆。我国栽培苹果最早从新疆开始，逐渐向东传播。明清时期，富士系苹果传入我国，在各地广泛种植，成为我国栽植面积最大的优势品种，产量占全国总量的70%左右。

◎**生产与应用**：中国是世界上最大的苹果生产国和消费国，苹果种植面积和产量均占世界总量的40%以上，在世界苹果产业中占有重要地位。我国用了60余年的时间，将苹果产量从1952年仅11万吨提高到了2014年的3 850万吨，产量增加了349倍。苹果是中国产量最大的水果品种，也是中国主要的出口品种。

◎**衍生的文化现象与价值**：苹果的营养价值极高，西方谚语中提到“一天一苹果，医生远离我”。同时，苹果也被当成“平安果”的首选，象征着平安、祥和之意。苹果除生食外，还可制成各种美食，备受人们喜爱。苹果树形优美，具有较好的景观效果，不仅适合居家庭院栽植，还是旅游景观文化的重要组成元素。近年来，许多地方都着眼苹果产业发展，推出各具特色的赏花海、品鲜果、摄影赛等苹果主题活动。

◎西北地区

● **马铃薯**：春马铃薯收获结束，做好窖藏和销售。南部地区冬马铃薯开始播种，播种时用敌百虫配制毒土，防治地下害虫。

● **苹果**：①采摘苹果时应注意戴上手套，盛果器要有保护垫；②轻采轻放，以防碰撞；③采下苹果后用果柄剪剪短果柄；④全部采收后，对果树施用基肥、全园灌越冬水。

● **冬小麦**：①控旺促弱，培育壮苗；②冬前及时化除，适时冬灌和追肥；③旺长田块根据天气和墒情及时进行镇压。

小麦化除

小麦镇压

小麦追施分蘖肥

苹果采摘

◎西南地区

● **玉米**：①秋玉米进入玉米穗苞吐丝后期，进行一次疏穗，注意追肥和防病治虫；②冬玉米准备整地播种育苗。

● **小麦**：①出苗期，注意查苗补苗，防御渍害危害或适时灌冬水；②迟播田仍可播种；③人工点播、撒播田块应提倡盖种，减少露籽，减轻鼠雀危害。

● **马铃薯**：①进入薯块膨大期的秋马铃薯注意喷药防晚疫病；②播种较晚的秋马铃薯要注意防湿排涝，防烂薯死苗；③早冬马铃薯播种。

● **油菜**：①缺苗补窝，移密补稀，早施苗肥，防虫除草，清沟排渍；②移栽油菜成活后或直播油菜定苗后，如脱肥出现红叶僵苗，则可早施苗肥，亩用尿素4~5千克兑水浇施；③喷药防治菜青虫、跳甲虫等；④开好三沟，防止冬季渍害和低温危害。

● **甘薯**：①及时收获成熟甘薯，蔓叶妥善贮藏；②塑料大棚甘薯越冬苗管理期，要注意防止感染灰霉病死苗，可在白天棚温不低于11 ℃时，打开大棚门和掀起两边薄膜排湿，同时注意采用农药熏蒸杀蚜。

马铃薯双行播种

油菜施肥

冬玉米育苗

甘薯就地半地下贮藏

防灾减灾

● **秋播连阴雨湿、渍害**：秋播期间易出现连阴雨天气，日照少，空气湿度大，往往伴随着低温，持续时间较长的田块可能导致小麦烂种烂芽，出苗缓慢，苗势参差不齐。尚未完成播种的田块，主要影响适期播种进度，导致小麦播期推迟。

防御措施：①开沟排水降渍，适墒播种；②稻田套播或板茬直播；③确保三沟标准（田外沟深1.0~1.2米，田内竖沟间距2~3米、深20~30厘米，横沟间距50米、深30~40厘米，田头沟深40厘米，确保旱能灌、涝能排、渍能降）。

烂耕烂种

查沟补沟、三沟配套

◎东北地区

● 做好秋冬大田耕整地。

● 大棚秋黄瓜摘掉畸果，并加强采摘后的肥水供应。大棚西红柿等定植。

● **果树花木：**做好果树保暖措施，喜温的花木及时移入室内或大棚中，防止冻害。

● **大棚蔬菜：**①加强大棚设施覆盖保温和苗床管理，茄果、瓜果类蔬菜白天控制在 25~30 ℃，夜间控制在 15~20 ℃，防止冷害出现；②注意白天通风，降低棚内湿度，减少病害的发生；③注意防治烟粉虱、霜霉病等。

● **人参：**打人参帘子，人参室内催芽，温度保持在 15~20 ℃，照常翻倒，防止霉变。

大田耕整地

大棚番茄定植

黄瓜设施栽培

◎黄淮海地区

● **小麦：**①稻茬小麦播种扫尾；②早播麦田注意控旺促弱，旺麦进行拍麦镇压，弱苗追施促蘖肥，亩施尿素 5.0~7.5 千克；③晚播麦田"四查四补"，即查苗补缺，查肥补肥，查沟补沟，查草化除。注意拍麦镇压、泥杂肥覆盖促壮苗。

● **油菜：**早播油菜田及时"四查四补"，注意控旺促弱，旺苗适时喷施矮壮素化控，弱苗及时追施苗肥促壮。

● 冬季空闲田块及时耕翻晒垡，做好前茬秸秆还田，增施腐熟有机肥。

查沟补沟

查草化除

油菜化除

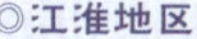

◎江淮地区

● **小麦、油菜：**小（大）麦播种及油菜移栽高峰，淮北地区稻茬小麦播种扫尾。早播小（大）麦、油菜田苗期"四查四补"。

● **洋葱：**适期移栽，大田亩施腐熟有机肥 4 000~5 000 千克、复合肥 80~100 千克，整平成畦，盖膜前浇水，渗透后喷施除草剂；盖膜后定植，每亩栽植 2.0 万 ~2.4 万株；防治苗期真菌性立枯病、猝倒病、葱蓟马等病虫害。

● **蔬菜：**设施长季节栽培、秋延后栽培茄果类蔬菜开始拉秧，及时清洁田园，耕翻土壤，准备下一季种植。

油菜免耕机条播

油菜板茬移栽

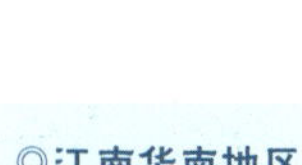

◎江南华南地区

● **玉米：**秋玉米适期收获。冬玉米做好苗期管理，亩追肥 5~8 千克尿素。

● **油菜：**①移栽油菜缺苗补蔸，移密补稀。②早施苗肥。一般要求移栽油菜成活后或直播油菜定苗后立即施用，每亩用 300~500 千克人畜粪或 4~5 千克尿素兑水浇施，10~15 天后再追施一次壮苗肥。直播油菜在禾本科杂草 2~3 叶时，每亩用盖草能 30~45 毫升喷细雾。

● **小（大）麦：**抢时抢墒播种，江汉平原小（大）麦最适播种期为 10 月 25 日至 11 月 5 日。11 月 5 日以后播种，每推迟 1 天，亩增加播量 0.5 千克，亩基本苗不能超过 30 万。播后遇干旱应及时浇灌，确保苗齐、苗全、苗匀、苗壮；查苗补缺。

● **马铃薯：**秋马铃薯抢晴收获。冬马铃薯播种时要防治地下害虫。

秋玉米收获期

直播油菜化除

农谚

【气候】

立冬到冬至寒，来年雨水好。
立冬刮南风，皮袄挂墙根。
立冬有雨防烂冬，立冬无雨防春旱。
立冬交十月，小雪河封上。
立冬雷隆隆，立春雨蒙蒙。
冬前不下雪，来春多雨雪。
立冬打霜，要干长江。
立冬打雷要反春。
立冬北风冰雪多，立冬南风无雨雪。
立冬晴，一冬晴；立冬雨，一冬雨。
立冬日，水始冰，地始冻。
冬冷皮，春冷骨。

【物候】

立冬种豌豆，一斗还一斗。
雷打冬，十个牛栏九个空。
立冬之日起大雾，冬水田里点萝卜。
种麦到立冬，种一缸，打一瓮。
立冬白一白，晴至割大麦。
立冬西北风，来年五谷丰。
立冬一片寒霜白，晴到来年割大麦。
冬雪当被盖，春夏少虫害。
立冬种完麦，小雪栽完菜。
种麦到立冬，费力白搭工。
冬天种树如做梦，春天栽树害场病。
立冬雨，烂薯箍。
干菜晒满筐，不怕年景荒。
田要冬耕，羊要春生。
立冬无见霜，春来冻死秧。

【农事】

霜降到立冬，翻地冻害虫。
立冬不倒股（针），不如土里捂（闷）。
立冬节到，快把麦浇。
提前蓄水灌满塘，到用水时不慌张。
追肥浇水接划搂，三个环节要紧扣。
麦子过冬壅遍灰，赛过冷天盖棉被。
冬耕宜早不宜晚。
粮田棉田全冬耕，消灭害虫越冬蛹。
要吃丰收瓜，冬天把窝挖。
一成坷垃一成苗，十成坷垃保全苗。
立冬打软枣，萝卜一齐收。
冬前栽树树难看，开春发芽长不慢。
疏剪枝条有进出，主枝角度要开张。

立冬

［唐］李白

冻笔新诗懒写，寒炉美酒时温。
醉看墨花月白，恍疑雪满前村。

【译文】立冬之日，天气寒冷，笔墨冻结了，正好偷懒不写新诗，火炉上的美酒时刻保持着温热。醉眼观看月下砚石上的墨渍花纹，恍惚间以为是大雪落满山村。笔墨之下透露出诗人的思乡恋乡之情。

农诗

冬十月

［东汉］曹操

孟冬十月，北风徘徊，天气肃清，繁霜霏霏。
鹍鸡晨鸣，鸿雁南飞，鸷鸟潜藏，熊罴窟栖。
钱镈停置，农收积场。逆旅整设，以通贾商。
幸甚至哉！歌以咏志。

【译文】初冬十月，北风呼呼地吹着。气氛肃杀，天气寒冷，寒霜又厚又密。鹍鸡在清晨鸣叫着，大雁向南方远去，猛禽也都藏身匿迹起来，就连熊都入洞安眠了。农民放下了农具不再劳作，收获的庄稼堆满了谷场。旅店正在整理布置，以供来往的客商住宿。我能到这里是多么的幸运啊，高诵诗歌来表达自己的这种感情。

立冬日作

［宋］陆游

室小财容膝，墙低仅及肩。
方过授衣月，又遇始裘天。
寸积篝炉炭，铢称布被绵。
平生师陋巷，随处一欣然。

【译文】屋子狭小，只能容纳双膝；院墙低矮，其高仅及肩膀。刚刚过了制备寒衣的时间，便到了开始穿上皮衣的季节。如此寒冷的初冬季节，炉中只有一点点平时积攒起来的木炭，而被子里的棉絮也是极其轻薄。想到自己平生以颜回为师，因此也就能泰然面对了。

早冬

［唐］白居易

十月江南天气好，
可怜冬景似春华。
霜轻未杀萋萋草，
日暖初干漠漠沙。
老柘叶黄如嫩树，
寒樱枝白是狂花。
此时却羡闲人醉，
五马无由入酒家。

【译文】江南的十月天气很好，冬天的景色像春天一样可爱。寒霜还没有冻死小草，太阳晒干了大地。老柘树虽然叶子黄了，但仍然像初生的一样，樱花树的枝条上白茫茫一片，原来都是白色雪花。这个时候的我只羡慕喝酒人的那份清闲，不知不觉走入酒家。

立冬前一日霜对菊有感

[宋] 钱时

昨夜清霜冷絮裯，纷纷红叶满阶头。
园林尽扫西风去，惟有黄花不负秋。

【译文】昨天夜里下了清霜，躲在被衾中都感到寒冷；早晨起来，门前台阶落满了红叶。花园里的草木在寒冷的西北风中逐渐凋零；只有那金菊凌霜绽放，不负秋天的时光。这是秋天的最后一日，立冬的前一天，诗人对菊有感，满腹愁肠。

初冬

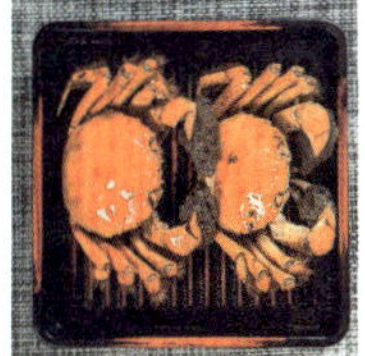

[宋] 刘克庄

晴窗蚤觉爱朝曦，竹外秋声渐作威。
命仆安排新暖阁，呼童熨贴旧寒衣。
叶浮嫩绿酒初熟，橙切香黄蟹正肥。
蓉菊满园皆可羡，赏心从此莫相违。

【译文】阳光透过窗子，柔和而明净。用心去看，可以发现，原来冬日的朝阳是那样可爱。窗外西风渐紧，吹入竹林，呼呼作响。天冷也不怕，已叫仆人预备好了暖阁，准备好了过冬的衣服。闲时可以烹茶饮酒，这个时节橙子已熟，香甜可口，螃蟹正肥。此时，芙蓉、菊花开得满园皆是，足可赏心悦目。每天都有许多可赏之处，虽不比春季，亦不可错过一日。

立冬

[宋] 紫金霜

落水荷塘满眼枯，西风渐作北风呼。
黄杨倔强尤一色，白桦优柔以半疏。
门尽冷霜能醒骨，窗临残照好读书。
拟约三九吟梅雪，还借自家小火炉。

【译文】放眼看去，池塘水浅荷枯，西北风开始呼啸。坚强的黄杨树，挺立风中，成了一道独特的风景，白桦树只剩下了一半的叶子，似乎并不想脱落。门上满是白霜，寒气袭人，让人清醒，借着窗户透进来的残光，正好读书，进而想到三九，到那时便可玩雪赏梅、吟诗作画，并燃上一轮小火炉，是多么的温暖而美好啊。

今年立冬后菊方盛开小饮

[宋] 陆游

胡床移就菊花畦，饮具酸寒手自携。
野实似丹仍似漆，村醪如蜜复如齑。
传芳那解烹羊脚，破戒犹惭擘蟹脐。
一醉又驱黄犊出，冬晴正要饱耕犁。

【译文】拿着小马扎坐到种植菊花的田畦边，酒具拿在手上有些冷。田野里的野果又红又黑，村里酿的酒又甜又辛辣。论香味哪比得上烹羊脚，手掰着螃蟹腹部，又感觉自己很惭愧，因为又破戒了。吃饱喝足，牵着小黄牛，趁着晴朗的冬天去耕地。

江村即事

[唐] 司空曙

钓罢归来不系船，江村月落正堪眠。
纵然一夜风吹去，只在芦花浅水边。

【译文】垂钓归来，却懒得把缆绳系上，任渔船随风飘荡；而此时残月已经西沉，正好安然入睡。即使夜里起风，小船被风吹走，大不了也只是停搁在芦花滩畔，浅水岸边罢了。

立冬夜舟中作

[宋] 范成大

人逐年华老，寒随雨意增。
山头望樵火，水底见渔灯。
浪影生千叠，沙痕没几棱。
峨眉欲还观，须待到晨兴。

【译文】随着时光的流逝，人也渐渐老去，冬夜的雨飘飘洒洒，带来丝丝寒意。雨夜里一切都看得不明显了，只有那山上的樵火还能看得清；而江水中也看不清其他事物，只见那渔灯的影子倒映在水面，熠熠生辉。雨打在江面上，激起了江中的浪花，江水冲到了岸边，没去了沙痕。诗人立于舟头本意是想看看远处的峨眉山夜景，但遇上这样的雨天要想看清楚远处的山景是不可能了，所以才说只有等到天亮了才能看到。

菊花

[唐] 元稹

秋丛绕舍似陶家，遍绕篱边日渐斜。
不是花中偏爱菊，此花开尽更无花。

【译文】一丛一丛的秋菊环绕着房屋好似到了陶渊明的家。绕着篱笆观赏菊花，不知不觉太阳已经快落山了。不是因为百花中偏爱菊花，只是因为菊花开过之后再无花可赏。

小雪

降温降雪，乱玉碎琼，寒蝉凄切，林寒涧肃，山寒水冷，朔风凛冽，雪窖冰天……

小雪

小雪是二十四节气中的第20个节气（十月中），常年为11月22日或23日，太阳到达黄经240°时，可见北斗星西沉，常刮东北风，气温渐降到0 ℃以下，黄河中下游地区一般情况下会出现初雪，但大地尚未过于寒冷，雪量不大，并且夜冻昼化，故称小雪。如果冷空气势力较强，暖湿气流又比较活跃的话，也有可能下大雪。在南方，小雪节气仍是秋收秋种的大忙季节，除收获晚稻外，秋大豆、秋花生、晚甘薯也都要相继收挖。注意御寒保暖，常晒太阳。

小雪三候　一候虹藏不见；二候天气上升，地气下降；三候闭塞成冬。气温降低，北方以降雪为主，南方虽下雨，但雨后彩虹已销声匿迹了；天空中阳气上升，地面的阴气下降，导致天地不通，阴阳不交，所以万物失去生机，天地闭塞而转入严寒的冬天。此节气常开的花有倒挂金钟（灯笼花）、木棉、枇杷等。

●感恩节：西方传统节日。1941年美国国会正式将每年11月第4个星期四定为“感恩节”。假期一般会从星期四持续到星期天。

小雪三候组图

◎西北地区

冬小麦分蘖期

冬马铃薯播种至发芽期

春马铃薯贮藏期

冬青稞播种出苗期

苹果树休眠期

◎西南地区

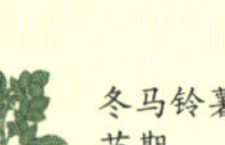
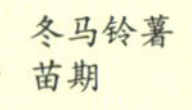

秋玉米收获期

冬玉米苗期

秋马铃薯淀粉积累期

冬马铃薯苗期

油菜苗后期

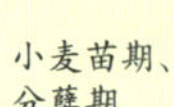

小麦苗期、分蘖期

蚕豆分枝期

节气农俗

御寒窖藏，温补冬养……

●腌寒菜：小雪节气，家家户户开始腌制、风干各种蔬菜（如白菜、萝卜）以及鸡鸭鱼肉等，延长蔬菜、肉类等的存放时间，以备过冬食用。

●腌香肠、腊肉：民间有“冬腊风腌，蓄以御冬”的习俗。小雪后气温急剧下降，天气变得干燥，是加工腊肉的好时候，到春节时正好享受美食。

●晒鱼干：小雪时台湾地区中南部海边的渔民会开始晒鱼干、储存干粮。

●白雪节：我国维吾尔族有传统节日“白雪节”，人们在第一场雪降落时举行庆祝活动，相互请客吃饭，朋友们相聚一方，歌舞欢乐至深夜。

腌寒菜

晒鱼干

腊肉

糍粑

刨汤

节令美食宜忌

●吃糍粑：在南方某些地方，还有农历十月吃糍粑的习俗。古时，糍粑是农民用来祭牛神的供品。

●吃刨汤：小雪前后，土家族朋友开始了一年一度的“杀年猪，迎新年”民俗活动。吃“刨汤”，是土家族的风俗习惯。用热气尚存的上等新鲜猪肉，精心烹饪而成的美食称为“刨汤”。

●宜补：温补助阳，适当摄入具有益气、养血、活血功能的食物，如羊肉、牛肉、鸡肉、红枣等。

●忌食：过多食用脂肪类食品易患高血压和高脂血症。

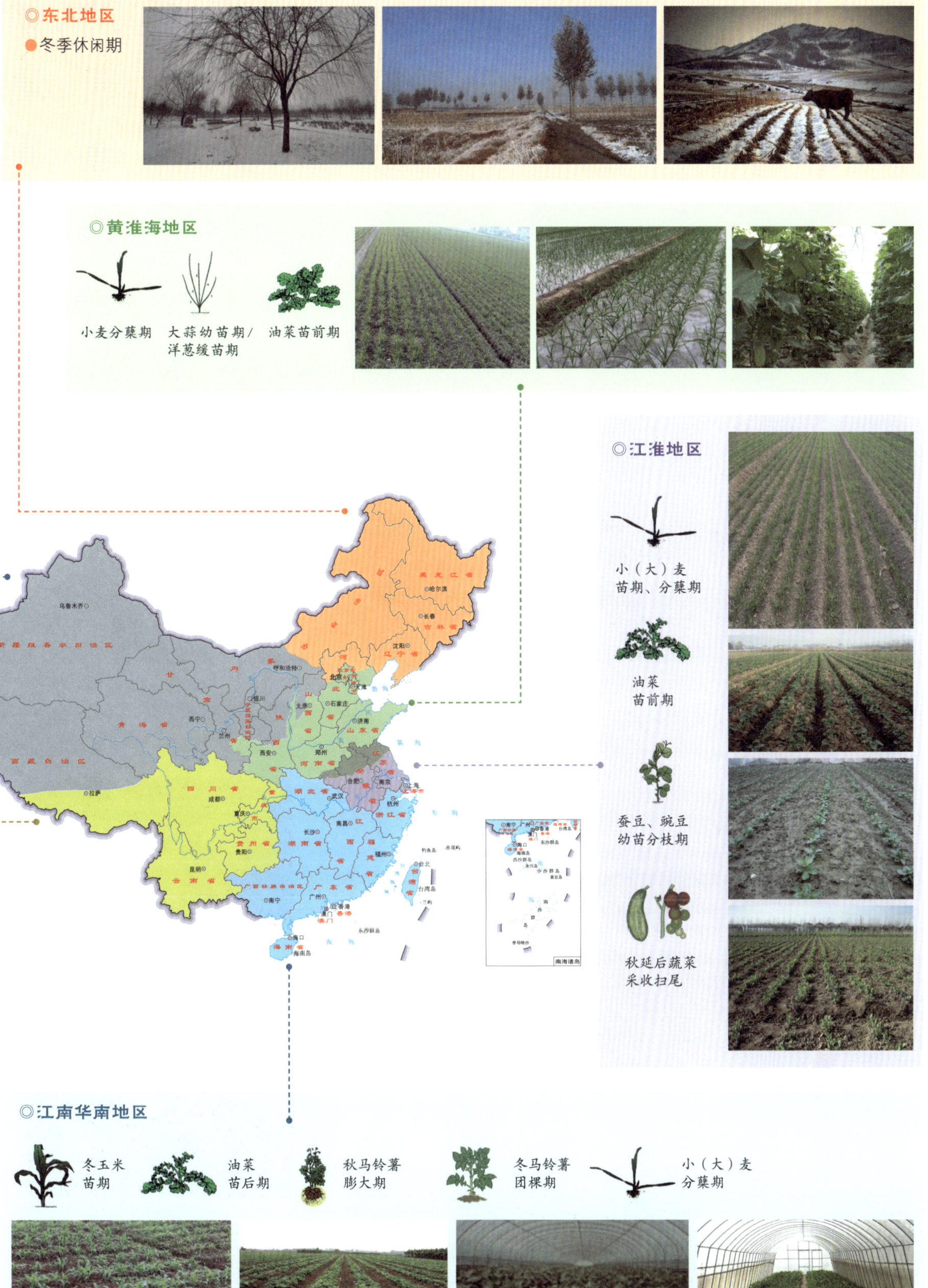

◎东北地区
●冬季休闲期
◎黄淮海地区
小麦分蘖期
大蒜幼苗期/洋葱缓苗期
油菜苗前期
◎江淮地区
小（大）麦苗期、分蘖期
油菜苗前期
蚕豆、豌豆幼苗分枝期
秋延后蔬菜采收扫尾
◎江南华南地区
冬玉米苗期
油菜苗后期
秋马铃薯膨大期
冬马铃薯团棵期
小（大）麦分蘖期

物种文化

河蟹

河蟹又名螃蟹、大闸蟹等，是我国特有的古老水生经济动物和千年来的美食。

◎**起源与传播：**河蟹祖先为一种海蟹，经数亿年的演变，逐步成为江海洄游的水生动物。20 世纪 70 年代，通过蟹苗放流，河蟹被传播到全国除西藏之外的各个省（区）。

◎**生产与应用：**1970 年以前，我国的河蟹产业完全依靠天然资源捕捞，1970 年开始进入蟹苗放流阶段，但到了 20 世纪 80 年代，河蟹产业被迫转向养殖。目前"种草放螺、调水稀放"的生态养蟹技术大面积推广，我国河蟹养殖产业发展迅速。

◎**衍生的文化现象与价值：**我国的河蟹美食起于晋隋，而盛于唐宋，发达于元、明、清，创新于近代，随着物质文明的进步和烹饪技术的发展，河蟹逐步进入了美食行列。古人历经千年积淀，形成了独特的吃蟹品蟹的民风民俗：一是讲究渔时，注重河蟹的质量；二是讲究氛围、环境、情趣；三是循序而吃，吃得干净。自 2002 年以来，江苏、安徽、辽宁等河蟹养殖重点省份先后举办了螃蟹节，吃蟹卖蟹与招商引资、观光旅游相融合，大力普及河蟹美食文化。

◎西北地区

冬小麦：越冬前抓紧冬前化除和冬灌。西北越冬持续时间长且冬季风大雨雪少，冬灌可以满足越冬期对水分的需要和预防春旱，也可提高地温 1~2 ℃，利于根苗生长和越冬。冬灌适宜在夜冻昼消时进行。

马铃薯：春马铃薯薯块处于预备休眠状态，呼吸旺盛，放热多，窖内温度、湿度高，应以通风散热为主。冬马铃薯播种发芽出苗，干旱地区要注意灌水。

冬青稞：苗期草害较重田块要根据天气情况适时进行化除。苗小苗弱的田块要及时追肥，追施总施氮量的 10%~15% 速效氮肥。

适时冬灌

中耕除草

小麦化除

◎西南地区

玉米：秋玉米采收。冬玉米育苗，选择靠近本田、避风向阳、土质疏松、排灌方便的地块作苗床，整地要求达到净、平，然后做成宽 1.2~1.6 米、高 20~25 厘米的畦，四周开好排水沟防苗床积水；用小拱棚或中拱棚塑料薄膜覆盖，小棚拱高 50 厘米、中拱棚高 180 厘米以保暖防水。

小麦：①注意土壤墒情变化，遇干旱及时浇灌，多雨季节注意疏通"三沟"排水降渍；②防治小麦红蜘蛛，进入分蘖期追施分蘖肥。

马铃薯：①早秋马铃薯苗黄开始收获上市；②晚秋马铃薯要加强晚疫病防治和拔除中心病株等管理；③冬马铃薯苗期查苗补缺、清理沟渠；④正在播种的冬马铃薯厚盖土、覆膜，防低温、霜冻。

油菜：①清沟沥水，排湿降渍，中耕除草兼追施提苗肥、垒苗脚壅土；②旺苗及时喷施多效唑化控，弱苗适时亩追尿素 5~6 千克，培育冬发壮苗；③暖冬防治菌核病和霜霉病；④防治菜青虫、地下害虫和蚜虫。

甜糯玉米采收

早秋马铃薯采收

秋马铃薯病害防治

防灾减灾

南方霜冻：当温度≤ 4 ℃时，马铃薯幼苗就易受到霜冻危害，严重时甚至造成植株萎蔫和死亡。

防御措施：对已出苗的田块要采取覆盖（地膜、稻草、草帘、席子、麻袋等遮盖物全田覆盖）、覆土、灌水、烟熏、喷施植物防冻剂等措施来防霜保温。

受霜冻影响的马铃薯

覆盖、灌水防霜冻

◎东北地区

蔬菜施肥

果树整枝

葡萄埋土防寒

蔬菜：越冬蔬菜追施腐熟有机肥、盖草保温防冻。

果树：冬耕清园，并整枝修剪、更新补缺、灭病虫。

畜禽：做好畜禽防寒工作，防止畜禽拉稀和呼吸道疾病的发生，确保安全越冬。

葡萄：埋土防寒，一般在土壤封冻前约 15 天，在气温接近 0 ℃、土壤尚未封冻时进行，11 月中下旬开始到 12 月初结束。埋土过早，植株未得到充分的抗寒锻炼，会降低葡萄植株的抗寒能力，加之土壤温度高，湿度大，芽眼易霉烂；埋土过晚，根系和枝芽易受到冻害。

◎黄淮海地区

小麦浇冬水

棉花拔柴

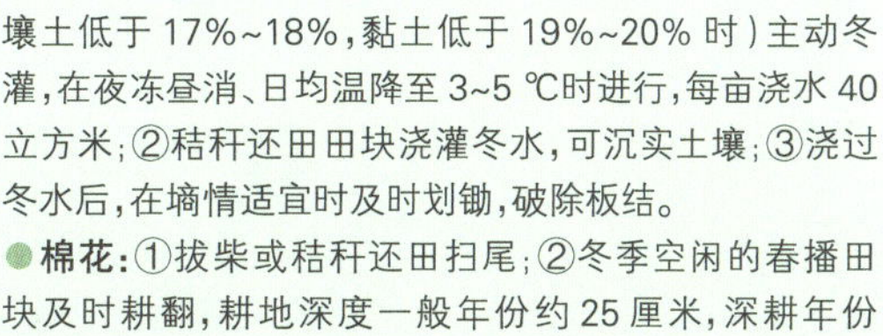

小麦：①土壤墒情不足（0~20 厘米土壤耕层相对含水量低于 60%，即土壤相对含水量沙土低于 15%~16%，壤土低于 17%~18%，黏土低于 19%~20% 时）主动冬灌，在夜冻昼消、日均温降至 3~5 ℃时进行，每亩浇水 40 立方米；②秸秆还田田块浇灌冬水，可沉实土壤；③浇过冬水后，在墒情适宜时及时划锄，破除板结。

棉花：①拔柴或秸秆还田扫尾；②冬季空闲的春播田块及时耕翻，耕地深度一般年份约 25 厘米，深耕年份 30~40 厘米，每 3~4 年进行一次深耕；③增施农家肥，每亩施腐熟圈肥 2 000~4 000 千克或腐熟鸡粪 400~1 000 千克。

大蒜、洋葱：在封冻前浇封冻水，露地大蒜覆盖牛马粪、碎草等保护幼苗安全越冬，洋葱覆盖地膜。

大棚蔬菜：增温补水补肥。

抓好畜禽饲养管理。

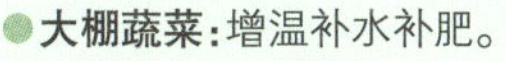

◎江淮地区

小麦：①冬前 4~5 叶期施促蘖（壮蘖）肥，亩用尿素 5.0~7.5 千克，弱苗早施；②早播和大播量麦田注意控旺，可喷施矮苗壮、矮壮丰、矮壮素等化控或采取镇压措施。

果树：保持果园清洁，清除枯枝、落叶、杂草，刮除翘皮病斑，剪除病虫枝条，涂白树干，防止日灼，减少冻害。

大棚蔬菜：增温补水补肥。

大棚草莓：开始采摘，依不同栽期可延续至翌年 5 月上旬。

棉花：①拔柴或秸秆还田扫尾；②增施农家肥，每亩施腐熟圈肥 2 000~4 000 千克或腐熟鸡粪 400~1 000 千克。

小麦施壮蘖肥

大棚草莓始摘

◎江南华南地区

马铃薯：①冬种田每亩追施约 10 千克尿素，然后中耕培土，促根、壮苗；②贮藏的马铃薯要时常检查，适时透气，不能把窖关闭太严，以防温度上升过高、湿度过大引起烂窖；③在不受冻害前提下尽量维持在较低的温度。

油菜：清沟沥水，补除杂草。早播旺苗及时化控，亩用 15% 多效唑可湿性粉剂 60 克兑水 45 千克均匀喷雾。暖冬防治菜青虫和蚜虫。迟播弱苗要适时亩追尿素 5~6 千克，培育冬发壮苗。

小（大）麦：① 3~4 叶期追施分蘖肥，亩施尿素 5.0~7.5 千克，弱苗早施、多施，旺苗少施、迟施。②旺苗 6 叶期用石磙镇压 1~2 次，控制茎叶旺长，促进分蘖发根。

油菜清沟沥水

马铃薯中耕培土

农谚

【气候】

节到小雪天下雪。
夹雨夹雪，无休无歇。
先下小雪有大片，先下大片后晴天。
小雪封地，大雪封河。
小雪节到下大雪，大雪节到没了雪。
小雪晴天，雨至年边。
小雪封地地不封，大雪封河河无冰。
冬冷皮，春冷骨。

【物候】

麦无二旺，冬旺春不旺。
小雪大雪不见雪，小麦大麦粒要瘪。
十月里来小阳春，下场大雪麦盘根。
小雪不砍菜，必定有一害。
小雪雪满天，来年必丰年。
小雪不收菜，光怕大雪盖。
小雪不起菜，就要受冻害。
小雪不见蚕豆叶，到老豆花不结荚。
江南三足雪，米道十丰年。
小雪不耕地，大雪不行船。

【农事】

小雪地能耕，大雪船帆撑。
到了小雪节，果树快剪截。
小雪收葱，不收就空。
小雪虽冷窝能开，家有树苗尽管栽。
小雪不把棉柴拔，地冻镰砍就剩茬。
时到小雪，打井修渠莫歇。
小雪到来天渐寒，越冬鱼塘莫忘管。
地不冻，犁不停。
莫道冬天闲，昼夜搞条编。
初冬积肥原料广，烂叶碎草挖坑塘。
小雪地不封，大雪还能耕。
继续浇灌冬小麦，地未封牢能耕掘。
麦子若冬旺，耘碳一齐上。
大小冬棚精细管，现蕾开花把果结。
小雪棚羊圈，大雪堵窟窿。

农诗

逢雪宿芙蓉山主人

［唐］刘长卿

日暮苍山远，天寒白屋贫。
柴门闻犬吠，风雪夜归人。

【译文】暮色已经降临，山色苍茫让人觉得路途更加遥远，天气十分寒冷，贫苦人民的茅草屋显得更加破旧。柴门外传来狗叫的声音，原来是芙蓉山主人披风戴雪归来了。

咏廿四气诗：小雪十月中

［唐］元稹

莫怪虹无影，如今小雪时。
阴阳依上下，寒暑喜分离。
满月光天汉，长风响树枝。
横琴对渌醑，犹自敛愁眉。

【译文】已是小雪时节，彩虹消失得无影无踪，天气开始寒冷。天空中的阳气向上，地面的阴气向下，阴阳不交，正如寒暑分开一般。月光清冷洒满天际，北风呼啸吹响树枝。如此天气使人情绪低落，抚琴饮酒都不能减轻一丝一毫的愁绪。

采凫茨

［宋］郑獬

朝携一筐出，暮携一筐归。
十指欲流血，且急眼前饥。
官仓岂无粟，粒粒藏珠玑。
一粒不出仓，仓中群鼠肥。

【译文】早上带着箩筐出门了，晚上装满一筐凫茈（野生荸荠）回来。十个手指因为抠荸荠都快流血了，只能靠它来救救眼下肚子饥饿的急。公家的粮仓里难道没有粮食吗？颗颗都藏得像珍珠一样，一颗都不让流出仓外来，把仓里的那群老鼠养得肥肥的。

小雪

［唐］戴叔伦

花雪随风不厌看，更多还肯失林峦。
愁人正在书窗下，一片飞来一片寒。

【译文】雪在风中翻飞，是让人看不够的，更多的雪飘到了更远处，消失在树林和山峦之间。在寒窗下苦读的士人，看着漫天飞舞的雪花，陷入了愁绪当中。一片飞来，一片寒，每一分寒意，都打到了他的心尖上。

清平乐·画堂晨起

［唐］李白

画堂晨起，来报雪花坠。
高卷帘栊看佳瑞，皓色远迷庭砌。
盛气光引炉烟，素草寒生玉佩。
应是天仙狂醉，乱把白云揉碎。

【译文】清晨刚刚起床来到堂舍，家丁来报外面已是雪花飘坠。高卷窗帘看瑞雪飘飞，白雪渐渐弥漫了庭阶。雪花狂舞的气势如炉烟翻腾，白色花草寒光闪闪挂一身玉一样。该不是天上的神仙喝醉了，胡乱把洁白的云彩揉碎了吧！

对雪

［唐］高骈

六出飞花入户时，
坐看青竹变琼枝。
如今好上高楼望，
盖尽人间恶路岐。

【译文】雪花飘舞着飞入了窗户时，我正坐在窗前，看着青青的竹枝因雪覆盖似白玉一般。此时正好登上高楼去远望，那人世间一切险恶的岔路都被大雪覆盖了。

小雪后书事

［唐］陆龟蒙

时候频过小雪天，江南寒色未曾偏。
枫汀尚忆逢人别，麦陇唯应欠雉眠。
更拟结茅临水次，偶因行药到村前。
邻翁意绪相安慰，多说明年是稔年。

【译文】一年一岁的小雪节气又到了，江南景色都一般无二。江南小雪之后，景色与秋天所差不多，江上丹枫，田间麦陇都还依旧。看着这美好的景象，我不禁想着在水边结一间茅屋，像魏晋名士那样，在服食药物之后为散发药性而来到村边。听到村中老翁们在感叹，瑞雪过后，明年一定是个丰收年啊！

山中雪后

［清］郑板桥

晨起开门雪满山，雪晴云淡日光寒。
檐流未滴梅花冻，一种清孤不等闲。

【译文】清晨起来，打开门看到的是满山的皑皑白雪。雪后初晴，白云惨淡，连日光都变得寒冷。房檐的积雪未化，院落的梅花枝条仍被冰雪凝冻。这样清高坚韧的性格，是多么不寻常啊！

东坡（其一）

［宋］苏轼

良农惜地力，幸此十年荒。桑柘未及成，一麦庶可望。
投种未逾月，覆块已苍苍。农父告我言，勿使苗叶昌。
君欲富饼饵，要须纵牛羊。再拜谢苦言，得饱不敢忘。

【译文】善于耕种的农夫重视地力，荒了几年的土地反而比较肥沃。桑拓还没有长成，一茬麦子丰收在望。种下没一个月，地里的苗已经墨绿苍翠了。农夫告诉我："不要让苗叶长得太旺盛。你要想粮食收成好，一定要让牛羊到田里去吃庄稼。"再三拜谢了农夫，为了吃得饱，不敢忘记农夫的忠言。

大雪

朔风吹雪，大雪纷飞，白雪皑皑，千里冰封，万里飘雪，冰冻三尺，冰天雪地，银装素裹，雪兆丰年……

大雪

大雪是二十四节气中的第21个节气（十一月节），常年为12月6—8日，太阳到达黄经255°时，天气更冷，最低温度降至0 ℃或以下。降雪的可能性和降雪量更大了，但江南地区尚未达到日均温3 ℃以下的入冬标准。江淮及以南地区的小麦、油菜仍在缓慢生长，要加强小麦、油菜等作物的田间管理。大雪是进补的好时节，素有“冬天进补，开春打虎”的说法。

大雪三候　一候鹖鴠不鸣；二候虎始交；三候荔挺出。天气寒冷，寒号鸟也不再鸣叫了；老虎感受到微微的阳气萌动，开始有求偶行为；荔挺草也因阳气所感而萌出新芽。此节气常开的花有仙客来、蟹爪兰、芦荻、一品红等。

大雪三候组图

●**“一二·九”运动纪念日**：12月9日。1935年12月9日，中国共产党在北京组织学生举行抗日游行活动。

●**南京大屠杀遇难同胞纪念日**：12月13日，又称南京大屠杀死难者国家公祭日。

●**澳门回归纪念日**：1999年12月20日0时，中葡两国政府在澳门文化中心举行行政权交接仪式，澳门回归祖国。以后将每年的12月20日定为澳门回归纪念日。

◎西北地区

冬小麦越冬期

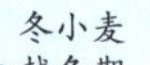

冬青稞越冬期

冬马铃薯萌芽期

春马铃薯贮藏期

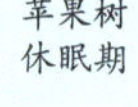
苹果树休眠期

◎西南地区

冬玉米苗期

油菜苗后期

秋马铃薯块茎膨大至成熟期

冬马铃薯苗期

冬小麦分蘖期

蚕豆分枝茎伸期

节气农俗

赏雪玩冰添乐趣……

祭牧神：我国滇西北泸沽湖地区的摩梭人自古流传着祭牧神节，于每年农历十一月十二日举行祭祀节日，此时正处于大雪时节。这一天，平时负责放牧的人更换新衣，主妇把最好的食物分给他们，借此慰问放牧人的劳苦。

腌腊肉：在南京有“小雪腌菜，大雪腌肉”的习俗。大雪节气一到，家家户户忙着腌制“咸货”，以迎接新年。

夜作纺织：大雪时节白天变短，夜晚变长，夜晚到来时，人们会纷纷进入自家的小作坊，在家中手工纺织，做刺绣，一直到深夜。

赏雪藏冰：人们往往都喜欢在冰天雪地里赏玩雪景、打雪仗。因进入酷寒低温时节，非常适宜冬季藏冰，等到天气热的时候使用。

冰灯

纺织

节令美食宜忌

吃羊肉：“冬天进补，开春打虎”，冬季是进补的好时节。大雪节气老一辈南京人进补最爱吃羊肉。羊肉具有驱寒滋补、益气补虚等功效，可以促进血液循环，增强人体御寒能力。

宜补：温补助阳，补肾壮骨，养阴益精。多食热粥，适当摄入富含蛋白质、维生素和易于消化的食物，如羊肉、牛肉、红枣、大白菜、白萝卜、橙子。

忌食：海鲜、油炸食品、烧烤、巧克力等。

开水白菜

糯米红枣百合粥

◎东北地区
冬季休闲期
◎黄淮海地区
小麦分蘖期（越冬期）
大蒜、洋葱幼苗期
油菜苗后期
◎江淮地区
小（大）麦分蘖期
油菜苗后期
蚕豆、豌豆
幼苗分枝期
◎江南华南地区
冬玉米
拔节期
油菜
苗后期
秋马铃薯
淀粉积累期
冬马铃薯
发棵期
小（大）麦
分蘖期

物种文化

番茄

番茄别名西红柿、洋柿子等。

◎**起源与传播**：番茄原产于南美洲安第斯山地区。番茄最初由印第安人传到墨西哥，16世纪由欧洲航海家传至意大利、西班牙、英国、法国等国，明末由欧洲或东南亚传入中国的山西、贵州、云南等地。

◎**生产与应用**：番茄作为蔬菜，可凉拌，可炒食，也可做汤，还可加工成番茄酱、番茄沙司、番茄汁等，同时番茄也是非常好的美容食品。番茄栽培面积最大的是人口最为集中的亚洲和欧洲。美国是世界上最大的番茄制品生产国和消费国。番茄现在我国普遍栽培，是重要的蔬菜作物和经济作物，据农业农村部统计，2011年中国番茄栽培面积1 350多万亩，已成为世界最大的番茄生产国。

◎**衍生的文化现象与价值**：番茄酱具有颜色鲜艳、细腻稠浓、味道酸甜的特点，使川菜调味中又增加了一种新的风味——茄汁味。番茄的营养保健作用在俗语中已有所体现，如“西红柿，营养好，貌美年轻疾病少”。

◎**西北地区**

● **冬小麦**：①部分地区在未封冻前继续灌冬水，如果地干又遇低温，叶片有可能全部被冻枯；②预防冻害，地膜小麦加强护膜，严防羊畜啃青和践踏。

● **马铃薯**：①气温下降，春夏马铃薯贮藏注意保暖，堵好窖门；②冬马铃薯齐苗后亩追施10千克尿素，中耕培土，促根、壮苗，灌好冬水，覆盖防止冻害。

● **冬青稞**：开始越冬，在未封冻前进行灌冬水。

● **畜牧**：①贮备足够的草料；②建设保畜暖棚，提供遮风避雨、干燥保暖、卫生的厩舍，保障冬春季以厩舍饲养为主；③搞好疾病预防免疫；④做好幼龄畜牧的保暖防寒工作，确保安全越冬。

小麦冻害调查

马铃薯窖藏

防灾减灾

● **南方秋冬低温冷害**：水稻　每年9—11月是我国南方晚稻抽穗、扬花、灌浆、成熟和收获的季节，如果出现秋季低温冷害，就会造成空壳、瘪粒，导致减产。低温冷害出现得越早、持续时间越长，温度越低则危害越重，严重时甚至造成晚稻失收。

玉米　南方玉米在灌浆期也易遭受冷害，当日平均气温降至20℃灌浆开始减慢，15～18℃为中等冷害，13～14℃为严重冷害。秋冬季冷害会导致玉米灌浆强度低、时间短，甚至不能正常成熟。

马铃薯　南方地区秋、冬季马铃薯易遭受0~15℃低温胁迫，如在发芽阶段温度低于4℃，芽萌发受抑制，温度长期处于5~7℃时，幼芽会形成极短的匍匐茎，顶端膨大形成小薯，严重影响出苗；苗期温度低于12℃时，植株能形成花芽但不能开放，低于7℃时茎叶停止生长；低温可使马铃薯块茎提早形成，低于7℃时块茎膨大缓慢。

防御措施：①因地制宜选用耐低温或早熟高产品种；②科学确定播种期并适期早播，使各生育阶段温度指标得到满足；③玉米和马铃薯可采取地膜覆盖或育苗移栽技术以提早播期；④水稻和玉米遇到低温时田间灌深水，以水调温缓解低温危害，马铃薯遇低温时可通过覆土、覆盖或喷施防冻剂来缓解危害；⑤增施磷肥、钾肥，起到壮苗、壮根的作用，提高抗（耐）低温的能力。

南方地区水稻受冷害导致空壳、瘪粒

◎**西南地区**

● **玉米**：机械耙田、整地、开墒，施肥、除草、覆膜、移栽。

● **小麦**：①3~5叶时选晴好天喷施麦田专用除草剂，视苗情施分蘖肥；②注意旱灌湿排，防治条锈病、蚜虫、红蜘蛛等。

● **马铃薯**：①秋马铃薯苗黄适时收获；②早冬马铃薯要加强苗期水肥管理和培土，雨后及时排水；③刚出苗的冬马铃薯查苗补缺，确保全苗；④正在播种的冬马铃薯厚盖土、覆膜，防低温、霜冻。

● **蚕豆**：①适期蹲苗促主根深扎入土、促须根发生与生长；②开沟排水控制土壤水分，促进根系下扎；③5叶左右及分枝期喷施一次0.2%钼酸铵或硼肥（50千克水溶液）可提高结实率与产量。

● **油菜**：①油菜进入缓慢生长期，促弱控旺除杂草，注意旱灌湿排，防治青虫和蚜虫及菌核病、霜霉病、根肿病等；②封行进入蕾薹期的田块，根据苗情可亩施尿素8~10千克、清粪水1 200~1 500千克作开盘肥。

地膜移栽玉米

秋马铃薯收获

油菜化除

◎东北地区

●兴修农田水利。

●**果树修剪原则:**①实施矮化宽行密植栽培;②适当轻剪、适度留枝充分利用果树自身调节能力;③去弱留强、集中营养;④以疏为主,少用短截手法;⑤培养单轴延伸的结果枝群;⑥用角度控制枝条。

●**畜禽:**特别要做好幼龄畜禽的保暖防寒工作,加强厩舍消毒,确保饲料充足,安全越冬。

●**人参:**继续室内催芽。

●**大棚蔬菜:**增温补肥。

◎黄淮海地区

适时冬灌

●**大蒜、洋葱等:**在未封冻前继续灌冬水。

●**北部小麦:**进入越冬期,清理农家有机肥,均匀撒施麦田,覆盖秸秆,增温保墒。

●**棉花:**一熟棉田、小麦(大蒜、洋葱等)田套种预留行,棉花苗床抓紧深翻,耕深约30厘米,以接纳冬春雨雪,熟化疏松土壤,减少病虫越冬基数,并施有机肥培肥。苗床选择靠近棉田、地势高爽、排灌方便、背风向阳、土壤肥沃的地方,按苗床与大田1:(30~40)的比例留足,并根据苗床面积堆沤熟化有机肥作为春季制钵肥使用,一般每亩需沤制200~300千克有机肥或土杂肥。

●冬季空闲的春播田块抓紧耕翻,施有机肥。

●果树整枝,大棚蔬菜增温补肥,畜禽保温防寒。

◎江淮地区

●**小麦:**①遇旱象(0~20厘米土壤耕层相对含水量低于60%)时,主动冬灌,在夜冻日消、日均气温达3~5 ℃时进行,尤其对秸秆还田的田块,浇灌越冬水可沉实土壤。②对小苗、弱苗增施苗肥促长。旺苗化控,喷施多效唑或"春泉矮壮丰"等,或麦田镇压。

●**油菜:**冬前主动化控1次,控上促下、控旺促弱。

●清理农家有机肥,均匀撒施麦田、油菜田等,覆盖秸秆,增温保墒。油菜、蚕豆等中耕培土、壅根防冻。

●**畜禽:**提高饲料中能量的供给,补充人工光照,以保证其正常的生产性能。

冬菜窖藏或埋藏

蚕豆壅根防冻

小麦追肥

◎江南华南地区

●**油菜:**①保暖防冻,确保全苗越冬,主要措施有中耕培土、疏松土壤、增厚根系土层等;②在油菜行间用稻草、谷壳或其他作物秸秆覆盖,既可防寒保暖,又可提供油菜春后的养分。

●**马铃薯:**进入发棵期后茎叶生长较快,以追施氮肥为主,每亩施入15~20千克尿素或碳酸氢铵40~50千克,追肥后浇水。

●**冬玉米:**中耕追肥。在8~10展叶期结合行间中耕深松进行第1次追肥和化控,亩施纯氮7.5~10.0千克(占总氮肥的30%),喷施"玉黄金"等控制株高和节间长度,防倒、防空秆、防秃尖。

●**小麦:**南方麦区没有明显的越冬期,小麦冬季仍缓慢生长,农事活动主要是清沟理墒、浇水抗旱、镇压控旺及防冻。

油菜中耕培土

小麦浇水抗旱

玉米中耕追肥

农谚

【气候】

大雪不冻倒春寒。
大雪不寒明年旱。
大雪不冻，惊蛰不开。
大雪冬至后，篮装水不漏。
寒风迎大雪，三九天气暖。
冬天骤热下大雪。
大雪晴天，立春雪多。
下雪不冷融雪冷。
大雪下雪，来年雨不缺。

【物候】

瑞雪兆丰年，积雪如积粮。
大雪小雪雪满天，来年准是丰收年。
大雪半融加一冰，来年病虫发生轻。
冬无雪，麦不结。
冬雪一层面，春雨满囤粮。
大雪纷纷落，明年吃馍馍。
麦盖三层被，头枕馍馍睡。
今冬麦盖雪花被，来年枕着馍馍睡。
今年的雪水大，明年的麦子好。
冬雪消除四边草，来年肥多害虫少。
大雪三白，有益菜麦。
今冬大雪落得早，定主来年收成好。
今冬大雪飘，来年收成好。

【农事】

划锄镇压冬小麦，有的年份麦能浇。
麦田盖上土杂肥，提倡麦田来浇尿。
冬季积肥不要忘，修畜禽舍把温保。
趁着土地未封固，抓紧冬耕至重要。
大雪冬至雪花飘，兴修水利积肥料。
葱怕雨淋蒜怕晒，大堆里头烂白菜。
要想白菜不烂，经常翻垛倒换。
冬天不护树，栽上保不住。
冬天把粪攒，来年好种田。
定时、定量，先草后料，少给勤添。
天气渐寒，畜舍堵严。

农诗

雪

[唐] 罗隐

尽道丰年瑞，丰年事若何。
长安有贫者，为瑞不宜多。

【译文】 都说瑞雪兆丰年，丰年情况又如何？在长安还有许多饥寒交迫的人，即使是瑞雪，也还是不宜多下。

溪兴

[唐] 杜荀鹤

山雨溪风卷钓丝，瓦瓯篷底独斟时。
醉来睡着无人唤，流到前溪也不知。

【译文】 在一条僻静的深山小溪上，有一只小船，船上有一位垂钓者。风雨迷茫，他卷起钓丝，走进篷内，拿出盛酒的瓦罐，面对着风雨自斟自饮；饮醉了倒下而睡，无人打扰，小舟任风推浪涌。待他醒来时，发现船儿已经从小溪的上游漂流到小溪的下游了。

江雪

[唐] 柳宗元

千山鸟飞绝，万径人踪灭。
孤舟蓑笠翁，独钓寒江雪。

【译文】 所有的山上，飞鸟的身影已经绝迹，所有道路都不见人的踪迹。江面孤舟上，一位披戴着蓑笠的老翁，独自在大雪覆盖的寒冷江面上垂钓。

雀劳利歌辞

《乐府诗集》

雨雪霏霏，雀劳利。长嘴饱满，短嘴饥。

【译文】 雨雪纷纷下着，鸟雀们到处辛苦地觅食。长嘴的鸟雀吃得饱饱的，而短嘴的鸟雀却还是很饥饿。

雪晴晚望

［唐］贾岛

倚杖望晴雪，溪云几万重。
樵人归白屋，寒日下危峰。
野火烧冈草，断烟生石松。
却回山寺路，闻打暮天钟。

【译文】 正值雪后，天已放晴，倚着手杖向远处眺望。溪水清澈，倒映着天空鱼鳞般的云朵，厚厚万重，幻化出千姿百态。远处，砍柴人背着刚砍伐的木材回到白雪覆盖下的茅舍。寒冽的空气伴随着夕阳映照着山峰，显得更加雄奇。远处山冈上，野草正在燃烧，使得烟雾在石松之间断断续续地升起。远处传来寺庙清脆的晚钟声，这回寺的路就在脚下，暮游之余，雪景也已欣赏，犹感倦意，也该原路返回了。

雪梅．其一

［宋］卢梅坡

梅雪争春未肯降，骚人搁笔费评章。
梅须逊雪三分白，雪却输梅一段香。

【译文】 梅花和雪花都认为各自占尽了春色，谁也不肯服输。难住了诗人，难写评判文章。说句公道话，梅花须逊让雪花三分晶莹洁白，雪花却输给梅花一段清香。雪和梅一起写很常见，作者切入的角度是两者为了争春而互不相让，后两句话也写出了作者的真正意思，借雪梅的争春，告诫我们人各有所长，也各有所短，要有自知之明。取人之长，补己之短，才是正理。

终南望余雪

［唐］祖咏

终南阴岭秀，积雪浮云端。
林表明霁色，城中增暮寒。

【译文】 遥望终南山，北山秀丽，皑皑白雪，像漂浮在云间。雪后初晴，林梢之间闪烁着夕阳余晖，使得长安城内又添了几分寒意。

夜雪

［唐］白居易

已讶衾枕冷，复见窗户明。
夜深知雪重，时闻折竹声。

【译文】 实在是惊讶今夜太过寒冷，被子枕头竟然都是冰凉的。又看到了窗户非常明亮，这是窗外厚厚的白雪反射的光亮。夜色已深时还能知道雪下得很大，因为时不时可以听到雪把竹子压折的声音。

冬至

节气景物·农时动态

日南至极，日短之至，数九之始，漫天飞雪，踏雪寻梅，山意冲寒，阳气始生……

冬至

冬至是二十四节气中的第22个节气，常年为12月21—23日，太阳到达黄经270°（冬至点）时，北半球白昼最短，开始进入“数九”寒冷天，即人们常说的“进九”。此时西北高原的日平均气温普遍在0 ℃以下，南方地区也只有6~8 ℃。冬至前后是兴修水利、大搞农田基本建设、积肥造肥的大好时机，同时要施好腊肥，做好防冻工作。“冬至大如年”，有祭天祭祖的习俗，北方地区有吃饺子的风俗。

冬至三候　一候蚯蚓结；二候麋角解；三候水泉动。冬至天气寒冷，阴气强盛，土中的蚯蚓蜷缩着身体；麋角朝后生长，感阴而生、感阳而解，冬至一阳生，麋角因此而解；由于阳气初生，故山中的泉水可以流动。此节气常开的花有腊梅、红掌、鸡冠花、朱顶红等。

小雪三候组图

●**冬至节**：冬至既是二十四节气之一，也是中国的一个传统节日，亦称冬节、交冬，有“冬至大如年”的说法。古时宫廷和民间历来十分重视，从周代起就有祭祀活动。闽台一带外出谋生的人都要在冬至节时赶回家乡过年，表示年终有归宿。

●**圣诞节**：12 月 25 日。圣诞节是西方的一个宗教节，因为把它当作耶稣的诞辰来庆祝，故名“耶诞节”，12 月 24 日为“平安夜”。

◎西北地区

冬小麦越冬期

冬青稞越冬期

冬马铃薯苗期

春马铃薯贮藏期

苹果树休眠期

节气农俗

冬至大如年……

●**冬除**：冬至是二十四节气中很受重视的一个大节，历来有“冬至大如年”“过小年”之说。冬至前一天和除夕类似，称为“冬除”。

●**祭天、祭祖**：冬至最重的习俗是祭祀，包括祭天和祭祖。明、清两代皇帝均有祭天大典，谓之“冬至郊天”。

●**北方饺子馄饨、南方汤圆糕团**：我国北方地区有冬至日吃饺子的习俗，相传医圣张仲景用羊肉和驱寒药材以及面皮包成像耳朵的样子，做成“驱寒娇耳汤”施舍给百姓御寒防冻。南方地区则流传着冬至吃汤圆或吃冬至团的习俗，取其团圆的意思。

◎西南地区

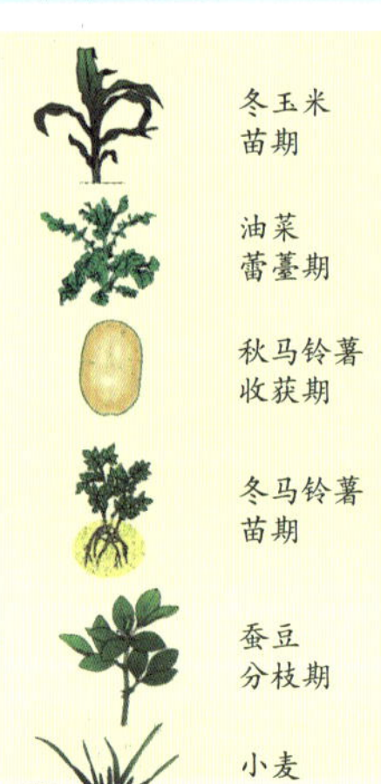

吃饺子

祭天

节令美食宜忌

●**节气食俗**：各地冬至食俗因地制宜，如山东滕州的羊肉汤，福建闽南的姜母鸭，以及江南的赤豆糯米饭，浙江宁波的番薯汤果、台州的擂圆、嘉兴的桂圆烧蛋，江西的麻糍，安徽合肥的冬至面，江苏苏州的冬酿酒，等等。

●**饮食宜忌**：多温补，少寒凉；多样化，少辛辣；多清淡，少肥腻。宜食羊肉、牛肉、萝卜、土豆、山药、猕猴桃、龙眼、苹果等；忌食螃蟹、海带、西瓜、柿子、甘蔗等。

番茄牛腩

羊肉炖萝卜

◎东北地区
冬季休闲期
◎黄淮海地区
小麦
越冬期
果树
休眠期
大蒜、洋葱
幼苗期
油菜
苗后期
◎江淮地区
小（大）麦
越冬期
油菜
苗后期
蚕豆、豌豆
幼苗分枝期
大棚草莓
开花期
◎江南华南地区
油菜
蕾薹期
冬马铃薯
结薯期
冬玉米
喇叭口期
秋马铃薯
收获期

物种文化

大白菜

大白菜别名结球白菜、黄芽菜、包心白菜等。

◎起源与传播：白菜原产于中国，是中国特产蔬菜之一。早在元末明初已有了花心白菜栽培的明确记载，忽思慧在《饮膳正要》中描绘了白菜的形态，且直接称其为白菜；朝鲜在17、18世纪就开始引种，大约19世纪初传入日本；第二次世界大战前后，东南亚各国相继引入栽培；后逐渐传入欧洲。

◎生产与应用：大白菜含有多种维生素和钙、磷等矿质营养以及大量粗纤维，是非常好的健康蔬菜，也是我国栽培面积最大、产量最高的蔬菜作物。山东、河北、河南3省是我国目前大白菜的主产区和重要的商品基地。

◎衍生的文化现象与价值：大白菜营养丰富且物美价廉，民间常常把物价便宜称之为"白菜价"。它在中国人的餐桌上占据着很重要的地位，是名副其实的家常食材，素有"菜中之王"的美誉。同时白菜还有着很高的艺术价值，玉白菜——用玉石雕琢的白菜，有着招财、聚财、发财的寓意，还有"摆财"之意，是富贵人家的一种象征，是彰显财富的代表。

◎西北地区

冬小麦、冬青稞：越冬期严防羊畜啃青和践踏。

马铃薯：春夏薯定期检查，防止染病。冬马铃薯越冬期防冻害。

蔬菜：春节前后上市的大棚蔬菜要及时补肥补水、保花保果，及时采摘。

果树：果实采收后及时清理果园，收集枯枝、落叶、烂果、杂草，集中深埋，消灭大量越冬病菌及害虫，并对果园深翻，施有机肥改良土壤。

大棚番茄：①整地施肥。清洁田园，深翻细耙，底肥深沟集中施，沟内亩施农家肥1.0~1.5吨。②合理密植。亩保苗数1 800~2 000株，国内品种约3 500株。③保花保果。开花期通过振动植株或摇动花序辅助授粉。④增温保温。定植初期白天温度控制在20~30 ℃，缓苗后白天20~25 ℃，夜间约15 ℃。⑤弱光补偿光照。

马铃薯窖藏病害检查

清理果园

大棚番茄定植

◎西南地区

玉米：每亩用腐熟农家肥1 500千克及复合肥50千克混合，均匀撒施于畦面或墒面，喷施除草剂，地膜覆盖。3叶离乳前移栽（不超过5叶1心），分级、定向、错窝移栽，苗带营养土一起入坑，栽后用细土封严。

油菜：田间除草、防治病虫害，及时补施腊肥，每亩700~800千克腐熟农家肥，配施10~15千克过磷酸钙，注意抗旱浇水、清沟排湿、防冻保苗。

马铃薯：冬马铃薯加强苗期水肥管理和培土，雨后及时排水。

蚕豆：①中耕除草；②生长瘦弱的田块每亩追施5~7千克尿素；③挑治点片发生的蚜虫；④干旱时适当灌水；⑤用15%粉锈宁50克兑水50千克喷施防治锈病；⑥防御霜冻。

小麦：①进入缓慢生长期，注意抗旱除湿、防低温冻害；②对旺苗喷施生长抑制剂（如矮壮素）控旺防倒；③注意查治蚜虫、红蜘蛛。

玉米灌水

玉米追肥

小麦化控

防灾减灾

冬季连阴雨：冬季连阴雨对农业生产影响主要表现为3个方面：一是降水过多造成农田湿、渍害；二是日照偏少，不利于光合作用，作物长势弱；三是温度过低，一些生长作物积温不足，出现病虫害。

防御措施：①及时开沟排水，增加土壤透气性，防止渍害发生；②做好查苗补苗工作；③及时加固温室大棚棚架和畜禽舍等设施。

清沟理墒

◎东北地区

- 冬季农闲时期，正是兴修水利、增积肥料的好时机。
- 采用大棚多层覆盖技术周年生产茼蒿、生菜、小白菜等提高种植效益。
- **畜禽：**①贮备足够的草料；②建设保畜暖棚，提供遮风避雨、干燥保暖、卫生的厩舍，保障冬春季以厩舍饲养为主；③搞好疾病预防免疫；④做好幼龄畜禽的保暖防寒工作，确保安全越冬。
- **蔬菜：**春节前后上市的大棚蔬菜要及时补肥补水、保花保果，及时采摘。

兴修水利

大棚覆盖防冻

畜禽防疫

◎黄淮海地区

果园消毒

冬季加强农田基本建设

大棚蔬菜追肥

- 越冬蔬菜追施腐熟有机肥、盖草保温防冻。
- **果树、桑树：**冬耕清园并整枝修剪、更新补缺、灭病虫。
- **畜禽：**做好畜禽保温防寒工作，防止畜禽拉稀和呼吸道疾病的发生，确保安全越冬。
- **小麦：**黄淮海中南部小麦进入越冬期，在封冻前，灌封冻水。
- 冬季空闲的春播田块在封冻前，抓紧耕翻冻垡，施有机肥，熟化土壤。

◎江淮地区

- **小（大）麦：**进入越冬期，若遇暖冬年份，冬季仍缓慢生长，宜采取清沟理墒、培土壅根、增施有机腊肥等覆盖防冻措施，对旺长麦苗进行镇压或化控等措施。
- **油菜：**旺苗（叶柄长比叶长多 0.5 厘米以上，缩茎段伸长 2 厘米以上）喷施多效唑、烯效唑等。冬季若薹高约 30 厘米，则可摘除薹尖约 15 厘米作为菜用，并增施复合肥促分枝再长。
- **越冬蔬菜：**追施薄粪水、盖草保温防冻。
- **果树、桑树：**冬耕清园并整枝修剪、更新补缺、灭病虫。
- **畜禽：**做好畜禽防疫和防寒保温工作，防止畜禽拉稀和呼吸道疾病的发生，确保安全越冬。

大棚蔬菜盖草防冻

畜禽防疫

◎江南华南地区

- **马铃薯：**秋、冬马铃薯做好防冻、防病工作，春马铃薯、双季稻三熟水旱轮作种植模式中，马铃薯采用免（旋）耕盖草覆膜栽培方法，包括品种选择、整地、施肥、种薯处理、播种盖草覆膜、田间管理、适时收获等技术要领。
- **油菜：**看苗补施腊肥，一般每亩施土杂肥 1 200~1 500 千克或腐熟的猪牛粪肥 700~800 千克，配施过磷酸钙 10~15 千克。缺氮过早的落黄苗，亩加施腐熟的人粪尿 400 千克或尿素 5~6 千克。结合中耕进行培土压蔸，防冻保苗。

油菜补施腊肥

马铃薯覆膜栽培

小麦浇水抗旱

农谚

【气候】
吃了冬至面，一天长一线。
冬至出日头，正月冻死牛。
冬至有雨明春暖。
冬至南风百日阴。
冬至西北风，来年干一春。
冬至始打霜，夏至干长江。
冬至有霜年有雪。
阴过冬至晴过年。
冬至一场雪，夏至水满江。
不到冬至不寒，不到夏至不热。
晴冬至，年必雨。
冬至暖，冷到三日中；冬至冷，明春暖得早。
冬至黑，过年疏；冬至疏，过年黑。

【物候】
冬至天气晴，来年果木成。
大雪兆丰年，无雪要遭殃。
雪盖山头一半，麦子多打一石。
雪在田，麦在仓。
冬无雪，麦不结。
今年麦子雪里睡，明年枕着馒头睡。
冬至过，地皮破。
冬天的黑菜赛羊肉。
冬至大如年。
冬至多风，寒冷年丰。
冬至天气晴，来年百果生。
冬至强北风，注意防霜冻。

【农事】
大雪忙压土，冬至压麦田。
冬暖要防春寒。
入了九，背粪篓。
勤攒尿，多积灰，长好庄稼不吃亏。
冬畜不瘦，春耕不愁。
牛棚猪圈，补修保暖。
入九不加料，开春难上套。
冬至当日归三刻，拙女多纳三针线。
薯菜窖，要盖好，预防冻害第一条。

农诗

冬至日独游吉祥寺

［宋］苏轼

井底微阳回未回，萧萧寒雨湿枯荄。
何人更似苏夫子，不是花时肯独来。

【译文】冬至时阳气将要回升还未回升，寒雨下个不停，把枯黄的草木都打湿了。以牡丹之盛闻名天下的名刹，此时无人游览，又有谁会像我一样在这不是赏花时节有独游寺院的雅兴呢！

满江红·冬至

［宋］范成大

寒谷春生，熏叶气、玉筒吹谷。新阳后、便占新岁，吉云清穆。休把心情关药裹，但逢节序添诗轴。笑强颜、风物岂非痴，终非俗。

清昼永，佳眠熟。门外事，何时足。且团栾同社，笑歌相属。著意调停云露酿，从头检举梅花曲。纵不能、将醉作生涯，休拘束。

【译文】虽是寒冬季节，山谷里却早已萌生了春意，蕙草初生新叶的香气就像袅袅的笛音若有若无地在山谷里弥漫开来。明天早晨的太阳升起后就可占候新一年的年景了，明年肯定是丽日纤云、天气清和的好年景。不要把所有的心思都放在病痛上，每到冬至节气时应该赋新诗。我这不是强颜欢笑，而是为大自然的造化所陶醉，可惜我终究不能免俗。白昼就那么长，我的睡眠已足。但门外的事情什么时候才能让人称心如意？还是和志同道合的友人团聚在一起，大家一同欢歌笑语吧。我们一起精心调制好酒，仔细检索梅花曲谱。就算不能天天醉生梦死，也不必太过拘束。

辛酉冬至

［宋］陆游

今日日南至，吾门方寂然。
家贫轻过节，身老怯增年。
毕祭皆扶拜，分盘独早眠。
惟应探春梦，已绕镜湖边。

【译文】冬至节到了，家里无客人来往，家门口很寂静。家中贫穷，把过节看得很轻，自己年老体病很怕岁数增长。全家祭拜祖先后，吃过晚饭，就早早地各自睡觉了。在梦中梦到春天来到，已绕着镜湖边散步了。

小至

［唐］杜甫

天时人事日相催，冬至阳生春又来。

刺绣五纹添弱线，吹葭（jiā）六琯（guǎn）动浮灰。

岸容待腊将舒柳，山意冲寒欲放梅。

云物不殊乡国异，教儿且覆掌中杯。

【译文】天时人事，每天变化得很快，转眼又到冬至了，过了冬至白日渐长，天气日渐回暖，春天即将回来了。刺绣女工因白昼变长而可多绣几根五彩丝线，吹琯的六律已飞动了葭灰。堤岸好像等待腊月的过去，好让柳树舒展枝条，抽出新芽，山也要冲破寒气，好让梅花开放。我虽然身处异乡，但这里的景物与故乡的没有什么不同之处，因此，让小儿斟上酒来，一饮而尽。

冬至宿杨梅馆

［唐］白居易

十一月中长至夜，三千里外远行人。

若为独宿杨梅馆，冷枕单床一病身。

【译文】在冬至的夜晚中，孤身一人在三千里外远行。独自住在杨梅馆，只有冰冷的枕头和一张单人床，唯一伴随的只有一身的病痛。

邯郸冬至夜思家

［唐］白居易

邯郸驿里逢冬至，抱膝灯前影伴身。

想得家中夜深坐，还应说着远行人。

【译文】居住在邯郸客栈的时候正好是冬至节，而我只能抱膝坐在灯前，与自己的影子相伴。想到家中亲人今日也会相聚坐在一起，还应该会谈论着我这个离家在外的人。

冬至夜怀湘灵

［唐］白居易

艳质无由见，寒衾不可亲。

何堪最长夜，俱作独眠人。

【译文】心中思念多年却没办法相见，棉被冰冷简直无法挨身。怎能忍受得了这一年中最长的寒夜，更何况你我都是孤独失眠的人。

至后

［唐］杜甫

冬至至后日初长，远在剑南思洛阳。

青袍白马有何意，金谷铜驼非故乡。

梅花欲开不自觉，棣萼一别永相望。

愁极本凭诗遣兴，诗成吟咏转凄凉。

【译文】冬至之后，白天渐长而黑夜渐短。我在遥远的成都思念着洛阳。我在严武的幕府中志不自展，成都虽也有如金谷、铜驼一类的胜地，但毕竟不是故乡。梅花正含苞欲放，我不自觉地想起我洛阳的兄弟朋友。愁闷极了，本想写诗来排愁，没想到越写越凄凉了。

冬至

［宋］朱淑真

黄钟应律好风催，阴伏阳升淑气回。

葵影便移长至日，梅花先趁小寒开。

八神表日占和岁，六管飞葭动细灰。

已有岸旁迎腊柳，参差又欲领春来。

【译文】黄钟律管应合历象，和风催动，阴气下伏，阳气上行，暖气回升。葵影移动，白天渐长，梅花在小寒时节就要盛开了。八方之神的卦象都占得明年是好年景，地气升腾，律管中的葭灰被地气吹动。岸边迎腊月的柳树，长短不一的枝条将绿，要引领春天到来。

天气严寒，滴水成冰，寒气凛凛，浅苞纤蕊，凄凄岁暮风，翳（yì）翳经日雪……

小寒

小寒是二十四节气中的第23个节气（十二月节，腊月节），常年为1月4—7日，是指太阳位于黄经285°时，开始进入一年中最寒冷的日子，大风降温多雨雪，北方地区大部分农作物基本停止生长，农事活动较少。小寒时节正是果木受害最严重的时期，主要应做好防寒工作。小寒一过，就进入出门冰上走的“三九天”了。而南方地区冬暖显著，0 ℃以下的低温并不多见。

小寒三候　一候雁北乡；二候鹊始巢；三候雉始雊。大雁已经悄然感知阴阳逆转，阳气即将回升，便开始自南往北飞回故乡；5 天后喜鹊在严寒之时就感知阳气萌动而开始筑巢，准备繁育后代；再过 5 天，野鸡感阳气而出，开始鸣叫求偶。此节气对应的花信为梅花、山茶、水仙。

小寒三候图

●**腊八节**：指农历腊月（十二月）初八，是年终的祭祀性节日之一，用来祭祀祖先和神灵、祈求丰收和吉祥的节日。相传这一天也是佛教创始人释迦牟尼在佛陀耶菩提下成道并创立佛教的日子，故又被称为“佛成道节”。

◎西北地区

冬小麦越冬期

冬青稞越冬期

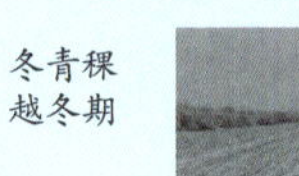

冬马铃薯苗期

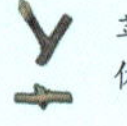

苹果树休眠期

节气农俗

驱寒保暖迎新年……

- 驱寒保暖，是腊八节习俗之目的；慈悲，便是腊八节最该有的境界。
- **户外锻炼**：适当进行慢跑、跳绳、踢毽、滚铁环、斗鸡等运动，以暖和身体、通畅血脉、增强体质。
- **探梅访梅**：小寒节气，蜡梅已开，红梅含苞待放，赏玩梅景，孤雅幽香，神智清爽。
- **冰戏**：我国北方冰期长久，冰上行走皆用爬犁，或由马拉，或由狗牵，或由乘坐的人手持木杆如撑船般划动前行，也有穿冰鞋在冰面上竞走玩耍的，古代称为“冰戏”或“冰嬉”。
- 开始置办年货迎新年。

滚铁环

置办年货

◎西南地区

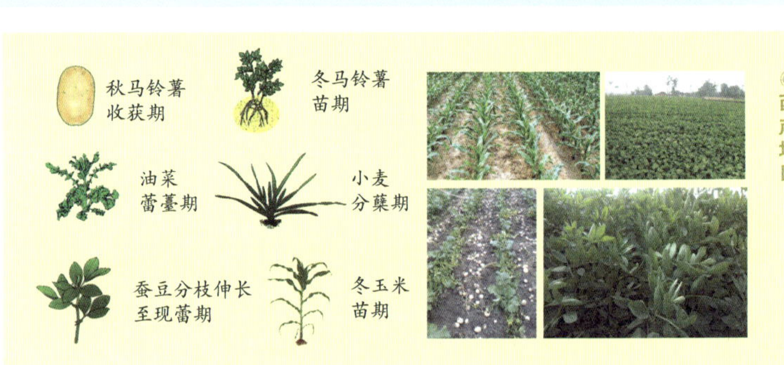

节令美食宜忌

- **腊八粥**：又称“七宝五味粥”“大家饭”等，最早始于宋代，腊月初八这天不论是朝廷、寺院还是黎民百姓家，都要用红枣、核桃、红豆、小米等（最好不少于八样）熬成咸淡各异、活色生香的粥品，自食或赐、发大众和僧侣食用。

腊八粥

- **腊八面**：中国北方特别是陕西关中地区，稻米稀少，人们用果、蔬做成臊子，擀好面条，到腊月初八早晨全家吃腊八面。

腊八面

- **腊八蒜**：华北大部分地区在腊月初八这天有用醋泡蒜的习俗，小坛封严，至除夕启封。腊八蒜蒜瓣湛青翠绿，蒜辣醋酸香溶在一起，扑鼻而来，是吃饺子、拌凉菜的美味佐料。
- **腊八豆腐**：安徽黟县民间风味特产，在腊月初八前后，家家户户都要晒制豆腐。
- **其他**：南京有煮菜饭吃的习俗；广州则把炒熟的腊肉、腊肠、花生米等拌在糯米饭里吃；天津有吃黄芽菜之俗。
- **小寒进补，减甘增苦**：小寒因处隆冬，土气旺，肾气弱，因此，饮食方面宜减甘增苦，凉热搭配，补心助肺，调理肾脏。忌食或少食性寒凉的中药及各种黏硬、寒凉食物。

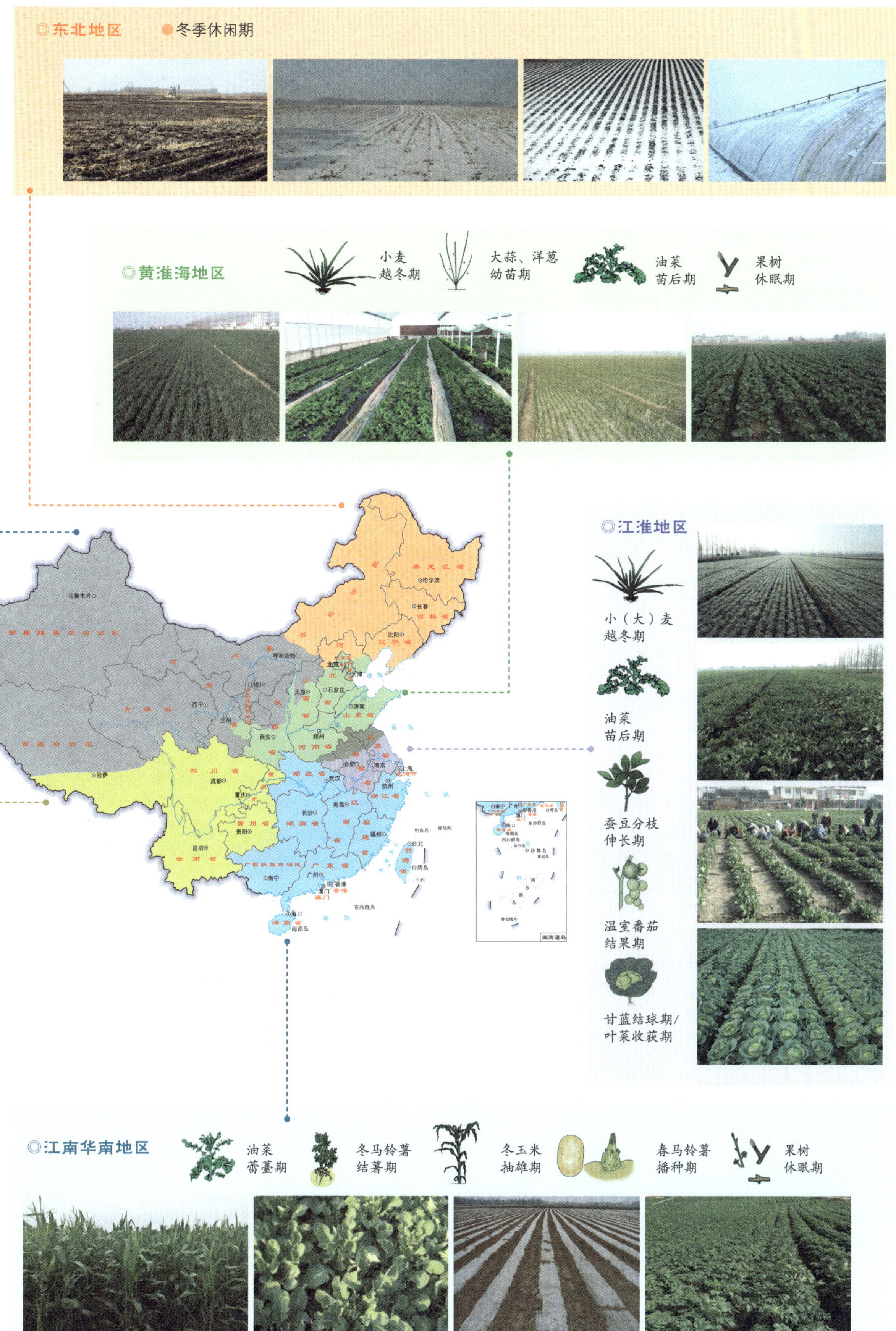

◎东北地区
冬季休闲期
◎黄淮海地区
小麦
越冬期
大蒜、洋葱
幼苗期
油菜
苗后期
果树
休眠期
◎江淮地区
小（大）麦
越冬期
油菜
苗后期
蚕豆分枝
伸长期
温室番茄
结果期
甘蓝结球期/
叶菜收获期
◎江南华南地区
油菜
蕾薹期
冬马铃薯
结薯期
冬玉米
抽雄期
春马铃薯
播种期
果树
休眠期

物种文化

猪

猪是地球上与人类关系最密切的动物之一。

◎**起源与传播:**早在4 000万年前,猪科动物在欧洲出现。我国是世界上最早把野猪驯化为家猪的国家之一,浙江余姚河姆渡新石器文化遗址出土的陶猪,其图形与家猪形体十分相似,说明早在母系氏族公社时期,对猪的驯化已具雏形。

◎**生产与应用:**全世界猪的品种有300种左右,中国有近100种,二花脸、梅山猪以繁殖性能高蜚声世界。猪肉在全世界人们的各种肉类消费中,所占比例最高,约占40%。猪肉是我国人民主要的肉食来源,占日常肉类消费的60%以上。全球猪肉贸易每年约为700万吨。

◎**衍生的文化现象与价值:**在早期的神话中,猪是云神、雨神、河神、雷神,遇到干旱,人们敬神求雨。猪象征勇武、刚烈、坚毅的豪杰精神,还是吉利、喜庆、福气的象征。天津一些地方至今流行着贴"肥猪拱门"窗花的习俗。猪肉自古以来是我国各大菜系的主要原料之一,承载了中国人的饮食文化。猪在遗传上与人类非常接近,在医学研究和药物试验上也具有重要意义。

◎**西北地区**

●**小麦:**冬灌或降雨(雪)进行追肥。

●**冬青稞:**处越冬期。

●**马铃薯:**①已收获的马铃薯加强薯窖管理,窖门加盖棉毡,风口注意适时减少通风量;②南部地区冬播马铃薯处于团棵期,注意覆盖保温、保湿,防寒抗冻。

●**果树:**休眠期修剪是果园管理的重要环节,通过对果树枝条的修剪,调整花芽、枝叶比例和养分供应配比,为果园连年丰产打下坚实基础。

●**畜牧:**圈舍养殖的牛、羊、猪正是育肥期,注意冬季保暖,为春节供应市场做准备。

果树修剪、涂白

肉牛养殖

◎**西南地区**

●**马铃薯:**秋马铃薯收获。冬马铃薯加强苗期管理,灌水、中耕培土、追肥,视苗情亩施尿素10~15千克;采取防寒抗冻措施,预防早、晚疫病的发生。早春马铃薯一般在10厘米土层温度7~8 ℃时播种,起垄垒厢,采取适当深播、厚盖土、地膜覆盖等御寒措施。

●**冬玉米:**①大田裂开后采用沟灌进行灌水;②移栽后15天进行一次小苗追肥,一般亩施45%复合肥5千克、尿素2~5千克。

●**油菜:**①清沟沥水,中耕松土;②看苗施用蕾薹肥,一般亩施复合肥10~15千克或尿素5~6千克,还应增施钾肥,补施磷肥和硼肥;③旺长苗用15%的多效唑可湿性粉剂30克兑水40千克喷洒控旺促壮;④注意防治霜霉病,可用25%的甲霜灵可湿性粉剂500倍液或68.75%易保800~1 000倍液防治。

●**小麦:**做好田间除草,清沟理墒,合理调节田间湿度,对旺苗喷施多效唑等植物生长调节剂控旺防倒。

冬马铃薯中耕培土

玉米灌水抗旱

小麦喷施生长调节剂

秋马铃薯收获

防灾减灾

●**冬季低温冻害:**深秋初冬剧烈降温或冬季严寒,气温低至-5 ℃以下,特别是冬季寒潮冷空气带来的降温达到10 ℃以上,超过小麦等农作物的耐寒能力,即可导致农作物发生冻害,甚至出现严冬干冻死苗现象。

防御措施:①选用抗寒性品种;②适期播种;③选用烯效唑、矮壮丰、矮苗壮拌种或喷叶;④增施磷钾肥;⑤镇压或覆盖;⑥灌好越冬水。

油菜冬季冻害

小麦冬季冻害(主要为叶片受冻)

小麦冬季冻害　是指小麦越冬期间由于寒潮降温引起的冻害。秋末强寒潮侵袭致日最低气温突然降至0 ℃以下,使小麦遭受的冻害,称为初霜冻害,又叫早霜冻害、秋霜冻害。

(1)小麦冬季冻害发生时间随纬度和海拔而变化,长城以北地区的初霜冻害于9月上旬至10月上旬开始,黄河及淮河流域于10月中旬至11月上旬开始,而长江流域要到11月下旬至12月上旬开始,华南及青藏高原无明显霜冻。

(2)小麦冬季冻害发生症状也不尽相同。我国北方气候严寒,常因冬季最低气温下降至-20 ℃左右,若无雪层保护并多风、干旱情况下,麦田冻死苗现象较为普遍。而偏南地区,入冬后气温逐渐降低,麦苗经过低温锻炼,抗寒能力大大增强,一般不会冻死麦苗;未经低温锻炼的麦苗,气温骤降时虽然容易受冻,表现为叶尖或叶片黄枯,但其埋在土层中的分蘖节、根系及茎生长点未被冻死,当气温回升后麦苗逐渐恢复生长。适期播种的小麦冬季遭受冻害,一般只有叶片受害,只有在冻害特别严重时才出现死蘖、死苗现象。

(3)分蘖受冻死亡的顺序先小蘖,后大蘖,再主茎,最后冻死分蘖节。冬季冻害的外部症状表现明显,叶片干枯严重,一般叶片先发生枯黄,而后分蘖死亡。

◎东北地区

冬捕

大棚增温

兴修水利

●每年 12 月末至春节前，是渔民进行大规模冬季捕鱼作业的黄金时间。

●大田作物农事活动较少，以防冻保苗、设施栽培管理为主。主要措施有：①多层覆盖，可在草苫上再盖一层薄膜，也可在棚内再套棚，以增加保温效果；②增温，冬季温室内，温度过低时，可采取电力加热、煤炉加热等增温措施；③清雪，雪后要及时扫雪，保持草苫干燥，温度许可时要及时使秧苗见光。

◎黄淮海地区

●小麦等越冬作物增施有机肥，用秸秆或土杂肥覆盖等措施防冻。

●大棚蔬菜多层覆盖保温。

●畜禽圈舍防寒保暖。注意雪后清除积雪、排空水厢积水等。

冬季油菜田浇施有机肥

大棚保温防冻

冬季麦田浇施有机肥

◎江淮地区

●**小（大）麦、油菜、蚕（豌）豆等：**处于越冬期，清沟理墒，增施有机肥，用秸秆或土杂肥覆盖等措施防冻。群体偏小且基肥、苗肥不足田块尽早补施腊肥。

●**水稻、棉花等：**搞好苗床冬翻，以熟化疏松土壤，减少病虫基数，并施有机肥培肥。

●早春大棚西瓜“五棚六膜”（双大棚 + 双中棚 + 小棚 + 地膜）极早熟栽培开始穴盘基质育苗，注意天天见光。大棚蔬菜多层覆盖保温。

●**果树：**冬剪，以调整枝叶空间及成花结果比例、调节体内营养水分。

普通大棚蔬菜育苗

连栋大棚蔬菜育苗

日光温室蔬菜育苗

秸秆覆盖防冻

◎江南华南地区

●**油菜：**清沟沥水，中耕松土。旺长苗从 12 月中下旬苗后期起可亩用 15% 的多效唑可湿性粉剂 150 克兑水 50 千克喷洒，控旺促壮。

●**马铃薯：**春薯一般在 10 厘米土层温度 7~8 ℃时播种；推行深沟高垄地膜全覆盖，在垄中间开沟埋施基肥，在施肥沟两边开沟播种，每垄定距条穴点播两行，播种块薯芽眼向上，深度 10~12 厘米，穴距 20~25 厘米，密度约亩 5 000 穴；清理垄沟、整平垄面，然后喷施封闭除草剂、覆盖膜地，防范低温和霜冻。南部地区冬薯进入结薯膨大期，追施氮肥每亩 15~20 千克尿素，施肥后培土。

●**西瓜、甜瓜：**准备大棚西瓜、甜瓜的营养钵或育苗基质。

●**葡萄：**冬季修剪，清除枯枝落叶，及时用石硫合剂涂白消毒并整理支架，注意遇旱及时灌水并进行冬耕。

旺长油菜化控

油菜清沟沥水

葡萄冬剪

农谚

【气候】

小寒节，十五天，七八天处三九天。
小寒胜大寒，常见不稀罕。
三九不封河，来年雹子多。
九里的雪，硬似铁。
腊月三场雾，河底踏成路。
三九、四九不下雪，五九、六九旱还接。
大雪年年有，不在三九在四九。
三九、四九，冰上走。
三九、四九，冻破碓臼。
腊七腊八，冻裂脚丫。
腊七腊八，出门冻煞。
冷在三九，热在中伏。
小寒大寒，冻成一团。

【物候】

小寒鱼塘冰封严，大雪纷飞不稀罕。
牛喂三九，马喂三伏。
腊月栽桑桑不知。
九里雪水化一丈，打得麦子无处放。
腊月大雪半尺厚，麦子还嫌被不够。
腊月三白，适宜麦菜。
腊月三场白，家家都有麦。
腊月三场白，来年收小麦。
小寒大寒，准备过年。

【农事】

数九寒天鸡下蛋，鸡舍保温是关键。
薯菜窖，牲口棚，堵封严密来防冻。
冬不节约春要愁，夏不勤劳秋无收。
闲时勤积肥，忙时不着慌。
干灰喂，增一倍。
草木灰，单积攒，上地壮棵又增产。
不怕家里少，就怕不去找。
一早一晚勤动手，管它地冻九尺九。
天寒人不寒，改变冬闲旧习惯。
小寒三九关，把好防冻关。

农诗

野老曝背

［唐］李颀

百岁老翁不种田，惟知曝背乐残年。
有时扪虱独搔首，目送归鸿篱下眠。

【译文】百岁老人已经不再种田，只是晒晒太阳快乐地安度余生。有的时候一个人悠闲地挠挠头抓抓虱子，看着远处飞回来的鸿雁在篱笆下睡觉。

小寒

［唐］元稹

小寒连大吕，欢鹊垒新巢。拾食寻河曲，衔紫绕树梢。
霜鹰近北首，雊雉隐丛茅。莫怪严凝切，春冬正月交。

【译文】在小寒时节，喜鹊还会去河道边觅食、口衔树枝和湿泥筑新巢；大雁开始北迁；躲在茅草丛中的雉鸟开始鸣叫。千万不要埋怨天气严寒，因为春天很快就会来了。

嘉禾讴（ōu）

［三国］曹植

猗猗嘉禾，惟谷之精。其洪盈箱，协穗殊茎。
昔生周朝，今植魏庭。献之庙堂，以昭厥灵。

【译文】嘉禾繁茂美丽，是重要的粮食作物。丰收粮满仓，来源于壮苗、健株、足穗。曾种在久远的周朝，也生在当今的魏国。用这样的嘉禾供于庙堂祭祀祖先，才能慰藉神灵！

雪里梅花诗

［南北朝］阴铿

春近寒虽转，梅舒雪尚飘。
从风还共落，照日不俱销。
叶开随足影，花多助重条。
今来渐异昨，向晚判胜朝。

【译文】春天临近，天气虽然转暖，梅花开放，雪花却还飘着。花瓣随风零落，太阳照着，却不与雪一起融化。枝叶招展，梅影更多更密，花儿许多，梅枝显得更重。现在花开得渐渐与昨日不同，时间临近傍晚分明胜于早晨。

梅花

［唐］蒋维翰

白玉堂前一树梅，
今朝忽见数花开。
几家门户重重闭，
春色如何入得来？

【译文】白玉堂前正好是有一树梅花，今天突然开出了数朵红花，远远地看上去非常漂亮。很多人家的门都关闭了，这重重关闭的门，也把春色关在了门外，让它们如何进得来呢？

寒夜

［宋］杜耒（lěi）

寒夜客来茶当酒，
竹炉汤沸火初红。
寻常一样窗前月，
才有梅花便不同。

【译文】冬天的夜晚，远方的客人突然到来，没有准备好酒，只有用茶当酒了，赶紧点起火炉煮茶，很快火苗开始红起来了，茶水在壶里开始沸腾，屋子里马上就暖烘烘的。月光像往常一样洒在窗前，不同的是几枝梅花在月光下幽幽地开着，芳香袭人，再有远方客人的陪伴，这些让今晚的月色显得格外不同。

窗前木芙蓉

［宋］范成大

辛苦孤花破小寒，
花心应似客心酸。
更凭青女留连得，
未作愁红怨绿看。

【译文】孤独凄清的木芙蓉，冒着寒意而开，花的心就像客居他乡的游子的心一样，凄楚不已。哪怕寒霜常留不去，木芙蓉也不会如春天的那些娇嫩花儿一样，容易凋谢。

踏莎行·雪中看梅花

［元］王旭

两种风流，一家制作。雪花全似梅花萼。
细看不是雪无香，天风吹得香零落。
虽是一般，惟高一着。雪花不似梅花薄。
梅花散彩向空山，雪花随意穿帘幕。

【译文】两种风格，都是大自然的杰作，雪花的形状非常像梅花的花瓣。仔细一看那梅花瓣并不是飞舞的没有香气的雪花，而是寒风吹得凋落的梅花。虽然外形相似，但是梅花却比雪花高出一招。雪花不像梅花那样轻盈而孤高。梅花向着幽深少人的山林散发出光彩来，而雪花却很随便地穿越帘幕进入家里。

严寒至极，天寒地冻，冰天雪地，寒风瑟瑟，闭户不出，一年中最寒冷的时候……

大寒

大寒是一年中的最后一个节气，常年为1月19—21日，指太阳到达黄经300°时，寒潮频繁，是中国大部分地区一年中最冷的时期，风大，低温，地面积雪不化。该时期农事较少，北方地区多忙于积肥堆肥；南方地区则仍加强小麦及其他作物的田间管理。要特别注意人、畜及农作物的防寒防冻。南方地区冬干少雨，应适时浇灌。

大寒三候　一候鸡乳；二候征鸟厉疾，三候水泽腹坚。母鸡开始产蛋孵小鸡了，鹰隼（sǔn）之类的征鸟，在空中盘旋猎食以抵御最冷也是最后的寒冬，各水域全部结冰，尤其是水中央的冰又厚又结实。此节气对应的花信为瑞香、兰花、山矾。

大寒三候图

●**祭灶节**：即腊月二十三或二十四。这天家家户户会清理房间打扫屋子，剪窗花，打年糕做糖瓜，放鞭炮，并行“祭灶神”仪式，是我国汉族的小年。传说是灶君、太岁神与民间诸神都要回天庭向玉皇大帝述职的日子，是中华文明的标志性符号。

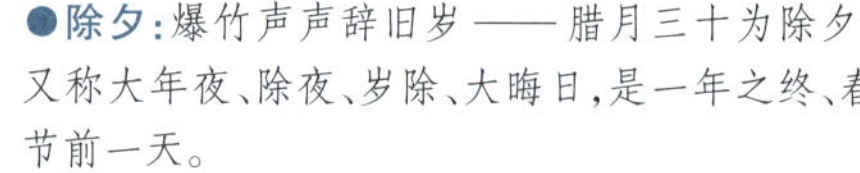

●**除夕**：爆竹声声辞旧岁——腊月三十为除夕，又称大年夜、除夜、岁除、大晦日，是一年之终、春节前一天。

◎西北地区

小麦
越冬期

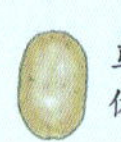
马铃薯
休眠期

冬青稞
越冬期

冬马铃薯
苗期

果树
休眠期

◎西南地区

小麦
拔节期

油菜
蕾薹期

冬玉米
拔节期

冬马铃薯苗期
至块茎形成期

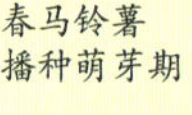
春马铃薯
播种萌芽期

蚕豆
分枝伸长至花期

节气农俗

喜迎新年，牵手春天……

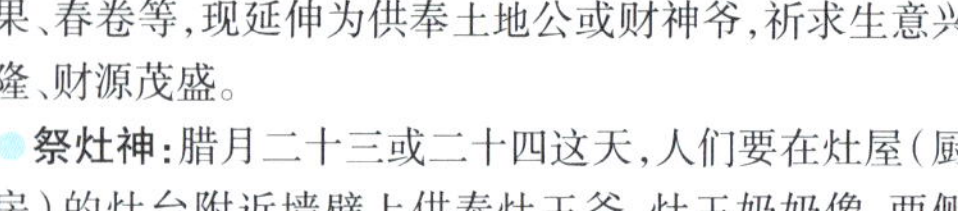

●**尾牙祭**：源自拜土地公做“牙”习俗，以二月二为头牙，后每逢初二和十六都要做“牙”，腊月十六是尾牙，多见于闽南地区，供桌会设在土地公神位前，供品有溅礼、四果、春卷等，现延伸为供奉土地公或财神爷，祈求生意兴隆、财源茂盛。

●**祭灶神**：腊月二十三或二十四这天，人们要在灶屋（厨房）的灶台附近墙壁上供奉灶王爷、灶王奶奶像，两侧贴上“上天言好事，下界保平安”之类的吉祥对联，桌案上供放甜点、瓜果、饭菜等，叩谢灶神到玉帝跟前多说好话、带来好运。除夕晚上还得有“接灶”“接神”仪式迎接灶神来人间过年。

●大寒节气常与岁末重合，民间除干农活顺应节气外，还要为过年奔波：赶年集，买年货，剪窗花，写春联，准备各种祭祀供品，扫尘洁物，除旧布新，腌制各种腊肠、腊肉，或煎炸烹制鸡鸭鱼肉等各种年肴，这也使得大寒驱凶迎祥的节日意味更加浓厚。

祭灶神

贴春联

节令美食宜忌

●**吃糯米饭、八宝饭**：我国南方广大地区有大寒吃糯米饭、养胃气的习俗。有条件的可做成八宝饭，即将赤小豆、薏米、大枣各50克，莲子、枸杞子、桂圆肉各20克等洗净，浸泡2小时，再加入糯米、大米各100克等，用旺火蒸熟，加白糖适量食用，有健脾益气、养血安神补虚之效。

糯米饭

●**吃消寒糕**：北京等地习俗。消寒糕由糯米粉制成，又称年糕，有“年高”之美好寓意。

●**饮食宜忌**：进补减少，忌咸忌寒。多吃时令蔬果、枸杞炖子鸡、羊肉等可祛风散寒。宜食萝卜、蘑菇、南瓜、藕、红薯、山药等；忌食油腻、酒、冰冷食物等。

枸杞炖子鸡

◎东北地区
冬季休闲期
◎黄淮海地区
小麦
越冬期
大蒜、洋葱
幼苗期
油菜
苗后期
果树
休眠期
大棚果菜
结果采摘期
◎江淮地区
小（大）麦
越冬期
油菜
苗后期
蚕豆分枝
伸长期
温室果菜
采收期
早春设施
棚瓜播种期
大棚蔬菜
育苗、苗期
果树
休眠期
◎江南华南地区
冬玉米
籽粒形成期
油菜
蕾薹期
冬马铃薯
结薯膨大期
春马铃薯
播种发芽
果树
休眠期

物种文化

鸡

鸡是人类饲养最普遍的家禽。家鸡属鸟纲，雉科，原鸡属。

◎**起源与传播：**原鸡属中的红色原鸡是现代家鸡的祖先，至今在我国仍有 2 个亚种，分布于云南、广西、广东、海南等地。家鸡的驯化，全世界以亚洲为早，我国也是世界上最早养鸡的国家之一。

◎**生产与应用：**我国鸡种按经济用途可分为肉用型、蛋用型、兼用型和玩赏型 4 种，总体上以兼用型为主。我国鸡的品种资源丰富多样，现被收录进入《中国畜禽遗传资源志·家禽志》的鸡种有 116 个。据统计，目前我国鸡蛋产量达到 2 450 万吨左右，占世界鸡蛋总产量的比重约为 40%。

◎**衍生的文化现象与价值：**在我国创日神话中，鸡有幸充当创日第一日所造之物。鸡最显著的象征意义就是守信，公鸡准时报晓，意味着开启了一天新的生机。由于鸡对人们的生活有重要影响，所以能够在十二生肖中占据一席之地。

◎西北地区

- **小麦：**严防羊畜啃青和践踏。弥补地表裂缝或施"蒙头肥"，防止冬季冻害。冬青稞农事同冬小麦。
- **马铃薯：**商品薯投放市场，保障春节供应。南部地区冬薯处于发棵期，加强管理，灌水、中耕、培土，视苗情进行追肥。
- **蔬菜：**①秋冬播大蒜开始萌动发芽，加强水肥管理；②大棚设施蔬菜及时采摘，供应市场。
- **畜牧：**牛羊出栏、屠宰，开始供应春节市场。

防止牛羊啃青和践踏

马铃薯挑拣打包

马铃薯投放市场

牛羊育肥

◎西南地区

- **油菜：**①清沟沥水，控旺促壮；看苗施用蕾薹肥；②薹高约 20 厘米时可采摘菜薹 10~15 厘米"油蔬两用"，摘薹后及时亩追施尿素 5~7 千克。
- **马铃薯：**冬马铃薯结合追肥培土 1 次，培厚 3~5 厘米，防止出现青薯；地膜覆盖栽培的可用 0.5% ~1.0%尿素溶液或磷酸二氢钾溶液叶面追肥。春马铃薯覆盖地膜保温抗冻。
- **蚕豆：**防低温冻害，田间引水灌溉，以水穿过蚕豆种植厢面为宜，沟渠底部可以保留多余流动水分，厢面土壤相对含水量 20% ~21%。
- **小麦：**①视苗情施用拔节肥，一般每亩追施尿素 6~8 千克；②条锈病出现中心病团、田间病叶率达到 0.5%以上、白粉病病株率 15%或病叶率 5%时，就需喷药防治。以上每亩用 25%的三唑酮可湿性粉剂 50 克或 25%三唑酮乳油 30 毫升兑水 45~50 千克喷雾防治；③当百株蚜虫量达 500 头时，每亩用 10%吡虫啉可湿性粉剂 20 克或 50%抗蚜威 10~15 克兑水喷雾防治。
- **冬玉米：**采用化肥兑水追施拔节肥，用量占总施肥量的 20%~30%。

冬玉米追肥

冬马铃薯病害防治

油菜摘薹

小麦追施拔节肥

防灾减灾

秋冬季干旱：冬季长期无雨，土壤严重缺水，植株水分失调造成生育异常乃至萎蔫死亡，若导致大幅度减产即为旱灾。

防御措施：①选用抗旱品种；②冬前日均温约 3 ℃时灌好越冬水；③科学浇灌，掌握在冷尾暖头、夜冻日消时及早采用喷灌或沟灌洇水方式抗旱，每亩用水 50 立方米。久旱之后切忌大水漫灌，防表土层板结。

小麦遇旱浇越冬水

◎东北地区

●大田作物农事活动较少，以防冻保苗、设施栽培管理为主。

●**棚菜受冻恢复补救措施：**棚菜受冻后，不能立即闭棚升温，要使棚内温度缓慢上升，避免因温度急骤上升而使蔬菜受冻、组织坏死。并及时剪去受冻的茎叶和果实，以免组织发霉病变，引发病害。还可用天达恶霉灵 6 000 倍液，混加天达 2116 壮苗灵 1 000 倍液，喷洒 1~2 次，确保快速康复。

●**大棚蔬菜增温防冻措施：**①提前覆盖草帘，有条件的进行多层覆盖，做好预防措施；②科学浇水，水层能起到增温的作用；③煤火炉增温，要注意通风，避免棚内二氧化碳过多；④合理喷洒大棚增温剂，发酵产生二氧化碳，起到增温的目的。

覆盖保温

及时清雪

喷药康复

准备农家肥

◎黄淮海地区

●**大田作物：**农事活动较少。小麦长得过旺、亩总茎蘖数超过预期穗数的 1.3~1.5 倍，应在晴暖天气适时采用深耘断根或镇压控制措施。

●**蔬菜：**越冬栽培的设施蔬菜加强保温管理，防止冻害。春节前后上市的大棚蔬菜要及时补肥补水、保花保果，及时采摘。早春设施茄果类蔬菜（双大棚 + 双中棚 + 地膜）选择冷尾暖头天气定植。

●**果树：**以修剪、清园为重点，培土护根防冻，新园平整和定植。

●**畜禽：**做好畜禽舍内外环境的消毒，防止外来疫源的传入和重大动物疫情发生。

小麦旺苗

大棚蔬菜管理

小麦旺苗化控

◎江淮地区

●**蔬菜：**越冬栽培的设施蔬菜加强保温管理，防止冻害。春节前后上市的大棚蔬菜要及时补肥补水、保花保果，及时采摘。

●**畜禽：**做好圈舍防寒保暖和饲养管理，防止低温寒潮对老弱幼畜的危害。注意雪后清除积雪、排空水厢积水等。

小麦镇压控旺

采收豌豆苗

畜禽圈舍消毒

大棚蔬菜保花保果

◎江南华南地区

●**油菜：**清沟沥水，中耕松土。旺长苗亩用 15% 的多效唑可湿性粉剂 150 克兑水 50 千克喷洒，控旺促壮。

●**小麦：**清沟理墒、化调控旺及防冻。对旺长苗亩用 15% 多效唑可湿性粉剂 50~70 克兑水 30 千克均匀喷雾，预防倒伏。

●**马铃薯：**冬马铃薯结合追肥培土 1 次，培厚 3~5 厘米，防止出现青薯；地膜覆盖栽培的可用 0.5% ~1.0% 尿素溶液或磷酸二氢钾溶液叶面追肥。春马铃薯覆盖地膜保温抗冻。

●**大棚西瓜、甜瓜播种育苗：**①浸种催芽，芽长 0.3~0.5 厘米始播；②播种前 1 天将苗床浇透水；③每播 1 粒发芽种子将芽平放或朝下；④播后覆盖约 1 厘米疏松湿润的营养土或育苗基质；⑤覆盖地膜且四周封严压实以保温保湿；⑥苗床上最好再搭建小拱棚进行保温；⑦出苗前以保温为主，白天 30~35 ℃，晚上 18 ℃以上为宜，35 ℃以上时要揭开小拱棚两头通风；⑧ 70% 幼苗出土时揭掉地膜。

●做好农作物防寒工作，确保安全过冬。

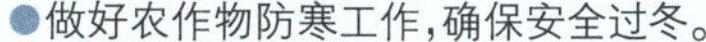

小麦旺苗化控

大棚西、甜瓜播种育苗

马铃薯叶面追肥

农谚

【气候】

小寒大寒冻成一团。
该冷不冷，不成年景。
大寒到顶点，日后天渐暖。
小寒不如大寒寒，大寒之后天渐暖。
好过的年，难过的春。
大寒天气暖，寒到二月满。
大寒牛眠湿，冷至明年三月三。
南风送大寒，正月赶狗不出门。
大寒日怕南风起，当天最忌下雨时。
大寒雾，春头早；大寒阴，阴二月。
大寒东风不下雨。
大寒不冻，冷到芒种。
大寒不寒，春分不暖。
大寒大寒，无风也寒。

【物候】

五九、六九，沿河看柳。
小寒大寒，杀猪过年(春节)。
大寒一场雪，来年好吃麦。
九里雪水化一丈，打得麦子没处放。
寒冬不寒，来年不丰。
冻不死的蒜，干不死的葱。
大寒见三白，农人衣食足。
大寒猪屯湿，三月谷芽烂。
交了大寒就是雪，明年又是丰收年。
数九寒天天不寒，来年田里少粮食。
大寒一夜星，谷米贵如金。

【农事】

欢欢喜喜过新年，莫忘护林看果园。
春节前后闹嚷嚷，大棚瓜菜不能忘。
禽舍猪圈牲口棚，加强护理莫放松。
春节前后少农活，莫忘鱼塘常巡逻。
多逛地头，少逛街头。
能叫囤尖省，不叫囤底空。

农诗

丰年

《诗经·周颂》

丰年多黍多稌(tú)，亦有高廪(lǐn)，万亿及秭(zǐ)。为酒为醴(lǐ)，烝畀(bì)祖妣(bǐ)。以洽百礼，降福孔皆。

【译文】 丰收年谷物车载斗量，谷场边有高耸的粮仓，亿万斛粮食好好储藏。酿成美酒千杯万觞，在祖先的灵前献上。各种祭典一一隆重举行，齐天洪福在万户普降。

春近四绝句

［宋］黄庭坚

小雪晴沙不作泥，疏帘红日弄朝晖。
年华已伴梅梢晚，春色先从草际归。

【译文】 小雪下了一夜，在朝阳的照耀下似晶莹的沙滩一般，还未被踩踏成泥。虚掩的帘栊映射出初日的朝晖。梅花渐落，绿草发芽，春天不知不觉地来到人间。

除夜雪

［宋］陆游

北风吹雪四更初，嘉瑞天教及岁除。
半盏屠苏犹未举，灯前小草写桃符。

【译文】 四更天初至时，北风带来一场大雪；这上天赐给我们的瑞雪正好在除夕之夜到来，预兆着来年的丰收。盛了半盏屠苏酒的酒杯还没来得及举起庆贺新年，便连忙放下，又坐回到灯下开始写春联。

岁除夜对酒

［唐］白居易

衰翁岁除夜，对酒思悠然。
草白经霜地，云黄欲雪天。
醉依香枕坐，慵傍暖炉眠。
洛下闲来久，明朝是十年。

【译文】 年老体衰的我在除夕之夜，独自悠然饮酒。经霜的野草已由绿变白，天空昏黄快要下雪了。我喝醉酒依枕而坐，慵懒地靠着暖炉睡着了。赋闲在洛阳已经很久了，屈指算来到明天就是十年了。

大寒吟

［宋］邵雍

旧雪未及消，新雪又拥户。
阶前冻银床，檐头冰钟乳。
清日无光辉，烈风正号怒。
人口各有舌，言语不能吐。

【译文】前些日子落的雪还没有来得及消融，新下的大雪又封门闭户；长长的石阶覆盖着厚厚的白雪，就像是银色的床铺一样，高高的屋檐垂挂的冰柱就像是倒悬的钟乳石一样；清冷冬阳失去了温暖的光辉，肆虐的暴风却在狂怒地呼号；人们的舌头也仿佛被冻住了不能言语——怎一个“寒”字了得！

食后

［唐］王绩

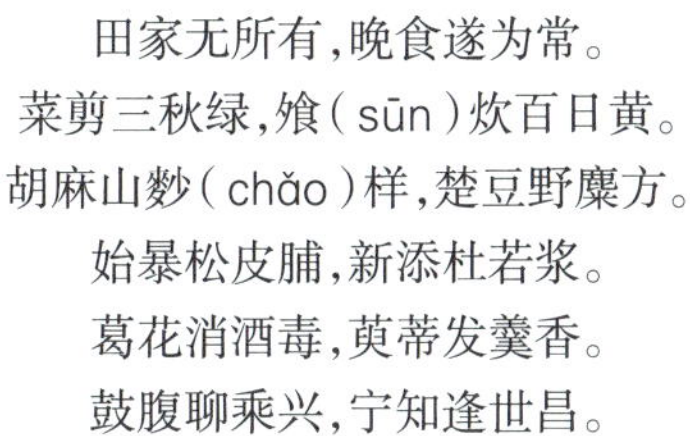

田家无所有，晚食遂为常。
菜剪三秋绿，飧（sūn）炊百日黄。
胡麻山麨（chǎo）样，楚豆野麋方。
始暴松皮脯，新添杜若浆。
葛花消酒毒，萸蒂发羹香。
鼓腹聊乘兴，宁知逢世昌。

【译文】田家没有丰盛的食物，晚餐也很寻常。采摘田里的蔬菜，煮熟稻米，米粉和芝麻翻炒，还有楚豆、獐子肉、松皮调味的肉干以及新酿的香草酒。葛花可以解酒醉，用萸蒂熬成的羹分外香。我吃得很饱，肚子都鼓起来了，乘兴闲聊，才知赶上太平盛世。

回乡偶书

［唐］贺知章

少小离家老大回，
乡音无改鬓毛衰。
儿童相见不相识，
笑问客从何处来。

【译文】我在年少时离开家乡，到了迟暮之年才回来。我的乡音虽未改变，但鬓角的毛发却已经疏落。儿童们看见我，没有一个认识的。他们笑着询问：这客人是从哪里来的呀？

咏雪

［南北朝］吴均

微风摇庭树，细雪下帘隙。
萦空如雾转，凝阶似花积。
不见杨柳春，徒见桂枝白。
零泪无人道，相思空何益。

【译文】微风轻摇着庭院中的树木，细细的飞雪落入竹帘的缝隙。雪花像雾一般在空中飘转着，凝结于台阶好似落花堆积。看不见院中杨柳发芽迎春，只见桂枝上挂满白色的雪花。伤心泪下，愁情无人可以倾诉，这般多情愁思又有何益？

雪梅·其二

［宋］卢梅坡

有梅无雪不精神，有雪无诗俗了人。
日暮诗成天又雪，与梅并作十分春。

【译文】只有梅花没有雪花的话，看起来没有什么精神气质。如果下雪了却没有诗文相合，也会非常的俗气。当在冬天傍晚夕阳西下时写好了诗，刚好天空又下起了雪。再看梅花雪花争相绽放，像春天一样艳丽多姿，生气蓬勃。

咏廿四气诗　大寒十二月中

［唐］元稹

腊酒自盈樽，金炉兽炭温。
大寒宜近火，无事莫开门。
冬与春交替，星周月讵存？
明朝换新律，梅柳待阳春。

【译文】腊月里酿制的酒，自然要倒满酒杯；金色香炉里的炭火让人感到很温暖。大寒时节最适合围着火炉取暖；没有什么特别的事情要做，最好不要出门。每当这个时候，冬天与春日就要交替；一年即将结束，星宿也在交换一个新的周期。很快新的法律法规必然要代替旧的法律法规，轮回更新；梅花和柳树也期待着阳春而蓄势待发。

村居苦寒

［唐］白居易

八年十二月，五日雪纷纷。
竹柏皆冻死，况彼无衣民！
回观村闾间，十室八九贫。
北风利如剑，布絮不蔽身。
唯烧蒿棘火，愁坐夜待晨。
乃知大寒岁，农者尤苦辛。
顾我当此日，草堂深掩门。
褐裘覆絁被，坐卧有余温。
幸免饥冻苦，又无垄亩勤。
念彼深可愧，自问是何人？

【译文】元和八年的十二月，接连五天大雪纷纷。竹子柏树都被冻死，何况那缺衣的农民！遍观村里所有人家，十有八九户是贫穷的。寒风吹来好似利剑，衣衫单薄不能遮身。只有点燃蒿草取暖，终夜愁坐盼望清晨。我才知道大寒年岁，农人更加痛苦酸辛。反思自己在此时刻，紧紧关上草堂屋门。穿着皮袍盖着棉被，不论坐卧都有余温。庆幸免遭饥寒之苦，且又不必躬耕力勤。想起他们我很惭愧，叩问自己算是何人？

(一)水稻

0 播种期

00 干种子;

03 湿种子膨胀直至结束;

05 胚根从种子伸出;

07 胚芽鞘从种子伸出;

09 根长1粒谷,芽长半粒谷。

1 苗期

10 不完全叶抽出;

11 【1叶期】第1叶抽出;

12 【2叶期】第2叶抽出;

13 【3叶期】第3叶抽出;

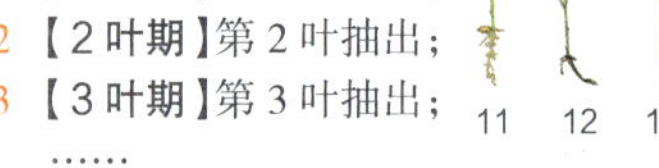

……

一旦发生分蘖则按21计。

2 分蘖期

21 第1分蘖可见,分蘖开始;

22 第2分蘖可见;

23 第3分蘖可见;

……

如果拔节开始,则按31计。

3 拔节长穗期

31 基部(下同)第1节间开始伸长;

32 第2节间长2厘米,倒4叶抽出;

33 第3节间长2厘米,倒3叶抽出;

34 第4节间长2厘米,倒3叶末;

35 倒2叶抽出期,幼穗长约5毫米;

37 剑叶可见,仍卷曲,幼穗伸长(上移);

39 剑叶全展。

4 孕穗期

41 【孕穗早期】茎上部加粗,剑叶从倒2叶叶鞘抽出约5厘米;

43 【孕穗中期】剑叶叶鞘抽出5~10厘米;

45 【孕穗末期】剑叶叶鞘膨胀;

49 剑叶叶鞘打开。

5 抽穗期

50 【破口期】始穗,穗尖露出叶鞘;

51 【始穗期】全田10%稻穗露出叶鞘;

55 【抽穗期】全田50%稻穗抽出;

59 【齐穗期】全田90%稻穗抽出。

6 开花期

61 【始花期】穗顶部颖花花药可见;

65 【盛花期】大部分颖花花药可见;

69 【终花期】全穗开花,可见脱水花药。

7 灌浆期

71 【籽粒伸长期】第1批籽粒约达最终长50%;

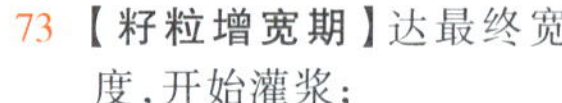

73 【籽粒增宽期】达最终宽度,开始灌浆;

75 【籽粒增厚期】达最终厚度,灌浆中期;

77 【乳熟期】籽粒内含物乳白色;

79 【乳熟末期】籽粒内含物乳状渐稠。

8 成熟期

83 【蜡熟初期】籽粒软、渐干,手指压变形;

85 【蜡熟中期】籽粒渐硬,手指压不易变形;

89 【完熟期(最佳收获期)】籽粒坚硬,颖壳不易剥离。

9 枯熟期

92 【过熟期】籽粒很硬,枝梗干枯,颖壳暗淡;

97 【植株死亡期】植株死亡、倒塌;

99 后熟,储藏及种子处理(回到00期)。

(二)小麦(大麦、青稞)

0 播种期

00 干种子(播种);

03 湿种子膨胀直至结束;

05 胚根从种子伸出;

07 胚芽鞘从种子伸出;

09 芽鞘顶出土,第1叶叶片叶尖可见。

1 苗期

10 【出苗期】第1叶抽出芽鞘2厘米;

11 【1叶期】第1叶抽出;

12 【2叶期】第2叶抽出;

13 【3叶期】第3叶抽出;

……

一旦发生分蘖则按21计。

2 分蘖期

21 第1分蘖可见,分蘖开始;

22 第2分蘖可见;

23 第3分蘖可见;

……

【越冬期】日均温稳定≤3℃,麦苗缓慢生长,冷冬年近乎停滞;

第n分蘖可见;

……

如果拔节开始,则按31计。

3 拔节期

30 【返青期】日均温稳定≥3℃,麦田叶色开始转绿;

31 【生物学拔节(起身)期】50%植株基部第1节间伸长2厘米,倒4叶抽出;

32 【物候学拔节期】50%植株基部节间露出地面2厘米,第2节间伸长2厘米,倒3叶抽出;

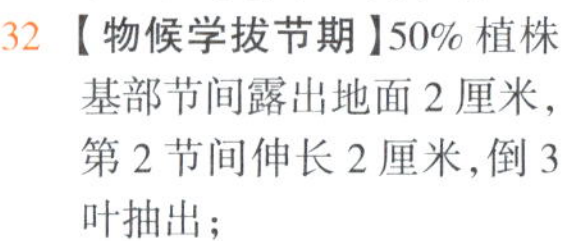

33 50%植株第3节间伸长2厘米,倒2叶抽出;

37 剑叶(又称旗叶)露尖。

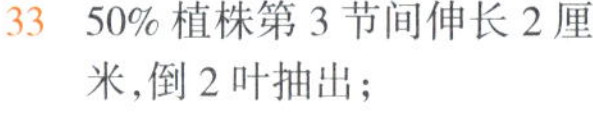

4 孕穗期

41 剑叶叶枕露出,叶片全展;

43 穗子在叶鞘中上移,剑叶叶鞘鼓起;

45 剑叶叶鞘完全鼓起;

47 剑叶叶鞘开裂;

49 穗芒露尖可见。

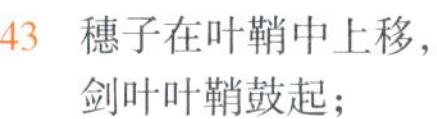

5 抽穗期

51 【始穗期】10%植株顶小穗露出叶鞘;

55 【抽穗期】50%植株抽穗;

59 【齐穗期】90%植株抽穗。

6 开花期

61 【始花期】10%麦穗开花;

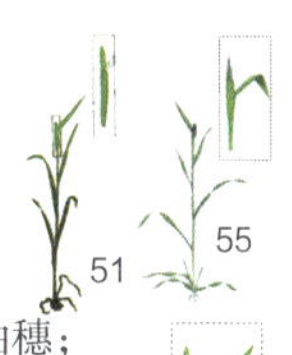

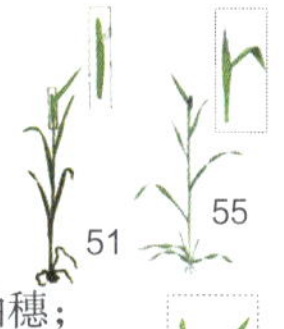
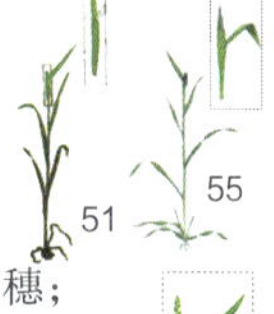
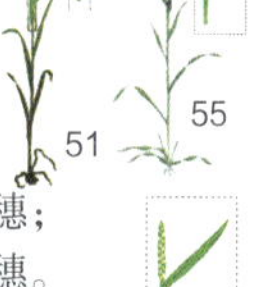
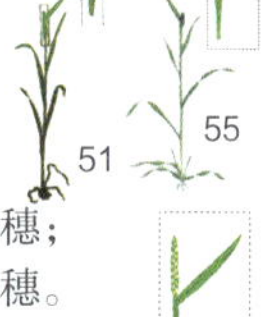

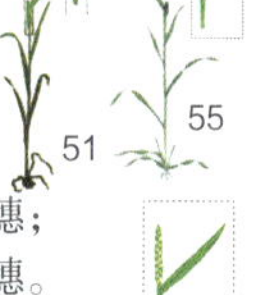
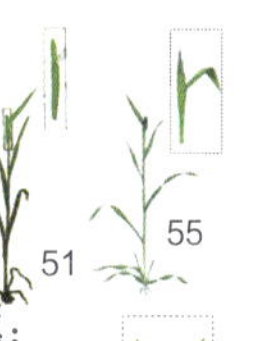

65 【盛花期】50%麦穗开花;

69 【终花期】全穗开花,可见脱水花药。

7 籽粒形成期

71 【多半仁】籽粒长达最大值的3/4;

73 【青籽圆】籽粒长近乎最大值;

75 【籽粒形成后期】内含物乳状,麦粒呈绿色,进入乳熟期。

8 籽粒充实期

83 【乳熟末期】籽粒"顶满仓",鲜重和体积最大;

85 【蜡熟初期】籽粒开始收缩,穗和茎秆上部开始转黄色;

89 【蜡熟中期】籽粒重近乎最大值,叶片金黄,穗轴粒仍带绿。

9 成熟期

92 【蜡熟末期(最佳收获期)】籽粒金黄、变硬,仅穗轴节片稍带绿,千粒重达最大值;

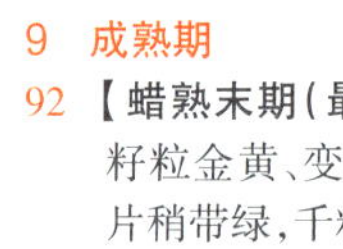

93 【完熟期】籽粒收缩定型,灌浆结束,咬碎有声音;

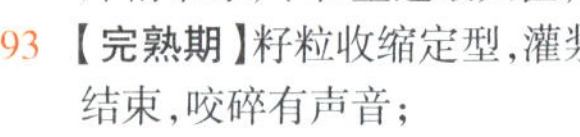

97 植株完全死亡;

99 后熟,储藏及种子处理(回到00期)。

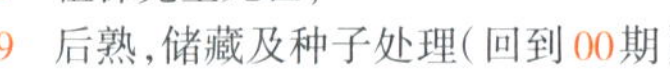

（三）玉米

0 播种期

00 干种子（播种）；

01 种子开始吸水膨胀；

03 湿种子膨胀结束；

05 胚根伸出种子；

07 胚芽鞘伸出种子；

09 胚芽鞘顶土露出地面。

1 幼苗期

10 【出苗期】第 1 叶抽出芽鞘 2 厘米；

11 【1 叶期】第 1 叶抽出；

12 【2 叶期】第 2 叶抽出；

13 【3 叶期（离乳期）】第 3 叶抽出；

……

2 壮苗期

21 第 1 叶完全展开；

22 第 2 叶完全展开；

23 第 3 叶完全展开，见展叶差 2~3；

……

如果拔节开始，则按 31 计。

3 拔节期

31 植株基部第 1 节间伸长 2 厘米，6~8 叶展开，雄穗生长锥开始伸长；

32 【小喇叭口期】50% 植株基部第 2 节间伸长 2 厘米，8~10 叶展开，雌穗生长锥开始伸长，雄穗小花开始分化；

……

4 长穗期

41 【大喇叭口期】10% 植株棒 3 叶（果穗叶及其上、下叶）抽出，11~13 叶展开，雌穗小花开始分化；

45 50% 植株棒 3 叶抽出。

5 抽雄期

51 10% 植株顶部雄穗露出叶鞘；

53 【抽雄】50% 植株雄穗尖端从顶叶露出 3~5 厘米；

55 50% 植株雄穗抽出一半；

59 雄穗全部抽出。

6 开花吐丝期

61 雄穗中部小穗开花，雌穗花丝露出苞叶；

63 雄穗中部小穗开花，雌穗花丝伸出苞叶 2 厘米；

65 雄穗上、下部小穗开花，雌穗花丝全部抽出；

67 雌穗花丝变干；

69 花丝变焦。

7 籽粒形成期

71 籽粒呈水疱状；

75 籽粒呈圆形胶囊状，内含物（即胚乳）呈清浆状；

79 籽粒体积和鲜重达到最终的 75% 左右，内含物呈乳状。

8 籽粒增重期

83 籽粒内含物呈稠糊状；

85 几乎所有籽粒达到最大体积；

87 籽粒内含物呈软面团状，用指甲压后变形（**鲜食玉米最佳收获期**）；

89 籽粒内含物渐变为软蜡状，指甲可划破表皮。

9 成熟期

92 【蜡熟末期】籽粒脱水变硬，由软蜡状变为硬蜡状；

93 【完熟期（最佳收获期）】灌浆结束，籽粒干硬、基部呈黑色；

97 【枯熟期】籽粒很硬，全田植株几乎全部枯死；

99 后熟，贮藏及种子处理（回到 00 期）。

二、粮食作物 · 豆类

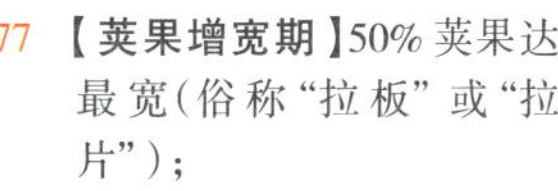

（四）大豆

0 播种期

00 干种子（播种）；

01 种子开始吸水膨胀；

03 湿种子膨胀结束；

05 胚根突破种皮；

07 胚轴和子叶开始伸长；

08 胚轴和子叶向土表延伸；

09 子叶破土可见。

1 幼苗期

10 【出苗期】对生子叶完全展开；

12 茎基对生圆形单叶展开（第 1 节点）；

13 第 2 节点展开第 3 片互生三出复叶；

14 第 4 节点展开互生的三出复叶；

……

一旦基部节点出现腋芽抽出，则按 20 计。

2 分枝期

20 基部第 1 腋芽抽出可见，第 1 侧枝开始；

21 第 1 侧枝第 1 节点可见；

22 第 2 侧枝第 1 节点可见；

……

一旦茎节中上部腋芽出现花苞，则按 51 计。

3 拔节期（茎伸期）

30 主茎第 1 节间开始伸长；

31 50% 植株第 1 节间伸长 2 厘米；

32 50% 植株第 2 节间伸长 2 厘米；

……

39 第 9 或更多节间伸长 2 厘米，一旦主茎中上部节点腋芽出现花苞，则按 51 计。

40 【青贮绿肥收获期】株高和营养生长接近最终大小，可收获为青贮饲料或绿肥还田。

5 现蕾期

51 中上部主茎节点腋芽出现花苞（幼蕾）；

55 幼蕾膨大，从叶腋中长出；

59 花瓣可见，但花蕾仍关闭。

6 开花期

60 全田第 1 朵花开放；

61 【初花期】10% 植株开花；

63 【开花期】50% 植株开花；

65 【盛花期】全田主茎开花，50% 分枝开花，先开花的花瓣逐渐脱落；

67 开花减少，大部分花瓣脱落；

69 【终花期】第 1 个豆荚可见，约 5 毫米长。

7 结荚期

71 豆荚纵、横向生长，头荚达最长 1.5~2.0 厘米；

73 【荚果伸长期】50% 豆荚达最终长度；

75 所有豆荚达最长；

77 【荚果增宽期】50% 荚果达最宽（俗称“拉板”或“拉片”）；

79 所有豆荚达最终宽度。

8 鼓粒期

81 籽粒开始膨大，豆荚开始增厚；

83 豆荚开始隆起；

85 籽粒膨大快、豆荚隆起；

87 【荚果增厚期】50% 豆荚达最厚，籽粒扁平、豆荚渐圆；

89 豆荚饱满，籽粒近圆，豆衣清晰可见（**鲜食毛豆最佳收获期**）。

9 成熟期

90 【绿熟期】植株各器官均绿色，籽粒最大但含水量高、手指易挤破；

92 【黄熟前期】基部叶转黄脱落，豆荚黄绿，种脐黑，种皮绿，指甲划易破；

94 【黄熟后期】上中部叶灰白至淡黄、渐脱落，荚壳转黄渐褐色，种子失水缩小，种皮颜色固定且不易划破；

96 【完熟期】叶全脱落，荚壳干缩变黑褐色，籽硬有光泽（**干籽最佳收获期**）；

97 【枯熟期】籽粒很硬，植株枯死；

99 后熟，贮藏及种子处理（回到 00 期）。

（五）蚕豆

0 播种期
00 干种子（播种）；
01 种子开始吸水膨胀；
03 湿种子膨胀结束；
05 胚根突破种皮并向土中伸长；
07 胚轴和幼芽（子叶）开始伸长；
08 胚轴和幼芽向土表延伸；
09 幼芽靠近地表。
1 幼苗期
10 【出苗期】幼芽破土而出；

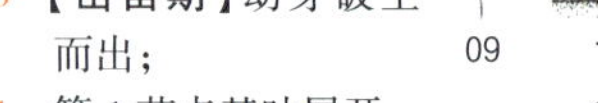

11 第1节点基叶展开；
12 第2节点基叶展开；
13 第3节点展开羽状复叶；
14 第4节点展开羽状复叶；
……

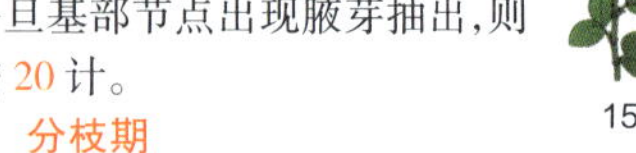

一旦基部节点出现腋芽抽出，则按20计。
2 分枝期
20 基部子叶节位腋芽抽出可见，开始形成1级分枝（多在主茎第4叶）；
21 第1节点形成1级分枝；
22 第2节点形成1级分枝；
23 第3节点形成1级分枝，子叶节的1级分枝开始出现2次分枝；
24 第4节点形成1级分枝，第1节点的1级分枝开始出现2次分枝；
……
出现第1次分枝高峰，一旦主茎节点中上部（8~10叶）腋芽出现花苞，则按41计。
3 主茎伸长期
30 主茎第1节间开始伸长；
31 50% 植株第1节间伸长2厘米；
32 50% 植株第2节间伸长2厘米；
33 50% 植株第3节间伸长2厘米；
……
39 第9或更多节间伸长2厘米。
一旦主茎节点中上部腋芽出现花苞，则按41计。
4 现蕾期
40 主茎节点中上部叶腋中花芽开始分化发育为花苞（幼蕾），但仍被托叶包住；

41 主茎第8~10叶节点从叶腋及苞叶中长出花苞（主茎8~12叶时）；
45 幼蕾膨大至苞叶外；
49 花瓣可见，但花蕾仍闭合。
5 青贮绿肥收获期
50 第2次分枝高峰后直至开花结荚期，株高及营养生长接近最终大小，可收获为青贮饲料或绿肥还田。
6 开花期
60 全田第1朵花开放；
61 【初花期】单株1个总状花序（花簇）开花；
63 【开花期】单株3个花序开花；
65 【盛花期】单株5个花序开花，先开的花瓣逐渐脱落；
67 开花减少，大部分花瓣脱落；
69 【终花期】第1个豆荚可见，约5毫米长。
7 结荚期
70 豆荚纵向、横向生长，第1个豆荚达最终长度；
71 10% 豆荚达最终长度；
75 50% 豆荚达最终长度；
79 几乎所有豆荚达最终长度。
8 鼓粒期
81 荚果扁平，籽粒开始膨大；
83 荚果开始隆起；
85 籽粒膨大快，荚果隆起；
87 籽粒扁平，荚果渐圆；
89 籽粒渐圆，荚果充分膨大且柔嫩，呈圆筒形或固有形状（**鲜食蚕豆最佳收获期**）。
9 成熟期
90 【绿熟期】植株各器官均绿色，籽粒最大但含水量高、手指易挤破；
92 【黄熟前期】基部叶转黄脱落，豆荚黄绿，种脐黑，种皮绿，指甲划易破；
94 【黄熟后期】上中部叶灰白至淡黄、渐脱落，荚壳转黄渐褐色，种子失水缩小，种皮颜色固定且不易划破；
96 【完熟期】叶全脱落，荚壳干缩变黑褐色，籽硬有光泽（**干籽最佳收获期**）；
97 【枯熟期】籽粒很硬，植株枯死；
99 后熟过程，贮藏及种子处理（回到00期）。

（六）豌豆

0 播种期
00 干种子（播种）；
01 种子开始吸水膨胀；
03 湿种子膨胀结束；
05 胚根从种子伸出；
07 胚轴形成粗壮根茎；
08 胚轴伸长到土表，下胚轴弯曲可见；
09 子叶留在土中，幼芽出土。
1 幼苗期
10 【出苗期】基部着生不完全叶、托叶；
11 第1偶数羽状复叶（带卷须）展开；
12 第2偶数羽状复叶展开；
13 第3偶数羽状复叶展开；
……

复叶顶端小叶退化为2~4枚分叉的攀缘卷须。
2 分枝期
20 基部第1节位（子叶至第1真叶节点）腋芽抽出可见，开始形成1级分枝；
21 第1节位形成1级分枝；
22 第2节位形成1级分枝；
23 第3节位形成1级分枝；
……
3 主茎伸长期
30 主茎第1节间开始伸长；
31 50% 植株第1节间伸长2厘米；
32 50% 植株第2节间伸长2厘米；
33 50% 植株第3节间伸长2厘米；
……
【苗高约20厘米时，可每隔7~10天采收1次豌豆苗作蔬菜用】
39 第9或更多节间伸长2厘米。
一旦主茎节点中上部腋芽出现花苞，则按41计。
4 现蕾期
40 主茎节点中上部叶腋中花芽开始分化发育为花苞（幼蕾），但仍被托叶包住；
41 主茎第7~18叶节点从叶腋及苞叶中长出花苞；
45 幼蕾膨大至苞叶外；
49 花瓣可见，但花蕾仍闭合。
5 青贮绿肥收获期
50 分枝期基本结束后直至开花结荚期，株高及营养生长接近最终大小，可收获为青贮饲料或绿肥还田。
6 开花期
60 全田第1朵花开放；
61 【初花期】10% 植株开花；

63 【开花期】50% 植株开花；
65 【盛花期】全田50%的花开放，先开的花瓣逐渐脱落；
67 开花减少，大部分花瓣脱落；
69 【终花期】第1个豆荚可见，约5毫米长。
7 结荚期
70 豆荚纵向、横向生长，第1个豆荚达最终长度；
71 10% 豆荚达最终长度；
75 50% 豆荚达最终长度；
79 几乎所有豆荚达最终长度。
8 鼓粒期
81 荚果扁平，籽粒开始膨大；
83 荚果开始隆起；
85 籽粒膨大快，荚果隆起；
87 籽粒扁平，荚果扁圆，腹部微弯；
89 籽粒扁平椭圆，荚果充分膨大且柔嫩，呈扁、圆筒形，侧面呈剑、马刀或念珠形（**鲜食豌豆最佳收获期，可采收4~5次**）。
9 成熟期
90 【绿熟期】植株各器官均绿色，籽粒最大但含水量高、手指易挤破；
92 【黄熟前期】基部叶转黄脱落，豆荚黄绿，种脐黑，种皮绿，指甲划易破；

94 【黄熟后期】上中部叶灰白至淡黄、渐脱落，荚壳转黄渐褐色，种子失水缩小，种皮颜色固定且不易划破；

96 【完熟期】叶全脱落，荚壳干缩变黑褐色，籽硬有光泽（**干籽最佳收获期**）；

97 【枯熟期】籽粒很硬，植株枯死；

99 后熟过程，贮藏及种子处理（回到 00 期）。

三、油料作物

（七）油菜

0 播种期

【直播】【育苗】

00 干种子（播种）；

01 种子开始吸水膨胀；

03 湿种子膨胀结束；

05 胚根突破种皮；

07 胚轴和子叶开始伸长；

08 胚轴和子叶向土表延伸生长；

09 子叶破土可见。

1 苗前期（幼苗期）

10 【出苗期】子叶完全展开，无侧根；

11 【1叶期】第 1 片长柄叶展开，第 1 对侧根可见；

12 【2叶期】第 2 片长柄叶展开，第 2 对侧根可见；

13 【3叶期】第 3 片长柄叶展开，第 3 对侧根可见；

……

【油菜移栽】一般在 6~8 叶期进行。

19 第 9 片或更多长柄叶展开，一旦通过感温阶段、花芽开始分化，则按 20 计。

2 苗后期（壮苗期）

20 第 1 片短柄叶可见，内部花芽开始分化；

21 第 1 片短柄叶展开；

22 第 2 片短柄叶展开；

23 第 3 片短柄叶展开；

……

29 第 9 片或更多短柄叶展开。如现蕾开始，则按 50 计。

5 蕾薹期

50 【现蕾期】75% 植株花蕾可见，但仍被初生无柄叶包住，伸长茎段节间开始伸长；

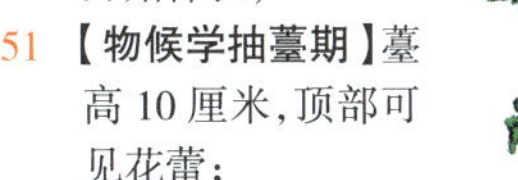

51 【物候学抽薹期】薹高 10 厘米，顶部可见花蕾；

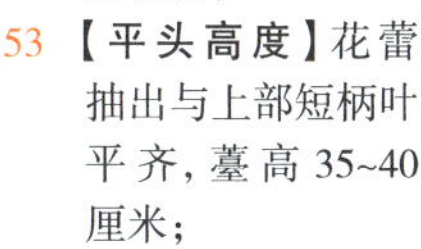

53 【平头高度】花蕾抽出与上部短柄叶平齐，薹高 35~40 厘米；

54 花蕾在幼叶之上；

55 主茎花蕾可见但仍卷曲；

57 分枝花蕾可见但仍卷曲；

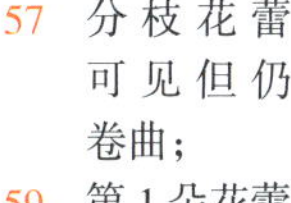

59 第 1 朵花蕾呈现黄色或特有颜色。

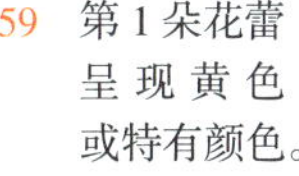

6 开花期

60 全田第 1 朵花开放；

61 【初花期】25%植株开花，主花序轴伸长；

65 【盛花期】75%花序开花，先开的花瓣逐渐脱落；

67 开花减少，大部分花瓣脱落；

69 【终花期】75% 花序停止开花。

7 角果形成期

70 【结角始期】25% 植株雌蕊已受精，角果开始形成；

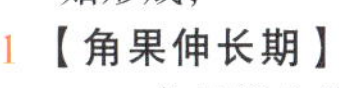

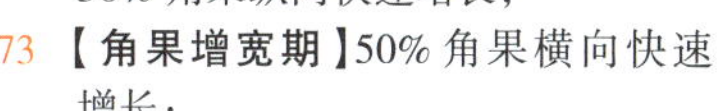

71 【角果伸长期】50% 角果纵向快速增长；

73 【角果增宽期】50% 角果横向快速增长；

75 全田10%角果基本定型；

77 全田50%角果基本定型；

79 所有角果基本定型。

8 成熟期

80 主序下部角果饱满、转黄，籽粒开始变色；

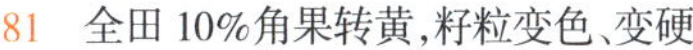

81 全田 10%角果转黄，籽粒变色、变硬；

83 全田 30%角果转黄，籽粒变色、变硬；

85 全田 50%角果转黄，籽粒变色、变硬；

88 全田 80%角果转黄，籽粒变色、变硬（**人工最佳收获期/分段机收割倒期**）；

89 全部角果转黄，籽粒变色、坚硬（**联合机械最佳收获期**）。

9 枯熟期

92 触碰角果易落粒；

97 植株死亡干枯，自然落粒；

99 籽粒后熟、贮藏及种子处理（回到 00 期）。

（八）花生

0 播种（发芽）期

00 干种子；

01 种子开始吸水膨胀；

03 湿种子膨胀结束；

05 【发芽】胚根伸出，露白尖约 3 毫米；

07 胚轴形成粗壮根颈；

08 胚轴上移到土表，下胚轴弯曲可见；

09 胚轴将子叶（可能出土）、胚芽推向地表。

1 幼苗期

10 第 1 真叶（羽状复叶）抽出叶鞘；

11 【1叶期】第 1 真叶展开；

12 【2叶期】第 2 真叶展开；

13 【3叶期】第 3 真叶展开；

……

一旦侧枝开始发生，则按 21 计。

2 侧枝形成期

21 子叶节俩腋芽可见，侧枝生长开始；

23 第 1 对侧枝抽出（3~4 片真叶展开）；

25 第 2 对侧枝抽出（5~6 片真叶展开）；

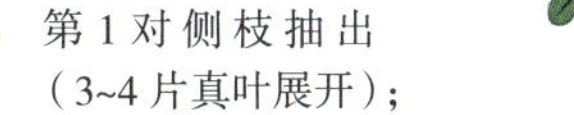

……

3 主茎伸长期

30 【团棵期】第 1 对 1 级侧枝上抽出 2 次枝（6~7 片真叶展开）；

31 主茎伸长，枝蔓快长，行间覆盖率 10%；

32 行间覆盖率 20%；

33 行间覆盖率 30%；

……

39 行间覆盖率 90%，基本封行。

5 花蕾期（花序出现）

51 第 1 花序可见；

55 头花幼蕾可见，从叶腋及苞叶中膨出；

59 头花花瓣芽仍关闭，萼片微裂，花瓣微露。

6 花针期

60 第 1 朵花开放；

61 【初花期】10%植株开花；

62 第 1 子实体形成肉眼可见的果针（入土）；

63 30%植株开花；

64 第 1 子实体形成的果针明显拉长；

65 【开花期】50%植株开花，先开花的花瓣逐渐脱落；

68 【盛花期】100% 植株开花，50% 植株出现鸡头状幼果。

7 结荚期

71 50% 植株的鸡头状幼果快速膨胀约 2 倍；

72 荚果继续膨大并充实，最早形成的荚果基本定型，出现饱果（鲜重和体积达到最大）；

73 10%植株出现饱果；

74 30%植株出现饱果；

75 50% 植株出现饱果

……

8 饱果成熟期

80 所有植株开始出现饱果；

81 全田 10%荚果饱满成熟（果壳硬化，网纹清晰，籽仁饱满易拆分，种皮干燥呈粉红等固有本色）；

83 全田 30%荚果饱满成熟（**鲜食花生开始收获**）；

……

85 全田 50%荚果饱满成熟；

87 全田 70%荚果饱满成熟（**花生干果开始收获**）；

……

89 几乎所有荚果饱满成熟。

9 衰老期

91 植株地上部开始干枯；

95 植株地上部约 50% 干枯；

97 全田植株几乎全部枯死；

99 后熟过程，储藏及种子处理（回到 00 期）。

四、纤维作物

（九）棉花

0 播种期

00 干种子（播种）；

01 种子开始吸水膨胀；

03 湿种子膨胀结束；

05 胚根突破种皮；

07 胚轴和子叶开始伸长；

08 胚轴和子叶向土表延伸；

09 子叶破土可见。

1 幼苗期

10 【出苗期】子叶全展，叶基点现红时发生 1 级侧根；

11 【1 叶期】第 1 真叶展开，发生 1 级侧根和支根；

12 【2 叶期】第 2 真叶展开，大量发生侧根、支根和毛根；

13 【3 叶期】第 3 真叶展开，侧根数 80~90 条；

……

一旦花芽分化，则按 20 计。

2 孕蕾期

20 田间棉株第 1 个花芽分化，多在 3 片真叶展开前后；

21 10% 棉株花芽分化；

25 50% 棉株花芽分化；

……

一旦出现约 3 毫米三角形花苞，则按 41 计。

3 分枝期

30 主茎及枝叶开始快长；

31 主茎第 1 分枝伸出 2 厘米；

32 主茎第 2 分枝伸出 2 厘米；

33 主茎第 3 分枝伸出 2 厘米；

……

一旦出现约3毫米三角形花苞，则按 41 计。

4 现蕾期

41 【现蕾期】50% 棉株第 1 果枝第 1 果节上出现约 3 毫米三角形花苞（6~7 片真叶展开期）；

42 50% 棉株第 2 果枝开始现蕾；

43 50% 棉株第 3 果枝开始现蕾；

44 【盛蕾期】50% 棉株第 4 果枝开始现蕾（距 41 期约 10 天），单株蕾日生长量最多；

……

一旦花序开始出现，则按 51 计。

5 蕾期（蕾花发育）

51 第 1 果枝第 1 果节花蕾呈“针头”状；

52 第 1 果枝第 1 果节花蕾呈方形；

55 花蕾从叶腋及苞叶中长出并明显膨大；

59 花冠伸长，微露出苞叶，花瓣可见但花芽仍关闭。

6 开花期

60 全田第 1 朵花开放；

61 【初花期】50% 棉株第 1 果枝第 1 果节上的花开放；

64 【盛花期】50% 棉株第 4 果枝第 1 果节上的花开放（距 61 期约 9 天，先开的花瓣脱落）；

67 开花减少，大部分花瓣脱落；

69 【终花期】75% 花序停止开花。

7 结铃期

70 【结铃期】50% 棉株第 1 果枝第 1 果节成铃；

71 约 10%棉铃定型；

73 约 30%棉铃定型；

75 【盖顶】约 60%棉铃定型；

77 约 70%棉铃定型；

79 几乎所有棉铃定型。

8 吐絮期

80 【始絮期】50% 棉株第 1 果枝第 1 果节棉铃线裂；

81 约 10% 棉铃吐絮，**开始人工采摘**，后间隔 7~10 天采摘 1 次；

85 约 50% 棉铃吐絮；

89 约 90% 棉铃吐絮，**机采棉**。

9 终絮期

91 约 10% 棉叶枯黄或凋落；

92 约 20% 棉叶枯黄或凋落；

……

96 约 60% 棉叶枯黄或凋落；

97 全田几乎全部枯死；

99 后熟过程，储藏及种子处理（回到 00 期）。

五、蔬菜作物

（十）结球叶菜 · 甘蓝

0 播种（发芽）期

00 干种子（播种）；

01 种子开始膨胀（吸胀）；

03 湿种子膨胀结束（萌动）；

05 胚根从种子伸出（露白）；

07 下胚轴和子叶突破种皮（发芽）；

09 子叶从土壤表面露出（破土）。

1 幼苗期

10 子叶完全展开，生长点或真叶初始可见；

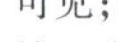

11 第 1 真叶展开；

12 第 2 真叶展开；

13 第 3 真叶展开；

……

19 第 9 或更多真叶展开。

4 结球期

40 【莲座期】叶环开始形成；

41 叶球开始形成，两片新叶不再展开；

42 叶球达最终大小的 20%；

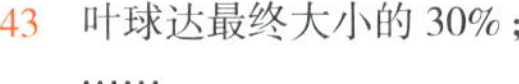

43 叶球达最终大小的 30%；

……

48 叶球达最终大小的 80%；

49 叶球达最终大小、形状和硬度【**蔬食产品收获期**】。

5 抽薹期（花序形成期）

51 叶球内短缩茎开始伸出叶球；

53 球内短缩茎伸长到最终高度的 30%；

55 球内短缩茎伸长到最终高度的50%，第1花序可见，但仍闭合；
57 球内短缩茎伸长到最终高度的70%，第2花序可见，但仍闭合；
59 第1花序的第1朵花可见，但仍闭合。

6 开花期

60 第1朵花开放；
61 【初花期】10%的花朵开放；
62 20%的花朵开放；
……
65 【盛花期】50%的花朵开放；
67 开花减少，部分花瓣脱落；
69 【终花期】停止开花且花瓣脱落。

7 结荚（果）期

70 第1果形成；
71 10%的果实达最大体积；
72 20%的果实达最大体积；
……
78 80%的果实达最大体积；
79 全部果实达最大体积。

8 成熟期

80 第1果成熟，即种子收缩变硬，呈现种子固有颜色；
81 10%果实成熟；
82 20%果实成熟；
……
88 80%果实成熟；
89 全田植株果实成熟【种子采收期】。

9 枯熟（衰老）期

92 叶和花轴开始褪色；
95 50%的叶片枯黄；
97 植株死亡、倒塌；
99 后熟过程，储藏及种子处理（回到00期）。

（十一）花菜类·花菜

0 播种（发芽）期

00 干种子（播种）；
01 种子开始膨胀（吸胀）；
03 湿种子膨胀结束（萌动）；
05 胚根从种子伸出（露白）；
07 下胚轴和子叶突破种皮（发芽）；
09 子叶从土壤表面露出（破土）。

1 幼苗期

10 子叶完全展开，生长点或真叶初始可见；
11 第1真叶展开；
12 第2真叶展开；
13 第3真叶展开；
……
19 第9或更多真叶展开。

3 壮苗期

33 叶片大小或主茎高度达品种预期的30%；
35 叶片大小或主茎高度达品种预期的50%；
37 叶片大小或主茎高度达品种预期的70%；
39 叶片达最终大小，主茎达典型高度。

4 莲座期

41 10%的叶丛达最终大小；
42 20%的叶丛达最终大小；
……
48 80%的叶丛达最终大小；
49 几乎所有叶丛达最终大小。

5 抽薹期（花球形成期）

51 叶丛开始出现花序；
53 花茎达到标准长度的30%；
55 头花幼蕾可见，从叶腋及苞叶伸出【蔬食产品收获期】；
59 头花花瓣芽萼片微裂、花瓣微露但仍未开放。

6 开花期

60 第1朵花开放；
61 【初花期】10%的花朵开放；
62 20%的花朵开放；
……
65 【盛花期】50%的花朵开放；
67 开花减少，部分花瓣脱落；
69 【终花期】停止开花且花瓣脱落。

7 结荚（果）期

70 第1果形成；
71 10%的果实达最大体积；
72 20%的果实达最大体积；
……
78 80%的果实达最大体积；
79 全部果实达最大体积。

8 成熟期

80 第1果成熟，即种子收缩变硬，呈现种子固有颜色；
81 10%果实成熟；
82 20%果实成熟；
……
88 80%果实成熟；
89 全田植株果实成熟【种子采收期】。

9 枯熟（衰老）期

92 叶和花轴开始褪色；
95 50%的叶片枯黄；
97 植株死亡、倒塌；
99 后熟过程，储藏及种子处理（回到00期）。

（十二）茄果类·番茄

0 播种（发芽）期

00 干种子（播种）；
01 种子开始膨胀（吸胀）；
03 湿种子膨胀结束（萌动）；
05 胚根从种子伸出（露白）；
07 下胚轴和子叶突破种皮（发芽）；
09 子叶从土壤表面露出（破土）。

1 幼苗期

10 子叶完全展开，生长点或真叶初始可见；
11 主茎第1真叶展开；
12 第2真叶展开；
13 第3真叶展开；
……
19 第9或更多真叶展开。

2 分枝期

21 第1侧枝（一级分枝）腋芽可见；
22 第2侧枝（一级分枝）腋芽可见；
……
29 第9侧枝（一级分枝）腋芽可见；
29.0 第10或更多一级侧枝腋芽可见；
29.1 第1个二级分枝腋芽可见；
……（若第1花序出现，则进入51）
29.9 第9个二级分枝腋芽可见；
29.90 第10或更多个二级侧枝腋芽可见；
29.91 第1个三级侧枝腋芽可见；
……
29.9*nx* 第*x*枝（*n*+2）级分枝腋芽可见。

5 现蕾期

51 番茄第1花序可见（第1花蕾长出，下同），辣椒和茄子第1花蕾（门椒或门茄）可见；
52 番茄第2花序可见，辣椒和茄子第2级（假二杈分枝，下同）花蕾（对椒或对茄）可见；
53 番茄第3花序可见，辣椒和茄子第3级花蕾（四门斗）可见；
……
59 番茄第9花序可见（第1芽直立），辣椒和茄子第9级花蕾（满天星）可见；
59.0 番茄第10花序可见，辣椒和茄子第10级花蕾（满天星）可见；
……（若第1朵花开放，则进入61）
59.9 番茄第19花序可见，辣椒和茄子第19级花蕾（满天星）可见；
……

6 开花期

61 番茄第1花序的第1朵花开放，辣椒和茄子第1朵花蕾开放；
62 番茄第2花序的第1朵花开放，辣椒和茄子第2级花蕾（对椒或对茄）开放；
63 番茄第3花序的第1朵花开放，辣椒和茄子第3级花蕾（四门斗）开放；
……（若第1串果穗的幼果开始膨大，则进入70）
69.0 番茄第10花序的第1朵花开放，辣椒和茄子第10级花蕾（满天星）开放；
……
69.9 番茄第19花序的第1朵花开放，辣椒和茄子第19级花蕾（满天星）开放；
……

7 结果期

70 【坐果】第1串果穗幼果开始膨大，花朵凋落；
71 番茄第1串果穗形成且其第1果达最终大小【绿熟期】，辣椒和茄子第1果（门椒或门茄）达最终大小和形状；

72 番茄第2串果穗形成且其第1果达最终大小，辣椒和茄子第2级果实（对椒或对茄）达最终大小和形状；
73 番茄第3串果穗形成且其第1果达最终大小，辣椒和茄子第3级果实（四门斗）达最终大小和形状；
……（若第1果进入坚熟期，则进入80）
79 番茄第9串果穗形成且其第1果达最终大小，辣椒和茄子第9级果实（满天星）达最终大小和形状；
79.0 番茄第10串果穗形成且其第1果达最终大小，辣椒和茄子第10级果实（满天星）达最终大小和形状；
……
79.9 番茄第19串果穗形成且其第1果达最终大小，辣椒和茄子第19级果实（满天星）达最终大小和形状；
……

8 成熟期

80 【坚熟期】第1果呈现出标准熟果颜色或特征（茄子出现“茄眼睛”）；【蔬食产品开始收获】
81 10%果实呈现出标准熟果颜色；
82 20%果实呈现出标准熟果颜色；
……
88 80%果实呈现出标准熟果颜色；
89 【完熟期】全田果实呈标准熟果颜色。

9 枯熟（衰老）期

97 植株死亡、倒塌【种子采收期】；
99 后熟过程，储藏及种子处理（回到00期）。

（十三）瓜类·黄瓜

0 播种（发芽）期

00 干种子（播种）；
01 种子开始膨胀（吸胀）；
03 湿种子膨胀结束（萌动）；
05 胚根从种子伸出（露白）；
07 下胚轴和子叶突破种皮（发芽）；
09 子叶从土壤表面露出（破土）。

09

1 幼苗期

10 子叶完全展开，生长点或真叶初始可见；
11 主茎第1真叶展开；
12 第2真叶展开；
13 第3真叶展开；
……
19 第9真叶展开；
19.0 第10真叶展开；
……（若第1侧蔓腋芽出现，则进入21）
19.9 第19真叶展开；
……

10 11 15 19

2 抽蔓期

21 第1侧蔓腋芽可见；
22 第2侧蔓腋芽可见；
……
29 第9侧蔓腋芽可见；
29.0 第10个侧蔓腋芽可见；
……（一旦出现第1朵花，则进入51）
29.90 第20或更多侧蔓腋芽可见；
29.91 第1个二级侧蔓腋芽可见；
……

22

29.991 第1个三级侧蔓腋芽可见；
……

5 现蕾期

51 主蔓第1朵雌花可见；
52 主蔓第2朵雌花可见；
……
59 主蔓第9朵雌花可见；
59.0 主蔓第10朵雌花可见；
59.1 主蔓第11朵雌花可见；
……（若第1朵花开放，则入61）
59.9 主蔓第19朵雌花可见；
59.90 主蔓第20朵或更多雌花可见；
59.91 二级侧蔓上第1朵雌花可见；
……
59.991 三级侧蔓上第1朵雌花可见；
……

6 开花期

61 主茎第1朵花开放；
62 主茎第2朵花开放；
……
69 主茎第9朵花开放；
69.0 主茎第10朵花开放；
……（若第1个幼瓜出现，则进入70）
69.9 主茎第19朵花开放；
69.90 主茎第20朵或更多花开放；
69.91 侧蔓上第1朵花开放；
……
69.991 侧蔓上第1朵花开放；
……

61

7 结果期

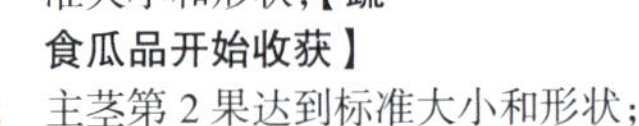
71

70 第1幼瓜长出；
71 主茎第1果达到标准大小和形状；【蔬食瓜品开始收获】
72 主茎第2果达到标准大小和形状；
……
79 主茎第9果达到标准大小和形状；
79.0 主茎第10果达到标准大小和形状；
……（若第1个瓜呈现出标准成熟瓜颜色，则进入80）
79.90 主茎第20或更多果实达到标准大小和形状；
79.91 一级侧枝上第1果达到标准大小和形状；
……
79.991 二级侧枝上第1果达到标准大小和形状（生产上抹芽，不留）；
……

8 成熟期

80 第1果呈现出标准熟果颜色；
81 10%果实呈现出标准熟果颜色；【果用瓜品开始收获】
82 20%果实呈现出标准熟果颜色；
……
88 80%果实呈现出标准熟果颜色；
89 全田果实呈现出标准熟果颜色。

81

9 枯熟（衰老）期

97 植株死亡、倒塌【种子采收期】；
99 后熟过程，储藏及种子处理（回到00期）。

（十四）豆类·四季豆

0 播种（发芽）期

00 干种子（播种）；
01 种子开始膨胀（吸胀）；
03 湿种子膨胀结束（萌动）；
05 胚根从种子伸出（露白）；
07 下胚轴和子叶突破种皮（发芽）；
09 子叶从土壤表面露出（破土）。

09

1 幼苗期

10 对生子叶完全展开；
12 对生单叶展开；
13 第3真叶（第1片三出复叶）展开；
14 第4真叶（第2片三出复叶）展开；
……

12

一旦基部节点出现腋芽抽出，则按21计。

15

2 抽蔓期

21 第1侧蔓（一级分枝，腋芽，下同）可见；
22 第2侧蔓可见；
23 第3侧蔓可见；
……

一旦茎节中上部腋芽出现花苞，则按51计。

5 现蕾期

51 主蔓中上部腋芽出现第1个花苞（幼蕾）；

51

55 第1个幼蕾膨大，从叶腋中长出；
59 第1花瓣可见，但花蕾仍关闭。

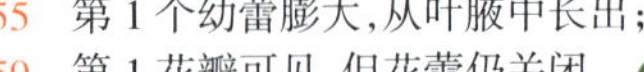

6 开花期

60 全田第1朵花开放；
61 【初花期】10%植株开花；
63 【开花期】50%植株开花；
65 【盛花期】全田主茎开花，50%分枝开花，先开花的花瓣逐渐脱落；
67 开花减少，大部分花瓣脱落；
69 【终花期】第1个豆荚可见，约5毫米长。

61

7 结荚期

70 豆荚纵向、横向生长，第1个豆荚达最终长度；

71

71 10% 豆荚达最终长度；
（**蔬食豆荚开始收获，可采收数次**）
75 50% 豆荚达最终长度；
……（若籽粒开始膨大则进入 81）
79 几乎所有豆荚达最终长度。

8 **鼓粒期（与前有重叠）**
81 荚果扁平，籽粒开始膨大；
83 荚果开始隆起；
85 籽粒膨大快，荚果隆起；

87 籽粒扁平，荚果扁圆且柔嫩；
89 籽粒椭圆，荚果充分膨大，呈扁、圆筒形，侧面呈剑、马刀等形（**蔬食豆粒最佳收获期**）。

9 **成熟期**
90 【**绿熟期**】植株各器官均绿色，籽粒最大但含水量高、手指易挤破；
92 【**黄熟前期**】基部叶转黄脱落，豆荚黄绿，种脐黑，种皮绿，指甲划易破；
94 【**黄熟后期**】上中部叶灰白至淡黄、渐脱落，荚壳转黄渐褐色，种子失水缩小，种皮颜色固定且不易划破；
96 【**完熟期**】叶全脱落，荚壳干缩变黑褐色，籽硬有光泽（**种子最佳收获期**）；
97 【**枯熟期**】籽粒很硬，植株枯死；
99 后熟过程，储藏及种子处理（回到 00 期）。

（十五）薯芋类 · 马铃薯

0 **播种（发芽）期**
00 打破休眠的块茎 / 干种子（播种）；
01 新芽可见，芽长小于 1 毫米 / 种子吸水膨胀；
02 芽直立，芽长小于 2 毫米；
03 芽长 2~3 毫米 / 湿种子膨胀结束（萌动）；
05 开始生根 / 胚根从种子伸出；
07 开始抽茎 / 胚轴和子叶破出；
08 茎和鳞叶 / 胚轴和子叶伸向土壤表层；
09 子叶从土壤表面露出（破土）。

1 **幼苗期（团棵期）**
10 块茎首叶 / 子叶完全展开；
11 主茎第 1 叶完全展开（>4 厘米，下同）；
12 主茎第 2 叶完全展开；
……
19 主茎第 9 或更多叶完全展开。
一旦主茎叶腋出现腋芽抽出，则按 20 计。

2 **发棵期**
21 主茎第 1 叶腋侧枝伸出 5 厘米；
22 主茎第 2 叶腋侧枝伸出 5 厘米；
……
29 主茎第 9 或更多叶腋侧枝伸出 5 厘米。
一旦出现行间植株枝叶交错，则按 30 计。

3 **枝叶盛长期**
31 【**开始封垄**】10% 植株间枝叶交错；
32 20% 植株间枝叶交错；
……
39 【**完全封垄**】90% 植株间枝叶交错。
一旦出现匍匐茎尖直径明显膨大，则按 40 计。

4 **结薯期**
40 【**块茎形成**】：第 1 个匍匐茎尖直径膨大 2 倍；
41 10% 块茎总量形成；
42 20% 块茎总量形成；
……（一旦现蕾则按 51 计）
47 70% 块茎总量形成；
48 块茎几乎全部形成，且易从匍匐茎脱落，表皮嫩薄，可轻易剥离；
49 95% 的块茎表皮木栓化，不易剥离【**薯块产品最佳收获期**】。

5 **现蕾期**
51 主茎第 1 花序花蕾（苞）初现（1~2 毫米）；
55 第 1 花序花蕾膨大至 5 毫米；
59 第 1 花瓣可见，但花蕾仍关闭。

6 **开花期**
60 全田第 1 朵花开放；
61 【**初花期**】10% 植株第 1 花序开花；
63 【**开花期**】50% 植株第 1 花序开花；
65 【**盛花期**】全田植株第 1 花序开花，50% 植株第 2 花序开花；
67 开花减少，花瓣开始脱落；
69 【**终花期**】停止开花，花瓣大多脱落。

7 **结果期**
70 第 1 浆果可见；
71 主茎第 1 果序 10% 浆果膨大完成；
72 主茎第 1 果序 20% 浆果膨大完成；
……
79 第 1 花序果实全部膨大完成。

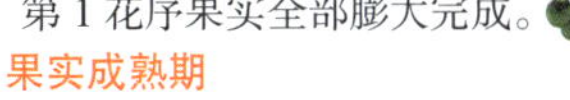

8 **果实成熟期**
81 主茎第 1 果序浆果绿色，种子浅色；
85 主茎第 1 果序浆果红褐色至褐色；
89 主茎第 1 果序浆果干瘪，种子黑色。

9 **枯熟（衰老）期**
91 叶片开始转黄；
93 多数叶片黄化；
95 50% 叶片呈褐色；
96 70% 叶片呈褐色【**薯块产品最佳收获期**】；
97 【**枯熟期**】籽粒很硬，植株枯死（**种子最佳收获期**）；
99 薯块【**休眠期**】储藏及种子处理（回到 00 期）。

（十六）根菜类 · 胡萝卜

0 **播种（发芽）期**
00 干种子（播种）；
01 种子开始膨胀（吸胀）；
03 湿种子膨胀结束（萌动）；
05 胚根从种子伸出（露白）；
07 下胚轴和子叶突破种皮（发芽）；
09 子叶从土壤表面露出（破土）。

1 **幼苗期**
10 子叶完全展开，生长点或真叶初始可见；
11 第 1 真叶展开；
12 第 2 真叶展开；
……
19 第 9 或更多真叶展开。
一旦出现根茎直径明显膨大，则按 40 计。

4 **块根膨大期**
41 肉质根膨大到最终大小的 10%，直径约 5 厘米；
42 肉质根膨大到最终大小的 20%；
……
48 肉质根膨大到最终大小的 80%；
49 肉质根完全膨大，呈现典型大小和特征【**肉质根产品最佳收获期**】。

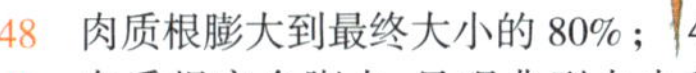

5 **花序形成期**
51 复伞形花序，主伞梗开始伸长；
53 主伞梗伸长到最终长度的 30%；
55 主伞形花序的花蕾初现（1~2 毫米）；
57 二回伞形花序的花蕾初现（1~2 毫米）；
59 第 1 花瓣可见，但花蕾仍关闭。

6 **开花期**
60 全田第 1 朵花开放；
61 【**初花期**】10% 植株开花；
63 【**开花期**】50% 植株开花；
65 【**盛花期**】全田植株开花，50% 的花朵开放；
67 开花减少，部分花瓣开始脱落；
69 【**终花期**】停止开花，花瓣大多脱落。

7 **结果期**
70 第 1 果形成；
71 10% 的果实达最终大小；
72 20% 的果实达最终大小；
……
79 几乎全部果实达最终大小。

8 **成熟期**
81 【**初熟期**】植株果实 10% 成熟，即种子收干变硬，呈固有颜色；
85 植株果实 50% 成熟，种子收干变硬，呈固有颜色；
89 【**完熟期**】植株果实全部成熟，种子收干变硬，呈固有颜色。

9 **枯熟（衰老）期**
92 叶和伞梗开始褪色；
95 50% 叶片变黄；
97 【**枯熟期**】籽粒很硬，植株地上部枯死（**种子最佳收获期**）；
99 后熟，储藏及种子处理（回到 00 期）。

（十七）葱蒜类·大蒜

0 播种（发芽）期

00 干种子或打破休眠的蒜瓣；
01 种子开始吸水膨胀；
03 湿种子膨胀结束；
05 胚根突破种皮伸入土中；
07 胚轴和子叶突破种皮开始伸长；
08 胚轴和子叶向土表延伸；
09 子叶破土可见或出现绿芽；
010 子叶开始弯曲可见钩状；
011 弯曲的子叶呈绿色；
012 子叶呈鞭状。

1 幼苗期

11 第1叶清晰可见（3厘米）；
12 第2叶清晰可见（3厘米）；
13 第3叶清晰可见（3厘米）；
……
19 第9叶或更多叶清晰可见（3厘米）。直至烂母。

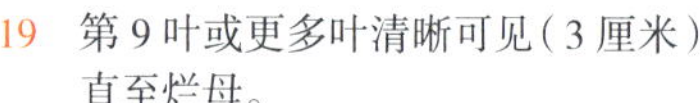

2 花芽分化期

20 【烂母】鳞瓣干瘪腐烂，大蒜植株幼苗期结束；
21 第1花芽分化；
22 第2花芽分化；
……

3 鳞芽分化期

31 叶基部开始变粗或延长；
32 鳞芽开始分化，株高约10厘米，假茎粗度达最终直径的20%；
34 株高约20厘米，假茎粗度达最终直径的40%（**开始分批采收蒜苗**）；
35 假茎粗度达最终直径的50%
……

4 抽薹期

41 【坐脐】生长锥生长发育成蒜薹雏形，薹高约1厘米；
43 花蕾直径达到预期花苞体积的30%；
45 【显尾】当总苞顶端露出顶生叶的出口，整个花茎鞘闭合；
47 【露苞】花萼片微裂，总苞膨大部分露出出叶口；
49 【甩弯】薹茎达最终长度和粗度，并向一旁弯曲，此时头花花瓣微露出花萼，但花苞芽仍闭合（**蒜薹最佳收获期**）。

5 鳞茎膨大期

51 叶已出齐，叶面积最大、根系生长最快，花序总苞开始抽出叶鞘，鳞茎开始生长；
53 【鳞茎膨大初期】花茎采收前后，具有顶端生长优势；
55 【鳞茎膨大盛期】花茎采收后，顶端生长优势解除，根量不再增加，叶片由绿转黄（约10%叶片弯曲），植株长势衰退，营养物质大量向蒜头转移；
57 【鳞茎膨大末期】约50%叶片弯曲，植株假茎（管状叶）倒伏；
59 鳞茎蒜头接近最终大小，叶片死亡，鳞茎干枯（**蒜头最佳收获期**）。

6 开花期

60 全田第1朵花开放；
61 【初花期】10%植株开花；
63 【开花期】50%植株开花；
65 【盛花期】全田50%的花开放（先开的花瓣逐渐脱落）；
67 开花减少，大部分花瓣脱落；
69 【终花期】开花接近尾声，少见新花开放。

7 果囊形成期

71 第1个果囊形成；
72 20%的果囊形成；
75 50%的果囊形成；
77 70%的果囊形成；
79 几乎全部的果囊形成，种子发白。

8 种子成熟期

81 10%的果囊成熟；
85 第1个果囊破裂；
89 完全成熟的种子黑又硬。

9 衰老期

92 植株地上部叶片和新梢开始变色；
95 植株地上部分约30%干枯；
97 【种子采收期】地上部植株死亡；
99 后熟，储藏及种子处理（回到00期）。

六、水果作物

（十八）仁果·苹果

0 萌芽期

00 【休眠】叶芽和肥大的花芽包被于暗褐色鳞片内；
01 【叶芽萌动】芽明显膨大，芽鳞伸长，表面有浅色小块；
03 【叶芽膨大】芽鳞浅色且密被茸毛；
07 【破芽吐绿】1个绿色叶尖隐约可见；
09 绿色叶尖伸出芽鳞5毫米。

1 新梢展叶期

10 【鼠耳状托叶】绿色叶尖伸出芽鳞10毫米，托叶分离；
11 托叶展开（其他叶片陆续展开）；
15 更多的叶片展开，但未达最大叶茎；
19 托叶完全展开。

3 新梢抽生期

31 枝条开始抽生：新梢柄轴可见；
32 枝条抽生至最终长度约20%；
33 枝条抽生至最终长度约30%；
……
39 枝条抽生至最终长度约90%。

5 现蕾期

51 【花芽萌动】芽鳞伸长，表面有浅色小块；
52 【花芽膨大】芽鳞浅色且密被茸毛；
53 【破芽吐绿】包裹着花蕾的花芽露绿；
54 【老鼠耳形态】绿色叶尖伸出芽鳞10毫米，首叶分离；
55 花蕾膨出可见，仍闭合；
56 【绿蕾期】单个花蕾相互分开，仍闭合；
57 【粉蕾期】花芽萼片微裂、花瓣微露；
59 大多数花蕾呈球形。

6 开花期

60 第1朵花开放；
61 【初花期】10%的花朵开放；
62 20%的花朵开放；
……
65 【盛花期】50%的花朵开放，先开的花瓣开始凋落；
67 开花减少，大多数花瓣凋落；
69 【终花期】停止开花，花瓣全部凋落。

7 坐果期

70 【落果】第1次落果，部分花梗随花脱落；
71 果径约10毫米，花后落果（前期落果）；

72 果径约20毫米，生理落果；
74 果径增至40毫米，果实与果柄呈“T”形（果实自立）；

75 果径达最终果径一半；
……

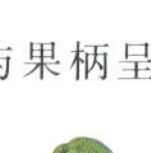

79 果径达最终果径90%及以上。

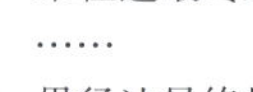

8 果实膨大期

81 【转色期】果皮开始转色；
85 【成熟期】果皮颜色加深；

87 【商品采收期】果形、皮色接近最终果实特征；
89 【生理成熟期】果实口感风味最佳。

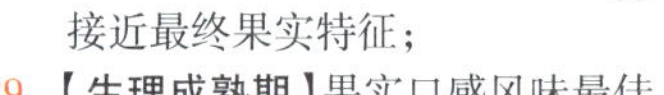

9 休眠期

91 枝条顶芽饱满，枝叶绿色；
92 叶片开始褪绿；
93 开始落叶；
95 50%叶片脱落；
97 叶片全部脱落；
99 果品贮藏、加工及枝条处理（回到00期）。

（十九）核果·樱桃

0 萌芽期

00 【休眠】叶芽和肥厚的花序芽覆盖于暗褐色鳞片内；

01 【叶芽萌动】芽明显膨大，边缘色浅，可见浅棕色鳞片；

03 【叶芽膨大】芽鳞分离，可见浅绿色芽体；

09 【破芽吐绿】棕色鳞片脱落，芽包裹于浅绿色鳞片内。

1 展叶期

10 幼叶分离：鳞片略微张开，露出叶片；

11 幼叶展开，新梢柄轴可见；

19 幼叶完全展开。

3 新梢抽生期

31 枝条开始抽生：新梢柄轴可见；

32 枝条抽生至最终长度约 20%；

33 枝条抽生至最终长度约 30%；

……

39 枝条抽生至最终长度约 90%。

5 现蕾期

51 花芽萌动、膨大，但仍闭合，可见浅棕色鳞片；

53 【破芽吐绿】鳞片分离，可见浅绿色芽体；

54 花序闭合于浅绿色鳞片中（非所有品种都形成此类鳞片）；

55 着生于短梗上的花蕾膨出可见，但仍闭合，绿色鳞片略开；

56 花柄伸长，萼片闭合，单个花蕾相互分开；

57 萼片微裂，花瓣微露呈白色或粉色，但仍闭合；

59 大多数花蕾呈球形。

6 开花期

60 第 1 朵花开放；

61 【初花期】10% 的花朵开放；

62 20% 的花朵开放；

……

65 【盛花期】50% 的花朵开放，先开的花瓣开始凋落；

67 开花减少，大多数花瓣凋落；

69 【终花期】停止开花，花瓣全部凋落。

7 结果期

71 【坐果期】植株授粉，胚珠受精，子房发育，花后着果；

72 衰败的萼冠包围着绿色子房，萼片开始凋落；

73 第 2 次落果；

75 果径达最终果径一半；

……

79 果径达最终果径 90% 及以上。

8 果实成熟期

81 【转色期】果皮开始转色；

85 【成熟期】果皮颜色加深；

87 【商品采收期】果形、皮色接近最终果实特征；

89 【生理成熟期】果实口感风味最佳。

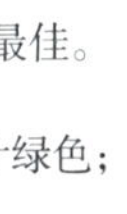

9 休眠期

91 枝条生长完成，顶芽饱满，枝叶绿色；

92 叶片开始褪色；

93 开始落叶；

95 50% 叶片褪色或脱落；

97 叶片全部脱落；

99 果品贮藏、加工及枝条处理（回到 00 期）。

（二十）葡萄

0 萌芽期

00 【休眠】冬芽浅褐色或深棕色、尖圆及芽鳞闭合程度因品种而异；

01 【冬芽萌动】芽于芽鳞内开始增大；

03 【冬芽膨大】芽体膨大，仍未着绿；

05 【绒毛期】棕色绒毛清晰可见；

07 【破芽初期】初现嫩绿芽尖；

09 【破芽期】嫩绿芽尖清晰可见。

1 新梢生长期

11 首叶展开；

12 第 2 叶展开；

13 第 3 叶展开；

……

19 第 9 或更多叶片展开。

5 现蕾期

53 花序清晰可见；

55 花序膨大，花蕾密集；

57 花序发育完全，花蕾相互分离。

6 开花期

60 第 1 朵花开放；

61 【初花期】10% 的花帽脱落；

62 20% 的花帽脱落；

63 【开花期】30% 的花帽脱落；

65 【盛花期】50% 的花帽脱落；

……

69 【终花期】90% 及以上的花帽脱落。

7 结果期

71 【坐果期】植株授粉，胚珠受精，初步形成结果条件；

73 浆果米粒大小，果穗开始垂挂；

75 浆果豌豆大小，果穗垂挂；

77 浆果互相接触；

79 大多数浆果接触。

8 成熟期

81 【转色期】浆果开始转品种色；

83 浆果转色；

85 浆果软化；

89 【成熟采收期】果实口感风味最佳。

9 休眠期

91 枝条完全木质化；

92 叶片开始褪色；

93 开始落叶；

95 50% 叶片脱落；

97 叶片全部脱落；

99 果品贮藏、加工及枝条处理（回到 00 期）。

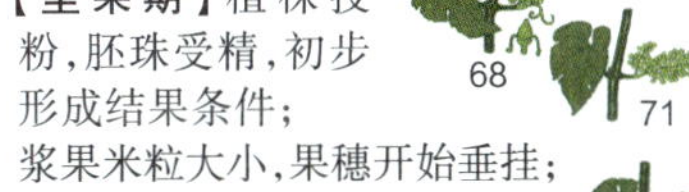

（二十一）草莓

0 萌芽期

00 草莓植株披垂，与地面平行，呈现“矮化状态”；

03 主芽萌动膨大。

1 幼苗期

10 首叶抽出；

11 首叶展开；

12 第 2 叶展开；

13 第 3 叶展开（同步进入现蕾期）；

……

19 第 9 或更多叶展开。

4 壮苗期

41 匍匐茎开始形成，茎长约 2 厘米；

42 一代子株长出；

43 一代子株分化出不定根；

45 一代子株扎根土壤，可分苗定植；

49 多代子株扎根土壤，可分苗定植。

5 现蕾期

55 短缩茎弓背处抽生花序；

56 花序伸长；

57 初现花蕾，但未开放；

58 【圆蕾初期】首批花蕾呈球形；

59 大多数花蕾呈球形。

6 开花期

60 第 1 花序的第 1 级（或 A 级）花开放；

61 【初花期】10% 的植株第 1 级（或 A 级）花序的花开放；

65 【盛花期】第 2（B）级和第 3（C）级序花依次开放，首批花瓣开始凋落；

67 【终花期】大多数花瓣凋落。

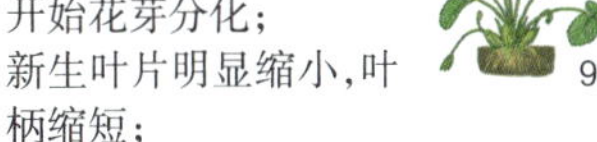

7 结果期

71 花托突出于轮状萼片（果实由花托发育而成）；

73 果实表面的种子清晰可见。

8 成熟期

81 【初熟期】大多数果实白色；

83 部分浆果转色；

85 首批浆果着色品种色；

87 【首次采收期】首批果实着色且口感风味最佳；

89 【二次采收期】第 2 批果实着色且口感风味最佳；

……

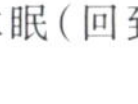

9 衰叶（休眠）期

91 开始花芽分化；

92 新生叶片明显缩小，叶柄缩短；

93 老叶衰败，新叶卷曲，老叶呈现品种色；

97 老叶死亡；

99 果品贮藏、加工及植株休眠（回到 00 期）。

一、主要农作物主产区生育动态简表

作物名称	生态农区	1月			2月			3月			4月			5月		
		上	中	下	上	中	下	上	中	下	上	中	下	上	中	下
		小寒		大寒	立春	雨水		惊蛰		春分	清明		谷雨	立夏		小满
小麦	黄淮海	越冬期（分蘖期）				返青期（分蘖期）			拔节期			孕穗抽穗扬花		籽粒形成与灌浆期		
小麦	长江中下游	越冬期（分蘖期）			返青期（分蘖期）			拔节期			孕穗抽穗扬花		籽粒形成与灌浆期			成熟
小麦	西南	分蘖	拔节期				孕穗	抽穗	扬花	籽粒形成与灌浆期					成熟收获期	
小麦	西北	越冬期（分蘖期）					返青期			拔节期			孕穗抽穗扬花		籽粒形成与灌	
小麦	东北	（西北麦区春小麦可参照）									春小麦播种期		苗期		分蘖期	
水稻	华南双季稻						备耕备种		早稻落谷秧苗期			移栽	早稻活棵返青分蘖，中稻秧田落谷		早稻拔节长穗，中稻秧田培育壮苗	
水稻	西南稻区						备耕备种，早茬水稻落谷育秧				大面积中晚茬水稻落谷育秧，早茬水稻移栽活棵返青			大面积中晚茬水稻移栽活棵返青分蘖，早茬水稻分蘖期		
水稻	江淮流域										备耕备种，播前准备				落谷秧苗期	
水稻	黄淮海/华北								备耕备种，播前准备			落谷秧苗期			移栽活棵返青	
水稻	东北							备耕备种，播前准备			落谷秧苗期				移栽活棵返青	
水稻	西北									备耕备种，播前准备			播种出苗期		苗期移栽	
玉米	江南华南	南部冬玉米抽穗扬花/籽粒形成期			冬玉米结实/灌浆/成熟期，春玉米播种			冬玉米成熟收获期，春玉米播种/出苗/移栽期			春玉米苗期/拔节期			拔节/穗分化/结实		
玉米	西南				春玉米播前准备			播种出苗期			播种—苗期—拔节期			春玉米穗分化期，夏玉米播种期		
玉米	黄淮海夏播													夏玉米播前准备		
玉米	北方春播							备耕备种，播前准备				播种出苗期				
玉米	西北灌区							备耕备种，播前准备			播种出苗期			苗期		
大豆	东北/西北										播前准备			播种出苗期		
大豆	黄淮海/江淮													播前准备		
大豆	西南							春大豆播前准备			播种出苗期			苗期、分枝期		
大豆	华南				春大豆设施栽培			播种出苗期			苗期、分枝期			开花、结荚、鼓粒		
马铃薯	西北/东北									春薯播种/发芽期				苗期/团棵—发棵期		
马铃薯	黄淮海/江淮							春薯播种/发芽—幼苗期/团棵期			发棵期—结薯期/现蕾期			结薯期/现蕾/块茎膨大开花期		
马铃薯	江南华南	冬薯发棵/结薯/膨大，中北部春薯播种出苗			冬薯膨大/淀粉积累，春薯苗期/发棵			冬薯积累/成熟/收获，春薯结薯/膨大			春薯膨大/淀粉积累/成熟/收获					
马铃薯	西南	冬薯苗期/发棵/封垄			春薯播种出苗，冬薯发棵—结薯期			春薯播种出苗，冬薯结薯/蕾花/膨大/积累			春薯苗期—结薯期，冬薯成熟收获期			春薯结薯、膨大、积累		
甘薯	北方薯区	贮藏中期			贮藏后期、温床育苗			育苗期			育苗期、春薯栽插期			春薯栽插期		
甘薯	长江中下游	贮藏中期			贮藏后期			播种与出苗前期			育苗期			大田栽插返青期		
甘薯	华南薯区	秋薯收获，北部冬薯分枝结薯期			秋薯收获，北部冬薯分枝结薯，南部夏薯育苗			收晚秋薯，北部冬薯薯蔓并长，南部夏薯育苗			北部冬薯薯蔓并长，南部夏薯种苗扩繁			北部冬薯收获，秋薯薯块育苗，南部夏薯扩繁		
甘薯	西南薯区	贮藏中期			贮藏后期、温床育苗			排种与出苗前期			出苗中、后期			大田栽插返苗期		
油菜	长江上游	蕾薹期—初花期			开花期			角果期			成熟期、收获期			收获扫尾		
油菜	长江中游	越冬期（苗期—抽薹）			蕾薹期—初花期			开花期			角果期			成熟期/收获期		
油菜	长江下游	越冬期（苗期—抽薹）			返青	蕾薹期—初花期			开花期			角果期			成熟期/收获期	
油菜	黄淮海	越冬期（苗期—抽薹）				返青	蕾薹期—初花期			开花期			角果期		成熟期/收获期	
油菜	北方春油菜							春耕备播			春油菜播种			苗期		
花生	黄淮海/江淮							春耕备播			春花生播种期			出苗期、苗期		
花生	东北										春花生备播期			播种期		
棉花	西北棉区							播前准备			播种出苗期			苗期、现蕾初期		
棉花	黄淮海棉区							播前准备育壮苗			播种出苗期或移栽期			直播棉幼苗期，移栽棉苗期		
棉花	长江中下游							播前准备肥苗床			苗床播种与苗期			育苗后期、大田移栽		
柑橘	南方	休眠期			花芽分化期			花芽分化、春梢抽生期			春梢抽生、现蕾、开花期			开花、春梢自剪、第1次生理落果期		
苹果	北方	休眠期			休眠期			萌芽期/新稍展叶			新稍抽生/现蕾期/开花期/坐果			幼果期		
蔬菜	江淮/黄淮海	大棚果菜育苗期，温室果菜结果期			大棚叶菜生育期，温室果菜结果期			大棚果菜定植期，温室果菜采收期			大棚蔬菜采收期，露地蔬菜育苗期			大棚蔬菜采收期，露地蔬菜定植、营养生长期		

6月			7月			8月			9月			10月			11月			12月		
	中	下	上	中	下	上	中	下	上	中	下	上	中	下	上	中	下	上	中	下
种		夏至	小暑		大暑	立秋		处暑	白露		秋分	寒露		霜降	立冬		小雪	大雪		冬至
成熟收获期									播前准备		始播期	播种适期		苗期		分蘖期			越冬期	
期											播前准备			播种适期		苗期		分蘖期		越冬期
												播前准备		播种适期		苗期		分蘖期		
期	成熟收获期								播前准备		播种适期		苗期			分蘖期		越冬期（分蘖期）		
拔节（孕穗）期		抽穗扬花	籽粒形成与灌浆期			成熟收获期														
稻孕穗抽穗开花，中稻栽分蘖，晚稻落谷育秧			早稻灌浆成熟收获，中稻分蘖拔节长穗，晚稻移栽分蘖			中稻孕穗抽穗开花，晚稻拔节穗分化（长穗）期			中稻结实灌浆期，晚稻孕穗抽穗开花期			中稻成熟收获期，晚稻结实灌浆期			晚稻成熟收获期					
大面积中晚茬稻分蘖盛期至拔节期，早茬水稻拔节孕穗			大面积中晚茬稻拔节孕穗抽穗，早茬水稻抽穗开花结实			大面积中晚茬稻开花结实灌浆，早茬稻灌浆至成熟收获			灌浆期		成熟收获期									
	移栽活棵返青		分蘖期		拔节长穗期			孕穗抽穗开花		结实、灌浆期			成熟收获期							
分蘖期		拔节长穗期			孕穗抽穗开花		结实、灌浆期				成熟收获期									
分蘖期			拔节长穗期		孕穗抽穗开花		结实、灌浆期			蜡熟期	成熟收获期									
分蘖期			拔节长穗期		孕穗抽穗开花		结实、灌浆期			成熟收获期										
灌浆/乳熟/完熟期			春玉米成熟/收获，秋玉米播种期			秋玉米苗期			苗期/拔节/穗分化			结实灌浆期			秋玉米成熟/收获期，南部冬玉米播种出苗			南部冬玉米苗期/拔节期/穗分化期		
春玉米开花期—籽粒形成期，夏玉米苗期—拔节期			春玉米灌浆成熟，夏玉米穗分化—籽粒形成期			春玉米完熟/收获期，夏玉米灌浆期			夏玉米成熟收获期											
播种期、出苗期			拔节、穗分化、开花			籽粒形成和灌浆期			乳熟、蜡熟期		完熟/收获期									
	拔节期，小喇叭口期		大喇叭口期	抽雄开花吐丝期		籽粒形成和灌浆期			乳熟、蜡熟期		完熟/收获期			休闲期（灭茬深翻纳墒）						
拔节期		小喇叭口期	大喇叭口期	抽雄开花吐丝期		籽粒形成和灌浆期			乳熟、蜡熟期		完熟/收获期		休闲（灭茬深翻纳墒）							
苗期、分枝期			开花期			结荚期			鼓粒、成熟初			成熟收获期			仓储待销					
播种出苗期			分枝期、花芽分化			开花结荚期			鼓粒、成熟			成熟收获期			仓储待销					
开花结荚期			鼓粒期			春大豆鼓粒、成熟，秋大豆播种期			秋大豆苗期			分枝期、花芽分化			开花结荚期、鼓粒期			成熟收获期		
春大豆鼓粒、成熟，夏大豆播种期			出苗期、分枝期			开花结荚期			鼓粒期			成熟收获期			仓储待销					
结薯期/现蕾期			薯块膨大/植株开花			膨大期/淀粉积累期			积累/表皮木栓化/收获			收获期								
薯块膨大/开花/薯块淀粉积累			薯块淀粉积累/表皮木栓化/收获期																	
								中北部秋薯播种出苗期				秋薯发棵/结薯/膨大，南部冬薯播种/发芽			秋薯膨大/积累期，冬薯播种出苗/发棵期			秋薯积累/成熟/收获，冬薯发棵/结薯/膨大		
薯膨大、积累、收获			春薯膨大、积累、收获，秋薯始播			春薯膨大、积累、收获，秋薯播种—幼苗			春薯成熟收获期，秋薯播种—苗期			春薯收获扫尾，秋薯发棵—结薯，冬薯始播			秋薯膨大、积累、收获，冬薯播种出苗			秋薯膨大、积累、收获，冬薯播种出苗		
夏薯栽插期			薯块薯蔓并长期			薯根膨大期			薯根膨大后期			收获期			贮藏期					
发根分枝结薯期			蔓薯并长期			薯块盛长期			薯块盛长期			收获期			贮藏前期			贮藏中期		
部冬薯收获，秋薯种扩繁，南部夏薯扩繁			秋薯育苗期栽插期，南部夏薯薯蔓并长			秋薯发根缓苗栽插，南部夏薯收获期			秋薯分枝结薯期，南部夏薯收获期			北部冬薯栽插期，秋薯薯蔓并长期			北部冬薯栽插期，秋薯薯蔓并长膨大期			北部冬薯分枝结薯期，秋薯膨大收获期		
分枝生长期			封垄结薯初期			块根膨大期			块根膨大盛期			落黄期			收获期与贮藏前期			贮藏前期		
								播前准备		播种出苗			苗期，移栽		苗期			苗期—抽薹期		
									备耕、播种			播种出苗，育苗期			苗前期			苗后（冬前）期		
									秋耕备播			播种出苗、育苗期			苗前期			苗后期/越冬期		
获尾									秋耕备播			播种出苗、育苗期			苗前期			苗后期/越冬期		
薹期—初花期			开花期—角果期			成熟、收获期														
花生开花下针期，花生播种期			春花生结荚期，夏花生开花下针期			春花生饱果期，夏花生结荚期			春花生成熟收获期，夏花生饱果期			夏花生成熟收获期								
开花下针期			结荚期			饱果期			成熟收获期											
盛蕾期、初花期			盛花期、结铃期			花铃期、见絮期			花铃末、吐絮期、收获			吐絮末、机收获								
播棉现蕾期，栽棉现蕾至初花期			现蕾后期、花铃前期			花铃后期、开始吐絮			花铃末期、吐絮初期			吐絮后期、分批收获		收获扫尾、拔秆期						
现蕾期至开花期			现蕾后期、花铃前期			花铃后期、开始吐絮			花铃末期、吐絮初期											
夏梢抽生、第2次生理落果期			夏梢自剪、早秋梢抽生、果实膨大期			秋梢抽生、果实膨大期			果实膨大、花芽生理分化开始期			花芽生理分化、果实成熟期			果实成熟期、花芽分化期			花芽分化、休眠期		
新梢旺长期			果实膨大期			果实膨大期/早熟品种收获期			果实生长后期			晚熟品种收获期			落叶期			休眠期		
棚蔬菜采收末期、地蔬菜果实始收期			大棚蔬菜地消毒修整，露地蔬菜结果盛期			大棚秋延后蔬菜育苗，露地春夏菜采收末期			温室越冬蔬菜育苗期，露地秋菜播种期			大棚秋延后蔬菜定植期，露地秋菜生长期			温室越冬果菜定植期，露地秋菜采收期			温室越冬果菜生长期，大棚蔬菜育苗期		

二、水稻生产情况及农事月历简表

主要农区	项目	1月 小寒 大寒	2月 立春 雨水	3月 惊蛰 春分	4月 清明 谷雨	5月 立夏 小满
黄淮海地区 （冀鲁豫为主，约1 300万亩，占3%）	生育动态			播前准备	播种期	移栽、分蘖期
	田管目标			备种、备苗床、备营养土（基质）等	适时播种、培育壮苗	早返青、早分蘖
	主要农事			①因地选用适宜品种，备好种子；②备好育秧棚；③提早备好营养土（基质），培肥苗床；④备好机械、肥药等农资	①种子处理；②浸种催芽；③床土调肥调酸；④均匀稀播，播后苗前封闭化除；⑤控温控湿育苗；⑥看苗浇水补肥；⑦防治苗期病虫害	①秸秆还田，施足基肥、整地；②栽前秧棚通风炼苗，带肥带药移栽；③栽前3天或栽后结合分蘖肥封闭化除；④浅水插秧，浅水灌溉，遇低温及时深水护苗；⑤栽后5~7天施分蘖肥；⑥防治病虫害
江淮地区 （苏皖为主，约9 000万亩，占20%）	生育动态				播前准备	播种、育秧期
	田管目标				备种、备苗床、备营养土（基质）等	适时播种、培育壮苗
	主要农事				①因地选用适宜品种，备好种子；②提早制备营养土或购置基质；③备好机械、秧盘、无纺布、肥药等农资	①依前茬确定播期；②制作苗床；③种子处理，浸种催芽；④机械均匀稀播种，暗化齐芽；⑤苗床肥水管理；⑥旱育长秧龄苗配套化控；⑦防治苗期病虫害
江南华南地区 （湘鄂赣闽粤桂琼等，约2.2亿亩，占48%）	生育动态		播前准备	早稻播种期	早稻移栽、分蘖期	早稻穗分化期，中稻播种期
	田管目标		备耕备种	培育壮苗、施足基肥、早施“断奶肥”	早返青、早分蘖、稳发棵、适时够苗	早稻控制无效分蘖，中稻培育壮苗
	主要农事		①正月犁耙田，二月修田基；②因地选适宜品种备种；③培肥苗床；④备好机械、抛秧或机插秧盘、编织布、薄膜、竹片、肥药等农资	①种子处理，浸种催芽；②床土消毒，调酸；③编织布隔层育秧或抛秧塑盘或机插秧盘育秧；④旱（浆）播旱管保温育秧；⑤1叶1心期，多效唑化控；⑥防苗期病虫草害	①大田施足基肥，犁耙耕整；②秧苗施好送嫁肥、送嫁药；③浅水插秧，寸水活棵；④移栽后5~7天施分蘖肥＋除草剂；⑤防治稻飞虱、螟虫、黑条矮缩病、稻瘟病等	①早稻加强田管促平衡，够苗期控水搁田；②防治螟虫；③中稻浸种催芽，精量播种，培育壮秧
西南地区 （云贵川为主，约4 700万亩，占10%）	生育动态			播前准备	播种期	移栽、分蘖期
	田管目标			备耕备种	培育壮秧、施足基肥、早施断奶肥	早返青、早分蘖、稳发棵、适时够苗
	主要农事			①因地选用适宜品种，备好种子；②翻耕灭茬，培肥苗床；③备好机械、抛秧或机插专用秧盘、肥药等农资	①种子处理，浸种催芽；②稀播匀播；③灌水至饱和状态；④保温保湿、防立枯、蚜虫、草害、鼠害等	①施足基肥；②移栽时秧苗带肥带药；③浅水插秧寸水活棵；④移栽后5~7天施分蘖肥＋除草剂；⑤病虫害防治
西北地区 （陕宁青甘为主，约400万亩，占1%）	生育动态				播前准备	播种、出苗期
	田管目标				备耕备种	保证播种出全苗
	主要农事				①因地选用适宜品种，备种；②修整渠系；③翻耕灭茬整地；④机械、肥药等农资准备	①种子脱芒、包衣；②适时早播，精量播种；③播种封药后及时灌水
东北地区 （黑吉辽蒙为主，约8 000万亩，占18%）	生育动态			播前准备	播种、秧苗期	秧苗、移栽返青期
	田管目标			备耕备种	精准播种、健康生长	培育壮秧、整地移栽
	主要农事			①因地选用适宜品种，备种；②及时扣棚做床（早整早做）；③提早备好营养土（基质），培肥苗床；④修整渠系；⑤机械、肥药等农资准备	①晒种选种；②浸种消毒催芽；③床土调肥调酸；④均匀稀播，播后苗前封闭化除；⑤早育壮苗，棚内控温控湿通风；⑥看苗补肥水；⑦防治立枯病、蝼蛄等	①通风炼苗防徒长；②施足底肥，耕整秸秆深埋，水耙起浆找平（高低<3厘米）；③带肥带药移栽；④栽前3天或栽后5天毒土封闭化除；⑤浅水插秧，寸水活棵；⑥防稻瘟病、潜叶蝇等

本表参编人员　彭少兵　戴其根　侯立刚　张玉屏　王龙俊

6月	7月	8月	9月	10月	11月	12月
芒种　夏至	小暑　大暑	立秋　处暑	白露　秋分	寒露　霜降	立冬 小雪	大雪 冬至
分蘖期、穗分化期	**拔节、孕穗**	**抽穗、开花、结实、灌浆**	**乳熟、成熟**	**收获**		
控制无效分蘖，提高成穗率	保证足穗、主攻大穗、稳健生长	强化穗期病虫害防治，安全齐穗	养根保叶、提高结实率与粒重、改善品质	适时收获		
①浅水灌溉；②肥水等促平衡；③根据草情第2次化除；④分蘖后期苗数达预期穗数约90%时，晒田控无效分蘖；⑤防治稻瘟病等病虫害	①晒好田基础上，浅湿交替灌溉；②肥水等结合促平衡；③抽穗前25天因苗施穗肥，主攻大穗；④防治稻瘟病、纹枯病、稻飞虱、二化螟等病虫害	①以湿为主，间歇通气灌溉；②抽穗开花期注意预防高温；③抽穗开花后根据叶色长势施用粒肥；④抽穗期重点防治稻瘟病、稻曲病等	①间歇通气灌溉；②预防倒伏；③根据品种成熟度和天气情况确定适宜收获期	①“十成黄收获”，即谷粒黄化完熟率达95%，枯霜到来之前适时收获；②收获后立即晾晒或烘干，安全储藏		
移栽期、分蘖期	**分蘖期、拔节期**	**长穗、孕穗、抽穗**	**开花、结实、灌浆**	**灌浆、成熟、收获**		
适龄移栽，早发稳发棵、适时够苗	控制无效分蘖，控旺促壮，提高成穗率	保证足穗、主攻大穗、稳健生长	养根保叶、提高结实率与粒重、改善品质	适时收获		
①秸秆深埋还田，配方施肥精整田平；②栽前3天或栽后分蘖肥时封闭化除；③带肥带药移栽；④浅水插秧，适当露田促活棵；⑤栽后5~7天施分蘖肥；⑥浅水灌溉分蘖	①捉黄塘促平衡；②人工除草或第2次化除；③达穗数苗90%控水搁田；④基部节间基本定长时复水，干湿交替；⑤适时施促花肥；⑥防治纹枯病、螟虫等	①适时施保花肥；②浅水层为主，干湿交替灌溉；③防治稻飞虱、二化螟、稻纵卷叶螟、纹枯病、稻瘟病等，穗期严防；④预防抽穗前后高温危害	①干湿交替灌溉，保持土壤沉实硬板，收获前约10天脱水；②抽穗期重点防治稻瘟病、穗曲病、稻飞虱、稻纵卷叶螟、纹枯病等；③注意预防倒伏	①谷粒黄化完熟率达90%以上收获；②收获后立即晾晒或烘干，安全储藏		
早稻拔节、孕穗、抽穗、开花期，中稻移栽、分蘖期，晚稻播种期	**早稻灌浆、成熟期，中稻分蘖、穗分化期，晚稻移栽、分蘖期**	**中稻孕穗抽穗开花期，晚稻穗分化期**	**中稻结实灌浆期，晚稻孕穗抽穗开花期**	**中稻成熟收获期，晚稻结实灌浆期**	**晚稻成熟收获期**	
早稻保证足穗、主攻大穗，中稻早发、稳长，晚稻培育壮苗	早稻适时收获，中稻控制无效分蘖，晚稻早发稳长	中稻保证足穗、主攻大穗，晚稻控制无效分蘖	中稻提高结实率与粒重，晚稻保证足穗、主攻大穗	中稻适时收，晚稻提高结实率与粒重	适时收获	
①早稻施足穗肥，保持水层；②中稻施足基肥，移栽，及时施分蘖肥；③晚稻根据早稻茬口适时精量播种；④针对各季做好病虫草害防治	①早稻九成黄收获；②中稻施足穗肥；③晚稻移栽，施足基肥与分蘖肥；④针对各季做好病虫草害防治	①中稻保持田间寸水；②中稻预防高温危害；③晚稻够苗及时复水后施穗肥；④针对各季做好病虫草害防治	①中稻保持干湿交替；②晚稻保持田间寸水；③晚稻预防低温冷害；④针对各季做好病虫草害防治	①中稻九成黄收获；②晚稻保持干湿交替；③晚稻预防低温冷害	九成黄收获	
分蘖盛期、拔节期	**拔节孕穗、抽穗期**	**开花、结实、灌浆期**	**灌浆、成熟、收获期**			
控制无效分蘖、提高成穗率	保证足穗、主攻大穗、稳健生长	养根保叶、提高结实率与粒重、改善品质	适时收获			
①肥水管理促平衡；②人工除草或第2次化除；③够苗期控水搁田；④穗分化期复水，浅湿交替灌溉；⑤防治病虫害	①适时施穗肥；②田间寸水；③防治稻飞虱、二化螟、稻纵卷叶螟、纹枯病、稻瘟病等	①田间保持干湿交替；②预防高温危害，③预防稻纵卷叶螟、稻粒黑粉病	①九成黄收获；②收获后立即晾晒或烘干，安全储藏			
苗期、分蘖期	**拔节长穗期**	**抽穗、开花、结实、灌浆期**	**灌浆、成熟、收获期**			
肥水管理及除草	水肥管理	水肥管理及防病	水分管理和适时收获			
①水层管理，大水浸种，浅水催芽，干干湿湿扎根；②2叶1心期追施断乳肥；③适时防除杂草	①保持浅水层，干湿交替灌溉；②追施氮肥；③防除杂草；④适度晒田	①间歇性灌溉，注意水稻低温冷害的防御；②追施氮肥；③注意防治稻瘟病	①干湿间歇灌溉，不可停水过早；②根据品种成熟度和天气情况，适时收获			
分蘖期	**拔节、孕穗期**	**抽穗、灌浆期**	**乳熟、成熟期**	**收获**		
早发稳长，蘖壮苗足	主攻大穗，足穗增粒	综合管理，安全齐穗	防衰抗倒，促进结实	及时收获，高产优质		
①浅水灌溉，提高土温，促分蘖，遇低温深水护苗；②插后5~10天施分蘖肥；③依草情第2次化除；④分蘖后期苗数达预期穗数约90%时晒田控无效分蘖；⑤防治稻瘟病、潜叶蝇等	①晒田后浅湿交替灌溉；②肥水等结合促平衡；③防治稻瘟病、纹枯病、二化螟等病虫害；④抽穗前25天因苗巧施穗肥，主攻大穗	①以湿为主，间歇通气灌溉；②注意防御低温冷害；③抽穗开花后根据叶色长势施用粒肥；④抽穗期重点防治稻瘟病、稻曲病等	①间歇通气灌溉，排水不畅或低洼稻田适当提前排水，易漏水田适当延后排水；②根据品种成熟度和天气情况确定适宜收获期	①黄化完熟率达95%，枯霜到来之前适当收获；②收获后立即晾晒或烘干，安全储藏		

三、小麦生产情况及农事月历简表

主要农区	项目	1月	2月	3月	4月	5月
		小寒　大寒	立春　雨水	惊蛰　春分	清明　谷雨	立夏　小满
黄淮海地区（冀鲁豫为主，约2.2亿亩，占62%）	生育动态	越冬期	自南向北进入返青期	自南向北进入起身、拔节期	自南向北进入孕穗、抽穗、开花期	抽穗、扬花、籽粒灌浆期
	田管目标	安全越冬	调控分蘖，合理群体，促苗早发稳长	因苗调控群体，蹲苗促根壮蘖	培育壮秆大穗，保花增粒	养根护叶，穗大粒多，籽粒饱满
	主要农事	防止牛羊啃青	①南部返青期镇压、划锄，增温保墒；②南部冬前未除草麦田，返青期化学除草；③墒情不足浇返青水；④防治茎部病害	①南部拔节期追肥浇水；②北部返青期镇压、划锄；③北部冬前未除草麦田，返青期化学除草；④防治纹枯、根腐等茎部病害及麦蜘蛛、蚜虫等	①北部拔节期因苗追肥浇水；②晚霜来临前灌水预防春季冻害，冻后灌水追肥（剂）补救；③防治白粉病、锈病等	①及时防治锈病、赤霉病、白粉病和蚜虫、吸浆虫等；②根外追肥，"一喷三防"，延缓衰老；③适时浇好灌浆水，南部注意及时排水，防止渍涝
江淮地区（江苏安徽为主，约7 500万亩，占21%）	生育动态	越冬期	自南向北进入返青期	自南向北进入起身、拔节期	自南向北进入孕穗、抽穗、开花期	籽粒形成与灌浆期
	田管目标	促弱控旺，安全越冬	控制春季无效分蘖，构建合理群体	合理促控，稳穗增粒	培育壮秆大穗，保花增粒	养根护叶，保绿防衰，防病治虫，粒多粒饱
	主要农事	①旺苗镇压、化控；②弱苗施肥促转化；③冬灌，预防干冻；[①③需在晴暖天气，日均温≥3℃时进行]	①清沟理墒，抗旱、排涝、降渍；②旺苗镇压、化控；③弱苗施肥促转化；④晴暖天气[日均温≥8℃]化除；⑤冻害预防与补救	①拔节前清沟理墒，旺苗镇压化控，晴暖天气[日均温≥8℃]化除，②拔节后由南向北适时适量施好拔节肥，防治纹枯病，倒春寒冻害补救	①由南向北适时适量施好孕穗肥；②防治白粉病及蚜虫、麦蜘蛛等；③精准防治赤霉病等，"一喷三防"；④倒春寒冻害补救	①防治赤霉病、白粉病及黏虫蚜虫等；②结合防病治虫根外追肥，"一喷三防"[防病虫害、防早衰、防干热风、高温逼熟]；③良繁田去杂去劣。防旱降渍种子繁殖田除杂。
江南华南地区（湖北为主，约1 600万亩，占4.5%）	生育动态	越冬期	起身拔节期	拔节、孕穗期	抽穗、开花、灌浆期	灌浆、成熟、收获期
	田管目标	控旺促弱，安全越冬	合理促控，壮秆防倒	防渍防病，稳穗增粒	养根护叶，保花保粒	防止早衰，增加粒重，及时收获
	主要农事	①旺苗镇压或化控，弱苗追施平衡肥；②化学除草；③防治麦蚜虫和麦圆蜘蛛等	①看苗追施拔节肥；②春季化学除草；③冻害预防与补救；④条锈病监测与防治	①清沟排渍；②防治条锈病、纹枯病和白粉病等；③冻害补救；④看苗追施孕穗肥	①"一喷三防"，防治条锈病、赤霉病、蚜虫等病虫害；②清沟排渍	①叶面追肥，预防高温逼熟，防止早衰；②及时抢收
西南地区[四川云南为主，约2 000万亩，占5.6%]	生育动态	拔节期	拔节（小花分化）	孕穗、抽穗、扬花期	扬花、灌浆期	灌浆、成熟、收获期
	田管目标	控旺、促弱、转壮	促进大蘖成穗，促进小花分化	防倒春寒低温冷害	防治赤霉病	促进粒饱质优
	主要农事	①喷施生长延缓剂或镇压；②追施拔节肥；③干旱地块灌拔节水；④查勘病株病叶	①看苗追肥；②防治条锈病中心病团；③防治蚜虫	①适当灌水或喷施抗寒抑制剂；②防治锈病、白粉病、蚜虫、红蜘蛛；③预防赤霉病	①防治赤霉病；②防治其他病虫害；③预防早期倒伏	①喷施叶面肥；②预防倒伏；③预防烂场雨；④及时收获干燥
西北地区（陕甘宁为主，约2 600万亩，占7.3%）	生育动态	越冬期	越冬期，灌区小麦进入返青期	旱地小麦返青期，灌区进入拔节期	拔节、孕穗、抽穗期	开花、灌浆期
	田管目标	安全越冬，培育壮苗	安全越冬，培育壮苗	控旺、促弱转壮	控旺防倒，健康生长	促粒增重
	主要农事	灌区：①冬灌；②镇压；③弱苗结合冬灌或降雨追肥；④控旺	灌区：①早春灌；②镇压；③弱苗结合灌水或降雨追肥；④条件适宜可进行化除	①化除；②春灌追肥；③化学控旺；④预防冻害；⑤防治条锈病、茎基腐和纹枯病；⑥防治地下害虫和红蜘蛛	①防治蚜虫和吸浆虫等；②防治条锈病、白粉病、赤霉病、茎基腐；③预防倒春寒；④防倒伏	①防治蚜虫；②防治条锈病、白粉病和赤霉病；③拔除杂草；④叶面喷施营养型调节剂；⑤防早衰；⑥防倒伏
东北地区（黑蒙春麦为主，约1 100万亩，占3.1%）	生育动态				播种	苗期至3叶期
	田管目标				适时播种保全苗	培育壮苗
	主要农事				①种子包衣或药剂拌种；②确保合理密度，施足底肥；③播种均匀，避免漏播重播；④播后及时镇压	①压青苗1~2次；②干旱时浇水1次

本表参编人员　郭文善　王龙俊　朱新开　王法宏　刘兆辉　曹承富　高春保　张　睿　汤永禄　谢迎新　段忠红　辛文利

6月	7月	8月	9月	10月	11月	12月
芒种　夏至	小暑　大暑	立秋　处暑	白露　秋分	寒露　霜降	立冬　小雪	大雪　冬至
自南向北进入灌浆、成熟、收获期			**秋耕备播**	**播种、出苗期**	**苗期、分蘖期**	**自北向南进入越冬期**
成熟即收，颗粒归仓，提质增效			精细整地	提高播种质量，苗全、苗匀、苗齐、苗壮	促根增蘖，培育壮苗，打好丰产基础	安全越冬
①蜡熟末期根据天气变化及时抢收；②安全烘晒储藏			①前茬作物秸秆还田，确保质量；②深耕深松打破犁底层；③土地平整，上松下实，增施有机肥	①精选优质良种；药剂拌种或包衣；②根据品种特性和播期确定播种量，施足底肥；③播前、播后镇压提高播种质量；④播种深度适宜、一致	①冬前镇压，减少透气跑墒，促进根系生长；②冬前化学除草；③浇越冬水，确保麦苗安全越冬	①防止牛羊啃青；②冬前镇压划锄，弥合裂缝，破除板结；③冬灌，预防干冻
自南向北进入灌浆、成熟、收获期			**秋播准备**	**耕整、播种、出苗**	**苗期、分蘖期**	**自北向南进入越冬期**
成熟即收，适时抢收，安全储藏			精细整地	提高播种质量，苗全、苗匀、苗齐、苗壮	促根增蘖，培育壮苗	促弱控旺，培育壮苗，安全越冬
①蜡熟末期根据天气变化及时抢收，防止穗发芽、烂麦场；②安全烘晒储藏			①前茬水稻控水，及时收获，秸秆深埋还田；②根据生态农区选用适宜良种；③种子、肥料、农药、机械等准备	①秸秆深埋还田；②种子包衣或拌种；③施足配方底肥；④因地[由北向南]适期适墒适量机播；⑤稻茬麦三沟配套；⑥封杀化除；⑦播后镇压	①晚粳稻茬及时腾茬播种[偏迟播]；②查苗补苗(种)；③查肥看苗施分蘖肥；④查草苗期化除；⑤冬前镇压，旺苗化控防冻；⑥查沟，配套三沟	日均温≥3℃进行以下措施：①冬前镇压；②旺苗化控防冻；③查草，晴暖天气(日均温≥8℃)化除；④适时冬灌，防御冻害
			备耕备播	**整地播种**	**播种出苗期**	**冬前分蘖期**
			做好整地播种准备工作	提高播种质量，保证一播全苗	提高播种质量，保证一播全苗	培育冬前壮苗
			①种子、农资、机械等准备；②前茬作物水分管理和秸秆处理	①秸秆还田，机耕机整；②种子包衣或药剂拌种；③确定合适播期、播量和施肥量；④机械条播或机械撒播；⑤机械开沟，厢、沟配套	①秸秆还田，机耕机整；②种子包衣或药剂拌种；③确定合适播期、播量和施肥量；④机械条播或机械撒播；⑤机械开沟，厢、沟配套；⑥查苗补苗	①冬前化学除草；②采取镇压或化控方法控制旺苗生长；③弱苗补施分蘖肥，促弱转壮
				播前准备	**播种出苗期**	**分蘖期**
				适时耕作，秸秆处理	高质量播种	苗期管理
				①开沟降渍；②灭茬作业；③准备种子、化肥；④调试农机	①适时播种，施足基肥；②出苗期管理	①化学除草；②湿田清沟降渍；③旱地浇水抗旱
成熟、收获期	**旱地休闲期**	**旱地休闲期**	**旱地小麦备耕到播种期**	**旱地小麦苗期，灌区播种期**	**旱地小麦越冬期，灌区苗期**	**越冬期**
适时收获	蓄水保墒	除草蓄水保墒	精细整地	苗全、苗匀、苗壮	培育壮苗	安全越冬，培育壮苗
①收获前去杂；②适时收获；③及时晾晒入仓；④预防连阴雨导致穗发芽	注：本区域春播小麦农事历可参照东北地区 ▼	旱地：①化除；②深翻或深松；③施肥；④防治地下害虫；⑤备种	旱地：①旋地；②适时适量播种，施足底肥；③防治地下害虫；④查苗补苗 灌区：备种备耕	旱地：①查苗补苗；②化学除草；③镇压保墒 灌区：①及时整地；②适时适量播种，施足底肥；③查苗补苗；④防治地下害虫	旱地：①化除；②镇压保墒；③控旺防冻 灌区：①查苗补苗；②冬灌；③化学除草；④防治地下害虫	灌区：①冬灌；②追肥；③控旺；④镇压；⑤条件适宜可进行化除；⑥预防越冬冻害
拔节、孕穗、抽穗期	**灌浆期**	**成熟、收获期**				
除草防病，追施氮肥、钾肥、微肥	确保灌浆充分	及时收割，减少损失，确保粮食安全				
①化学除草结合叶面喷肥；②防治赤霉病；③叶面喷肥	有条件地块，如遇干旱、高温，可适时浇灌	①分段或联合方式适时收获；②及时晾晒脱水				

四、玉米生产情况及农事月历简表

主要农区	项 目	1月	2月	3月	4月	5月
		小寒　大寒	立春　雨水	惊蛰　春分	清明　谷雨	立夏　小满
黄淮海地区（冀鲁豫为主，约2.1亿亩，占1/3）	生育动态					夏玉米播前准备
	田管目标					高质量农资、农田
	主要农事					①购买单粒精播高质量种子；②玉米专用缓控肥和农药；③完善灌排设施，旱能灌、涝能排；④检查农机
江淮地区（苏皖为主，约2 700万亩，占4.2%）	生育动态			春玉米播前准备	播种出苗期	拔节、穗分化期
	田管目标			耕整地，检修农机	提高播种质量，苗：齐、全、匀、壮	促叶、壮秆、争大穗
	主要农事			①购买高质量种子；②购买玉米专用缓控肥和农药；③精细整地，配套沟渠	①适当早播，合理增密，带足基肥；②播种后苗前喷施土壤封闭型除草剂；③防止苗期冷害；④防治苗期虫害	①大口期追肥；②化控防倒伏；③及时防治玉米螟等病虫害
江南华南地区（两湖两广为主，约2 900万亩，占4.5%）	生育动态	南部冬玉米抽穗扬花/籽粒形成期	冬玉米结实/灌浆/成熟期，春玉米播种期	冬玉米成熟收获期，春玉米播种/出苗/移栽期	春玉米苗期/拔节期	拔节/穗分化/结实期
	田管目标	防病治虫，防灾减灾	准备农资、整地播种，防低温阴雨	保苗壮苗，防低温阴雨倒春寒	壮苗壮秆，防倒春寒及阴雨寡照	重施肥水，抗旱排涝，绿色防控病虫草
	主要农事	田间管理同春玉米、秋玉米同期管理	①购买药、肥等，检查农机，整地施底肥；②选种，避免连作、轮作；③甜玉米与其他品种、普通玉米隔离500米以上	①盘育乳苗，1叶1心期移栽；②直播田起畦施底肥，合理密植，播后即喷除草剂；③间苗定苗，追肥除草，防病治虫	①及早除蘖打杈，避免损伤茎叶；②苗期保水防涝，拔节期适增浇水量；③防病治虫除草，每亩适施攻秆肥5~7千克钾肥	①每株留1个苞穗，除去多余；②大口期重施攻苞肥每亩15~20千克尿素；③生物或绿色农药防病虫，勤除草
西南地区（云贵川渝为主，约7 700万亩，占12%）	生育动态		春玉米播前准备	播种出苗期	播种—苗期—拔节期	春玉米穗分化期，夏玉米播种期
	田管目标		备好农资、农机，做好集雨防旱	提高播种质量，苗齐、全、匀、壮，防干旱	促根叶，培育壮苗	壮秆、防倒伏，搭好丰产架子
	主要农事		①选用高质量农药、化肥、地膜等农资；②选择抗病抗旱耐高温的品种；③备好耕种机械；④做好集雨防旱等措施；⑤大棚甜糯玉米拱棚育苗	①施足基肥；②种子包衣等处理；③人工点播或机播，地膜玉米及时查苗、放苗，3叶间苗、5叶定苗；④育苗2叶盖膜移栽至5叶；⑤注意防旱防涝	①继续抢墒播种；②防除杂草、地下害虫和苗期病虫，8~10叶期化控防倒伏；③小喇叭口期[7展开叶，12~13可见叶]需水需肥旺，开始追施穗肥占全年30%，适时浇水	①春玉米大喇叭口期重施穗肥（最适），干旱补水，防治玉米螟、红蜘蛛等；②夏玉米贴茬播种，灌溉保齐苗，及时间苗定苗、田间除草、排涝等
西北地区（陕甘新宁为主，超8 000万亩，占13%）	生育动态			播前准备	播种出苗	出苗、苗期
	田管目标			备好农资、农机	提高整地播种质量，争苗齐、全、匀、壮	保苗壮苗，防低温、干旱
	主要农事			①选用高质量农药、化肥、地膜；②品种熟期适宜，抗旱高产；③备好耕种机械	①灭茬、整地、施肥等耕整环节衔接防跑墒、保质量；②适墒及时播种，镇压提墒保墒；③播后及时适墒封闭除草，防治地下害虫和苗期病虫害	①查苗补苗放苗；②3叶间苗5叶定苗，6~7叶除蘖，及时中耕除草；③防旱防低温，划锄提温保墒；④防治地下害虫和苗期病虫害
东北地区（辽吉黑为主，约2.2亿亩，占1/3）	生育动态			播前准备	播前准备与播种	苗期
	田管目标			保障春耕和播种	提高整地播种质量，争苗齐、全、匀、壮	及时间苗、定苗
	主要农事			①备耕：购买农药、化肥等生产资料；②选种：选择正规玉米品种，合理搭配生育期；③准备耕、播机械	①春整地：灭茬、深翻、底肥深施、起垄镇压；②种子处理：种子精选、包衣；③适墒播种：播深3~5厘米，播种量适宜	①注意预防“倒春寒”，同时封闭除草；及时调查苗情，移栽补种；②适时间苗定苗，留壮苗、均苗

本表参编人员　周顺利　刘　鹏　刘文国　陆卫平　刘永红　赵贵宾　徐世宏　王龙俊

6月	7月	8月	9月	10月	11月	12月
芒种　夏至	小暑　大暑	立秋　处暑	白露　秋分	寒露　霜降	立冬　小雪	大雪　冬至
播种、出苗期	拔节、穗分化、开花期	籽粒形成和灌浆期	籽粒乳熟、蜡熟期，早熟品种完熟期	完熟 / 收获期		
提高播种出苗质量：齐、全、匀、壮 防干旱或芽涝	促叶、壮秆、防倒、扩穗，防干旱、高温、台风等	协调雌雄，促叶、增粒，防早衰防干旱、高温、台风等	养根、保叶、防早衰、增粒重	及时收获，安全贮藏		
①麦收后及时种肥同播，一播全苗；②墒情不足时，播后24小时内灌蒙头水；③防芽涝；④合理施用除草剂，防药害	①未采用缓控肥的大口期要追施氮肥；②化控防倒伏；③及时防病治虫；④防干旱高温危害，及时排涝防倒伏	①开花期辅助授粉；②开花期追施氮肥；③及时防治病虫，锈病、玉米螟等；④防干旱高温危害，及时排涝防台风倒伏	①防治病虫害；②防止台风或雨后倒伏；③完熟田块机械化收获	①机械化收获，减少人工投入；②安全烘晒贮藏；③秸秆还田、培肥地力		注：本区域少量春播玉米农事历可参照江淮地区▼
开花期、籽粒形成期	籽粒灌浆期	完熟期				▲ 注：本区域也以夏播玉米为主（占60%以上），农事历可参照黄淮海区，但因小麦收获略早但适播期略迟，故播期安排和生育期宜推迟约10天，确保立秋后开花，以避开高温（杀雄）高湿带来的不利影响
防止阴雨寡照、病虫害	防止高温逼熟和台风倒伏	及时收获				
①阴雨天气人工辅助授粉；②及时防治病虫害；③排涝防渍，防止早衰	①喷施外源调节剂减轻高温高湿和高温逼熟；②排涝防渍，防止早衰；③及时防治病虫	①机械化收获；②秸秆还田；③防抗台风				
灌浆 / 乳熟 / 完熟期	春玉米成熟 / 收获，秋玉米播种期	秋玉米苗期	苗期 / 拔节 / 穗分化期	结实灌浆期	秋玉米成熟 / 收获期，南部冬玉米播种出苗期	南部冬玉米苗期 / 拔节期 / 穗分化期
防旱防热防涝，及时收获	适时收获，适时播种	保苗壮苗，防高温防台风	壮苗壮秆，防病治虫，防灾减灾	防灾减灾	适时收获，适时播种	壮苗壮秆，防控病虫草
①甜玉米授粉20天后及时收获，上市或加工保鲜；②普通玉米生理成熟后收获，争取产量最大化	①上中旬春玉米收获籽粒；②中下旬秋玉米起畦整地，施底肥；③避免连作；甜玉米与普通玉米隔离至少500米	①直播田播种后马上喷施除草剂；②双粒播种，保证出苗质量；③及时间苗、定苗；④及时浇水，看苗施肥	①苗期排水防涝，及时灌溉抗旱；②及早除蘖打杈，免伤茎叶；③大口期重施攻苞肥亩约17千克尿素；④防治病虫草害	①每株留1个苞穗，除去多余苞穗；②根据品种早晚熟特性适时肥水；③生物或绿色农药防病虫，勤除草	①甜玉米授粉20天后及时收获、上市或加工；②普通玉米完熟后收获，争取产量最大化；③冬玉米播种及出苗期管理	同春玉米、秋玉米同期管理
春玉米开花期—籽粒形成期，夏玉米苗期—拔节期	春玉米灌浆成熟，夏玉米穗分化—籽粒形成期	春玉米完熟 / 收获期，夏玉米灌浆期	夏玉米成熟收获期			
促雌雄穗协调，防旱防热防涝防倒	防早衰，防高温，防病虫，防倒伏	及时收获晾晒防霉变	及时收获晾晒防霉变			
①春玉米人辅授粉、隔行去雄；②花期追粒肥防早衰，喷施调节剂防旱防热害；③防旱排涝，防治病虫害。④夏玉米追苗肥，治虫除草，化控防倒，遇暴风雨涝及时扶正	①春玉米防旱排涝，及时收获倒伏、倒折果穗，分期收获成熟玉米；②夏玉米防旱排涝，及时除草防病虫	①春玉米抢晴收获脱粒，晒干贮藏或销售，防阴雨造成霉变；②收后打药除草，粉碎秸秆，还田培肥	①夏玉米田间去除杂草，通风透光，促进成熟脱水；②抢晴收脱晒烘，贮藏或销售，防阴雨造成霉变；③翻耕整地备下季			
拔节、小喇叭口期	大喇叭口期、抽雄开花吐丝期	籽粒灌浆期	成熟期	完熟 / 收获期	休闲	
健苗、壮秆、防倒伏	壮秆促穗，扩容增粒，防旱防干热风	保叶增粒，防干旱防早衰防病虫	防早衰、增粒重	及时收获、晾晒 / 烘干储藏	灭茬深翻，纳墒增墒，改良土壤	
①8~10叶期旺苗化控防倒伏；②中耕除草，看苗追肥；③注意抗旱灌溉保墒；④防治病虫害	①大喇叭口期重施穗肥每亩15~20千克尿素，花期酌施粒肥扩容增粒防早衰；②灌水防旱防干热风；③防治病虫害	①预防干旱危害，但灌水要避开大风天气；②注意防治病虫害；③结合防病治虫根外追肥防早衰	①避免大风天气适时灌水防旱防早衰；②预防倒伏；③穗收玉米生理成熟，粒收玉米站秆脱水后适时收获	①植株整体干枯时机械化收获；②及时剥叶晾晒（穗收）或晾晒烘干（粒收）储藏	①收获后及时灭茬，深翻，整地；②接纳冬春季雨雪，增墒改土	
拔节期、小喇叭口期	大喇叭口期、抽雄开花吐丝期	籽粒灌浆期	乳熟、蜡熟、完熟期	完熟 / 收获期	休闲	
促叶、壮秆、促穗	养根保叶，防虫防灾	防倒提质促增产	防早衰、增粒重	争取最高产量，保障籽粒安全降水	灭茬深翻，纳墒增墒	
①追肥：注重氮磷钾协调、配合微肥；②中耕：兼有除草、覆盖化肥的作用；③注意防治玉米螟虫危害，注意预防冷害	①大喇叭口期进行追肥；②化控促根防倒；③注意防治黏虫、螟虫危害；④预防旱灾、涝灾等自然灾害	①追攻粒肥：保持叶片旺盛，以防早衰；②隔行去雄：提高群体通透性，促籽粒更饱满；③防旱，及时灌溉	①预防由病虫害引起的早衰；②预防倒伏，应及时采取人工绑扶等方法扶正；关注和判断熟期，做好收获准备	①适时收获：生理成熟后收获，争取产量最大化；②籽粒降水：收获后及时扒皮晾晒、烘干或合理堆放进行脱水	秋整地：收获后及时秋灭茬，同时起垄进行整地，灭茬深度15厘米以上，保证质量	

五、大豆生产情况及农事月历简表

主要农区	项　目	1月	2月	3月	4月	5月
		小寒　大寒	立春　雨水	惊蛰　春分	清明　谷雨	立夏　小满
黄淮海地区（冀鲁豫为主，约1 250万亩，占10%）	生育动态					播前准备
	田管目标					选择高产多抗性品种
	主要农事					①种子采购入库做好发芽试验；②选择正茬田块，不用线虫病田块
江淮地区（江苏安徽为主，约1 000万亩，占8%）	生育动态					播前准备
	田管目标					选择高产多抗品种
	主要农事					①种子做好发芽试验；②选择正茬田块，不用线虫病田块
江南华南地区（鄂赣湘桂粤闽，约800多万亩，占7%）	生育动态		春大豆设施栽培	播种出苗期	苗期、分枝期	开花、结荚、鼓粒期
	田管目标		早苗齐苗	苗全、苗匀、苗壮	壮苗多分枝	保花保荚
	主要农事		①春毛豆保护地播种；②覆盖地膜；③用好基肥；④调节控制好大棚温度	①春毛豆保护地播种；②覆盖地膜；③用好基肥；④注意控制好大棚温度	①大田毛豆4月初播种；②每亩基施30千克复合肥；③浇水播种争全苗	①干旱时及时灌水；②促花肥使用；③防治蚜虫、蓟马、飞虱，减少病毒病
西南地区（川贵云渝为主，约1 250万亩，占10%）	生育动态			春大豆播前准备	播种出苗期	苗期、分枝期
	田管目标			选择高产优质多抗性品种	苗早苗壮、苗全、苗匀	促进多分枝和花芽分化
	主要农事			选择正茬地，减少土传病害	①4月初播种；②亩用种5千克；③亩基施40千克复合肥；④搞好田间水系配套	①杂草3叶期，单、双子叶除草剂混合使用；②抗旱排涝；③防治蚜虫、蛴象、飞虱
西北地区（陕甘新为主，约800多万亩，占7%）	生育动态				播前准备	播种出苗期
	田管目标				选择高产优质品种，做好作物布局	早苗、齐苗、匀苗、壮苗
	主要农事				①选用高产优质多抗性品种；②选用无灰斑病、线虫病田块	①5月中下旬播种，亩用种5千克；②带水播种保全苗；③亩施基肥40千克复合肥
东北地区（黑蒙吉辽，7 000万亩以上，占57%）					播前准备	播种出苗期
					选择高产优质品种	早苗、全苗、壮苗
					①选用正茬地，减少灰斑病；②及时准备播种材料；③检验种子质量	①5月中旬播种，亩用种5千克；②亩施基肥有机肥200千克、复合肥40千克；③封闭杀草

本表参编人员　龚振平　陈　新　顾和平　王龙俊

6月	7月	8月	9月	10月	11月	12月
芒种　夏至	小暑　大暑	立秋　处暑	白露　秋分	寒露　霜降	立冬　小雪	大雪　冬至
播种出苗期	分枝期、花芽分化	开花结荚期	鼓粒、成熟期	成熟收获期	仓储待销	
苗全、苗匀、苗壮	促分枝和花芽分化	减少花荚脱粒	促鼓粒，增加百粒重	提高收获质量	保证大豆籽粒商品质量	
①麦收后保水板茬播种，亩播量5千克；②播后灌水促全苗；③亩施基肥40千克	①单双子叶杂草同时化除；②干旱时灌水；③防治蚜虫、飞虱、蓟马、点蜂缘蝽和蝽象	①亩追肥10千克尿素；②抗旱排涝；③防治豆荚螟；④防治点蜂缘蝽和食叶性害虫	①干旱时下午和晚上灌水；②根外追肥；③防治食叶昆虫；④准备收获机械	①种子田去杂后再收获；②商品大豆收获前用脱叶剂喷雾；③收获后及时清理晒干	①仓库应该防水防潮防火；②农具清理入库	
播种出苗期	分枝期、花芽分化	开花结荚期	鼓粒、成熟期	成熟收获期	仓储待销	
苗全苗齐苗壮	促分枝和花芽分化	减少花荚脱粒	促鼓粒，增加百粒重	提高收获质量	保证大豆籽粒商品质量	
①小麦油菜收获后6月中旬播种；②亩播种5千克；③亩施基肥40千克复合肥；④播种及时灌水	①杂草3叶期单双子叶杀草剂混合用；②干旱时晚上灌水；③防治病虫害	①干旱时晚上灌水；②亩用尿素8千克；③防治食心虫、食叶害虫、点蜂缘蝽	①根外追肥；②防治食叶害虫；③及时抗旱；④准备收获机械	①种子田去杂再收获；②商品大豆收获前7天使用脱叶剂；③收获后及时清理干燥	①仓库要通风做到4防；②农机具及时清理维修入库	
春大豆鼓粒、成熟期，夏大豆播种期	出苗期、分枝期	开花结荚期	鼓粒期	成熟收获期	仓储待销	
促鼓粒，增加百粒重	苗全、苗壮	保花、保荚	提高粒重，保证品质	提高收获质量	保证仓储质量	
①防治豆荚螟；②干旱时及时灌水；③叶面追肥；④拔除大草；夏大豆播种	①防治蚜虫、蝽象；②杂草化除；③间苗；④搞好田间水系	①遇干旱及时灌水；②防治豆荚螟和食叶害虫；③用好促花肥；④拔除田间大草	①注意防治食叶害虫；②根外追肥；③干旱时及时浇水	①种子田要割倒晒干后脱粒；②商品大豆收获前使用脱叶剂；③及时晒干分级包装	①经常检查仓库，防虫防潮防火；②消灭仓储害虫；③清理保养农机具	
开花结荚期	鼓粒期	春大豆鼓粒、成熟期，秋大豆播种期	秋大豆苗期	分枝期、花芽分化	开花结荚、鼓粒期	成熟收获期
保花、保荚	促鼓粒，增加百粒重	促鼓粒，增加百粒重	促进全苗壮苗	促进多分枝	保荚提高粒重	提高收获质量
①抗旱排涝；②根外追肥；③防治豆荚螟、食叶害虫；④拔除田间大草；⑤使用矮壮素	①防治食叶害虫；②及时抗旱；③防治田间锈病	①准备收获机械；②收获前一周使用脱叶剂；③种子田大豆成熟后割倒晒干后再脱粒；④秋季大豆播种	①抗旱排涝；②单双子叶杂草同时化除；③使用苗肥每亩20千克复合肥	①化学除草；②防治蚜虫、蝽象、飞虱等；③使用矮壮素；④抗旱排涝	①根外追肥；②防治食叶昆虫；③防治锈病	①收获前一周使用脱叶剂；②种子田大豆割倒晒干后脱粒；③商品大豆收获后及时清理晒干，不能连秆闷场
苗期、分枝期	开花期	结荚期	鼓粒、成熟初	成熟收获期	仓储待销	
促进分枝和花芽分化	保花、保荚	促进多结荚	促鼓粒，增加百粒重	保证收获质量	保证仓储质量	
①单双子叶草同时化除；②防治蚜虫、蝽象、飞虱，控制病毒病；③抗旱排涝	①使用矮壮素塑造株型；②干旱时及时浇水；③检查田间菟丝子	①根外追肥；②抗旱排涝；③防治食心虫、点蜂缘蝽和食叶性昆虫	①抗旱排涝；②防治食叶昆虫；③拔除田间大草；④准备收获机械	①种子田单独收获；②商品豆收前一周使用脱叶剂；③商品豆收获后立即清理干燥	①仓库做到4防；②消灭仓储害虫；③完善商品出入库手续	
苗期、分枝期	开花期	结荚期	鼓粒、成熟初期	成熟收获期	仓储待销	
促进分枝和花芽分化	保花保荚	促进多结荚	促鼓粒，增加百粒重	收获	保证仓储质量	
①单双子叶同时茎叶处理；②防治蚜虫、蝽象、飞虱；③防治纹枯病、灰斑病	①使用矮壮素控株型；②干旱时及时浇水；③检查田间菟丝子	①根外追肥；②抗旱排涝；③防治豆荚螟和点蜂缘蝽；③防治食叶昆虫	①抗旱排涝；②防治豆荚螟、食叶害虫；③准备收获机械	①收获前一周使用脱叶剂；②种子田单独收获；③商品豆收获后立即清理干燥	①仓库做到4防；②经常检查仓库动态；③做好库内商品出入库审批手续	

六、马铃薯、甘薯主产区生产情况及农事月历简表

主要农区	项 目	1月 小寒 大寒	2月 立春 雨水	3月 惊蛰 春分	4月 清明 谷雨	5月 立夏 小满
黄淮海（北方）甘薯区（冀鲁豫晋陕及苏皖北部，约450万亩，占13%）	生育动态		贮藏后期、温床育苗	育苗期	育苗期、春薯栽插期	春薯栽插期
	田管目标		薯块安全贮藏越冬	培育健康种苗	培育壮苗；移栽保苗成活	移栽保苗、促苗早发
	主要农事		①贮藏库巡查；②贮藏温度10~13℃，相对湿度约85%；③适当通风；④加热温床育苗	①苗床翻整施肥做畦；②选健康种薯块消毒后排种；③床温和水分管理；④温床苗繁苗	①通风炼苗；②剪苗后追肥浇水；③栽插采苗圃繁苗；④春薯整地、施肥、起垄、覆膜栽插	①整地、施肥、起垄、覆膜栽培；②露地选晴天栽插；③栽后及时查苗补苗；④防治病虫草害
长江中下游甘薯区（湘鄂赣及苏皖南部，约700万亩，占20%）	生育动态		贮藏后期	排种与出苗前期	育苗期	大田栽插返苗期
	田管目标		薯块安全贮藏越冬	增温足水早出苗、全苗	控温控湿育壮苗	抢早定植保全苗
	主要农事		①贮藏库巡查；②贮藏温度10~12℃，相对湿度约85%；③注意通风换气防缺氧	①抢晴排种；②排种前用多菌灵浸泡消毒；③高温催芽，平温长苗	①防治病虫害；②剔除病（毒）苗；③及时揭膜炼苗育壮苗；④采苗扩繁，及时追肥	①机械起垄；②地膜覆盖；③合理密度；④浇定根水保全苗；⑤提倡水肥一体化
江南华南马铃薯区（鄂湘粤桂闽赣，约730万亩，占10%）	生育动态	冬薯发棵/结薯/膨大期，中北部春薯播种出苗期	冬薯膨大/淀粉积累期，春薯苗期/发棵期	冬薯积累/成熟/收获期，春薯结薯/膨大期	春薯膨大/淀粉积累/成熟/收获期	
	田管目标	防低温霜冻防病虫	防春季低温阴雨，防旱防病	冬薯及时采收，春薯防倒春寒	防倒春寒、阴雨寡照	
	主要农事	①每亩冬薯追氮15~20公斤尿素，培土；②春薯地膜覆盖、苗期叶面追肥，防低温霜冻；③防青枯、黑胫病等	①冬薯培土、叶面追肥，排水降湿；②春薯齐苗后培土，搞好抗旱排水防霜冻；③防早疫病、疮痂病等	①冬薯排水防渍，2月下旬起晴日及时收获；②春薯培土除草、追肥；③防治病虫害	①春薯培土除草、叶面追肥、排水防渍；②4月下旬起晴日及时收获	
华南甘薯区（粤桂湘闽等，约1 000万亩，占28%）	生育动态	秋薯收获，北部冬薯分枝结薯期	秋薯收获，北部冬薯分枝结薯期，南部夏薯育苗期	晚秋薯收获期，北部冬薯薯蔓并长，南部夏薯育苗期	北部冬薯薯蔓并长，南部夏薯种苗扩繁	北部冬薯收获期，秋薯薯块育苗期，南部夏薯扩繁
	田管目标	秋薯及时收获，冬薯安全越冬	秋薯及时收获，冬薯安全越冬，夏薯备耕	秋薯及时收获，冬薯促根护叶，夏薯适时排种	冬薯促根护叶及时收，夏薯培育壮苗适时栽	冬薯及时收获，秋薯及时排种，夏薯适时栽插
	主要农事	①秋薯栽后≥120天可晴天收获，减少损伤，根据市场或天气分批收获；②冬薯灌水，弱苗追平衡肥，防治蚜虫、螨类等	①秋薯晴天及时收获，根据市场或天气分批收贮；②冬薯弱苗补施平衡肥，防治蚜虫；③夏薯备耕	①晚秋薯及时收获；②冬薯清沟排渍，防治病虫草，追施钾肥；③夏薯选疏松沙壤土整地起垄，种薯消毒后排种，淋水盖土防病虫草	①冬薯清沟排渍，防治病虫草，追施钾肥，及时收早冬薯；②夏薯清沟排渍，及时采苗假植扩繁，防治病虫草，追肥	①冬薯清沟排渍，防病虫草，叶面追肥防早衰，追钾肥，及时收获；②秋薯及时排种；③夏薯抢整地，治病虫，消毒后假植保成活
西南马铃薯区（云贵川渝为主，约3 300万亩，占45%）	生育动态	冬薯苗期/发棵/封垄	春薯播种出苗，冬薯发棵—结薯期	春薯播种出苗期，冬薯结薯/蕾花/膨大/积累期	春薯苗期—结薯期，冬薯成熟收获期	春薯结薯、膨大、积累期
	田管目标	防冻（霜冻）保苗	防冻防旱，肥水促长	防旱防寒，精管促长	防旱防寒防病虫害	提苗封行，控病防旱
	主要农事	①秋薯收获扫尾，早春（小春）薯［低山平坝区］播种；②冬薯中耕培土，视苗追提苗肥，覆膜保温保湿，烟熏保温等	①土温≥10℃为春薯适播期，早春薯幼苗期，晚春（大春）薯［二半山区］播种；②冬薯灌水、看苗追肥、除草	①冬薯旱灌，防控晚疫病；②高山区春薯始播，春薯齐苗时首次中耕培土清沟除草、追提苗肥、浇水；③防控牲畜野猪等	①冬薯叶黄即收挖；②高山区春薯播种，春薯现蕾时第2次清沟培土中耕除草，追肥浇水；③防控牲畜野猪、早晚疫病，拔除中心病株	①初花期（封行前）第3次清沟培土中耕除草；②视苗追肥浇水，注意排涝；③加强早晚疫病防控，拔除中心病株
西南甘薯区（云贵川渝为主，约1 650万亩，占48%）	生育动态	贮藏中期	贮藏后期	排种与出苗前期	出苗中后期	大田栽插返苗期
	田管目标		安全越冬、可提前排种	培育足苗、壮苗	培育壮苗、提高繁殖倍数	适时早栽，保全苗
	主要农事		①贮藏库巡查；贮温10~12℃，相对湿度约85%；②注意通风换气；③设施增温可提前排种	①窖室通气防窒息；②苗床足肥，增（保）温促早苗防烧苗；③薯苗20厘米后转入炼苗繁苗	①出苗80%后晴天松土除草补水，剔除病（毒）苗；②疏苗促壮、采苗扩繁，及时追肥、补水	①晴天翻地、耙细、施底肥与起垄；②适时移栽；③防治病虫草害
西北马铃薯区（陕甘宁青为主约1 900万亩，占26%）	生育动态		▲ 注：本区域南部有少许冬马铃薯，一般12月播种，次年4月收获，可参照西南地区		春薯播种/发芽期	苗期/团棵—发棵期
	田管目标				防干旱防低温冻害	查苗补苗，防干旱
	主要农事				①10厘米地温稳定≥5℃适期播种；②防持续低温干旱，采用地膜覆盖	①缺苗地块及时补种或移栽；②破损地膜用细土盖严防大风揭膜；③施提苗肥；④除草
东北甘薯区（辽宁为主，约50万亩，占1.5%）	生育动态		播种育苗		栽插返青期至分枝结薯期	
	田管目标		培育壮苗		返青快，扎根早，成活率高	
	主要农事		①选良种，做苗床；②催芽；③防低温；④看苗追肥；⑤除草		①选肥力好土层厚的沙性壤土；②施基肥，深耕起垄；③防旱；④中耕除草，合理密植，查苗补缺	

本表参编人员　马代夫　杨晓光　熊春蓉　岳　云　卢学兰　徐世宏　王龙俊

6月 芒种　夏至	7月 小暑　大暑	8月 立秋　处暑	9月 白露　秋分	10月 寒露　霜降	11月 立冬　小雪	12月 大雪　冬至
夏薯栽插期	薯块薯蔓并长期	块根膨大期	块根膨大后期	收获期	贮藏期	注：本区域约500万亩马铃薯（占7%）农事历可参照东北西北地区，但播种期和生育期要提前约1个月 ▼
春薯促封垄，夏薯抢时早栽，中耕除草	防茎叶旺长，促块根膨大，防旱降渍	防茎叶旺长，促块根膨大，防旱降渍	防茎叶早衰，防病虫害	及时收获、安全贮藏	安全贮藏越冬	
①春薯遇旱及时浇水；②夏薯抢时早栽，合理密植；③防治病虫草害	①地上部化控防徒长；②防旱排涝；③喷药防治飞虱、蚜虫和鳞翅目幼虫；④中耕除草	①化控防茎叶徒长；②排水降渍；③防治飞虱、蚜虫和鳞翅目幼虫	①喷施叶面肥；②早衰田适当追施氮肥；③防治飞虱、蚜虫和鳞翅目幼虫；④遇旱轻浇	①霜降前收获；②薯窖清理消毒；③剔除病坏伤薯块；④入窖防破皮损伤，快速降温散湿	①贮藏温度保持在10~13℃，相对湿度保持在80%~90%；②适当通风	
发根分枝结薯期	蔓薯并长期	薯块盛长期	薯块盛长期	收获期	贮藏前期	注：本区域马铃薯较少，约100万亩（占1.5%）农事历可参照江南华南地区，但播种期和生育期要推迟10~20天 ▼
中耕松土促早发	病虫严控群体佳	补肥补水忌过旺	叶面施肥防早衰	霜前收获早入库	无病无损愈合好	
①及时中耕除草；②病虫早防早治；③看苗施肥	①防旱防涝；②补弱控旺；③追施钾肥；④防虫保叶	①沟施“膨大肥”，喷施叶面肥；②化学控旺	①注意防旱；②及时排涝；③防早衰	①霜前收获；②剔除病坏伤薯块，防破皮损伤；③入窖后高温愈合，快速降温散湿	①贮藏库消毒灭菌，入窖后降温宜10~13℃；②中期巡查，温控10~12℃，相对湿度85%左右	
			中北部秋薯播种出苗期	秋薯发棵/结薯/膨大期，南部冬薯播种/发芽期	秋薯膨大/积累期，冬薯播种出苗/发棵期	秋薯积累/成熟/收获期，冬薯发棵/结薯/膨大期
			防旱防湿涝	防旱防湿涝	防旱防湿涝防低温	秋薯及时采收，冬薯防病防霜冻旱
			①北部高寒山区要采用适宜方式播种；②亩施腐熟农家肥1~1.5吨及50千克复合肥；③覆膜保温保湿，烟熏	①种薯消毒，切块，催芽；②整地起垄宽窄行种植或免耕稻草覆盖；③施足基肥，保持土壤湿润	①秋薯促根壮苗，亩追10千克尿素；②冬薯灌水保湿、防旱死芽；③培土除草，追肥，覆盖防霜冻，防早疫病	①冬薯中耕培土、追肥水以促长；②发棵期后亩追15~20千克尿素；③防晚疫病，覆盖防霜冻；④北部春薯备播
北部冬薯收获期，秋薯种苗扩繁，南部夏薯扩繁	秋薯育苗期栽插期，南部夏薯薯蔓并长	秋薯发根缓苗栽插，南部夏薯收获期	秋薯分枝结薯期，南部夏薯收获期	北部冬薯栽插期，秋薯薯蔓并长期	北部冬薯栽插期，秋薯薯蔓并长膨大期	北部冬薯分枝结薯期，秋薯膨大收获期
冬薯及时收获，秋薯育壮苗，夏薯扩繁壮苗	秋薯培育壮苗及时插，夏薯促根护叶适时收	秋薯及时栽插保全苗，夏薯适时收获	秋薯栽插育壮苗促长结薯，夏薯及时收贮	冬薯全苗壮苗早结薯，秋薯促根护叶促膨大	冬薯保全苗育壮苗，秋薯茎叶青绿促膨大	冬薯育壮苗安全过冬，秋薯及时收获
①冬薯清沟排渍，防治病虫草害，适时收获；②秋薯及时假植扩繁，追施平衡肥；③夏薯抢时整地与种植，施壮苗肥，防治病虫草害	①冬薯清沟排渍防病虫草害，适时收获；②秋薯确定栽插期、密度和施肥量，假植扩繁，追施平衡肥，灌定根水；③夏薯及时收获	①秋薯清沟排渍，及时灌定根水，及时栽插、施肥、打药，防治斜纹夜蛾、疮痂病等；②夏薯及时收获	①秋薯及时灌水，追施平衡肥，化学除草，及时栽插、施肥，防治病虫害；②夏薯及时收获、贮藏	①冬薯确定栽插期、密度和施肥量；②秋薯及时抗旱排涝降渍，遇肥力不足喷施叶面肥，防治病虫鼠害	①冬薯分批栽插、注意密度和施肥量；②秋薯及时抗旱排涝降渍，看苗施肥防早衰，收获前15天停止灌水，防治病虫鼠害，及时收获	①冬薯盖草浇水防寒；②秋薯旱灌涝排巧施肥，防治病虫草害，根据市场或天气，选晴天分批收获上市或贮藏
春薯膨大、积累、收获期	春薯膨大、积累、收获期，秋薯始播	春薯膨大、积累、收获期，秋薯播种 — 幼苗期	春薯成熟收获期，秋薯播种 — 苗期	春薯收获扫尾，秋薯发棵 — 结薯期，冬薯始播	秋薯膨大、积累、收获期，冬薯播种出苗期	秋薯膨大、积累、收获期，冬薯播种出苗期
防涝防病，及时采收	防涝防病，及时采收	春薯及时收获，秋薯及时抢播	春薯收获翻捡，秋薯打破休眠、及时早播	防病防腐，防湿排涝	不失时机抓田管、抢冬种，及时收	防寒抗冻
①因苗田管，注意清沟排水；②防控晚疫病，拔除中心病株；③早春薯根据市场和田间情况，晴日及时收获（先割秧）	①高山高原区晚春薯加强田间管理（同前），及时清沟排水、防控晚疫病；②丘陵低山区晚春薯收获；③部分山区秋薯中下旬播种	①高原区春薯加强田管、排水和防控晚疫病，晴日及时收获；②低山区秋薯播种：间套垄作，带芽脱毒，抢种增密、肥水足，防湿涝	①春薯及时收获，常翻捡，剔除烂薯防腐；②低山区和平坝区早播秋薯破休眠，覆膜种植，“底肥一道清”；③注意排秋涝，防“秋老虎”	①春薯收获销售、贮藏；②秋薯查苗补缺，中耕除草培土，看苗追肥，及时防控晚疫病，防湿排涝；③早冬薯下旬播种	①秋薯加强田管，防湿排涝，防控晚疫病；②冬薯间套垄作，带芽密播，覆膜足肥保全苗；③早秋马铃薯下旬采收	①秋薯收获期，根据市场情况及时采收；②冬薯覆膜播种、查苗补缺，苗后培土覆盖、加强肥水；③种薯贮藏防冻害
分枝生长期	封垄结薯初期	块根膨大期	块根膨大盛期	落黄期	收获期与贮藏前期	▲ 注：本区域南部的秋冬种甘薯，可参照华南薯区
及时栽插、促根分化成薯	及早封垄	蔓薯并长	控制藤蔓旺长	防止藤蔓早衰、种薯收挖	及时收获与加工	
①小春收后及时栽插；②栽后约15天中耕、除草、培土；③防旱降渍；④防治病虫草害	①封垄前中耕、除草与培土；②防旱降渍；③注意防治地老虎、蚁象等地下害虫	①连晴高温注意抗旱；②暴雨天气注意排水防涝；③及时除草	①连晴高温注意抗旱；②雨天注意排水防涝；③注意斜纹夜蛾等地上虫害防治	①看蔓根外追肥防早衰；②防治斜纹夜蛾等地上虫害；③霜降前收挖并及时入库	①及早淀粉加工；②种薯及时高温伤口愈合、种薯库降温排湿；③贮藏同其他薯区	
结薯期/现蕾期	薯块膨大/植株开花期	膨大期/淀粉积累期	积累/表皮木栓化/收获期	收获期		注：本区域约50万亩甘薯（占1.5%）农事历可参照东北地区 ▼
防干旱防病虫害	防干旱防晚疫病	防旱防涝防衰防病虫	采收，薯块干燥	晚熟品种收获贮藏		
①中耕除草；②防早疫病防虫害；③中期追肥	①注意抗旱；②培土除草；③防晚疫病及虫害；④后期追肥	①注意抗旱；②病虫害防治；③追肥防衰，喷调节剂控茎叶徒长；④中早熟品种收获	①提前10~15天杀秧，选择晴日及时收获；②收获存放，通风、排湿	①提前10~15天杀秧，晴日及时收获；②收获存放，通风、排湿。③做好防冻工作		
分枝结薯期与茎叶盛长期	茎叶盛长期与薯块膨大期	薯块迅速膨大期	茎叶渐衰与采挖期			▲ 注：本区域约800万亩马铃薯（占11%）农事历可参照西北地区
控蔓、促分枝、促块茎膨大	地上地下平衡生长，促块茎膨大	促块茎膨大	提质、增产、增效			
①排涝降湿，防旱；②摘顶芽，除杂草；③防病虫害，看苗追施促薯肥	①排涝降湿，防旱；②控旺长，除杂草；③防病虫害	①排涝降湿，防旱；②看苗施氮肥防早衰；③多用钾肥长薯块、提升薯块品质	①防早衰；②适时收挖，轻刨、轻装、轻运、轻放；③防霜冻、防过夜、防病害			

七、小宗粮豆主产区生产情况及农事月历简表

主要农区	项目	1月 小寒 大寒	2月 立春 雨水	3月 惊蛰 春分	4月 清明 谷雨	5月 立夏 小满
黄淮海地区（糜子）	生育动态			 		播种期
	田管目标					提高播种质量
	主要农事					①深耕翻、耙耱镇压；②播前精细整地；③适施底肥；④晒种2~3天；⑤播前拌种
黄淮海地区（小豆，绿豆）	生育动态			 		播种期
	田管目标					提高播种质量，根据地温及时播种
	主要农事					①浅耕，镇压；②精细整地；③重施底肥；④5厘米地温稳定通过约12 ℃时播种；⑤适期早播，播前晒种拌种。
江淮地区（大麦）	生育动态	越冬/分蘖期	返青期	拔节、孕穗期	抽穗、籽粒形成期	灌浆、收获期
	田管目标	安全越冬，防冻	防涝渍	合理促控，防病	壮秆大穗防病虫	养根护叶防热旱
	主要农事	①清沟墒；②增施有机肥；③采取秸秆或土杂肥覆盖等措施防冻	重视清沟理墒	①普施重施拔节肥；②拔节初期大剂量泼浇，防治纹枯病	防治穗期病虫害，“一喷三防”	灌浆期叶面喷肥或生化制剂等防高热早衰、逼熟
江淮地区（蚕豆，豌豆）	生育动态	分枝伸长期	现蕾期	现蕾期、始花期	开花期、结荚期	鼓粒期、成熟收获期
	田管目标	防冻	防湿（渍）害	施肥防病	防病虫害	防高热早衰
	主要农事	清沟墒、增施有机肥，采取秸秆或土杂肥覆盖等措施防冻	①重视清沟理墒；②豌豆苗高约20厘米时，可隔7~10天采收1次豌豆苗作蔬菜用	①剪茎去枝，初花期施肥除草，防治赤斑病；②第2次分枝高峰后可收获为青贮饲料或绿肥还田	①花期按需喷药防病虫害；②结荚期于晴天中午摘除顶端嫩梢以抑制营养生长	①荚果充分膨大、籽粒渐圆或饱满后及时采摘做鲜食蚕豆豌豆；②完熟期及时收获干籽
江南华南地区（豌豆，蚕豆）	生育动态	开花—结荚期	结荚—终花期	鲜食品种成熟期	鲜食品种收获期	干籽粒类型收获期
	田管目标	保持土壤湿润，适当施肥	增荚增收，及时防治各类病虫害	确定采收始期，鲜荚类型可先采收	分期采收	保产保收
	主要农事	①开花结荚期，气温尚高，遇干旱还需浇水，但不宜过多；②花荚期叶面喷施磷酸二氢钾或硼酸液各1次	①遇旱浇水，多雨要注意排水防涝；②要及时防治蚕豆赤斑病和霜霉病、病毒病等主要病害	①植株茎叶和荚果转黄；②鲜荚收获类型遇多雨天气可按成熟情况先熟先收	①部分晚熟鲜食品种进入采收期；②先鼓包先采收，宜在晨露未干收运，以保持良好品质	①可用小型收获机械或人工及时采收；②采收后及时脱粒并进行晾晒，以防品质下降
西南地区（豌豆）	生育动态	 		播前准备	播种期	出苗期
	田管目标			虫鼠害防治	播种保苗	合理施肥促壮苗
	主要农事			①播前用高效低毒杀虫剂土壤处理或拌种；②在潜叶蝇危害初期即叶片出现白色虫道时用高效低毒杀虫剂进行防治	①播深6~8厘米，行距20~25厘米，株距5~6厘米；②覆土厚度一致，播后及时镇压，保全苗、壮苗、齐苗	施足底肥，根据苗情注重追肥和根外追肥（叶面肥）
西北地区（青稞）	生育动态			播前准备	播种期	出苗期、三叶期
	田管目标			选种、种子处理	精量播种施肥 提高播种质量	查苗补苗保全苗
	主要农事			选用品质好、产量高、适应性强、抗病虫抗灾良种	①因地制宜，合理确定播种量；②合理施肥，保证种植质量	重用基肥、用好种肥、早施苗肥
西北地区（谷子）	生育动态		 		播前准备	播种期
	田管目标				种子处理	间苗定苗
	主要农事				①播前3天晒种以提高活力；②包衣或药剂拌种以防病虫害。	①采用搂播的种植方式；②播后镇压，促进生长
东北地区（小豆，绿豆）	生育动态				播前准备	播种期
	田管目标				选良种，选好地、忌重茬，精整地	适时播种，提高播种质量
	主要农事				①忌重茬和迎茬，2~3年轮作；②秋季深翻；③春季及时耙、耢、拖平，播前起垄	①合理密植加强水肥；②条播，穴播，撒播；③基肥为主，重施磷肥和农家肥，巧施氮肥，增施微肥；④镇压

本表参编人员　刘布春　陈　新　王龙俊

6月	7月	8月	9月	10月	11月	12月
芒种　夏至	小暑　大暑	立秋　处暑	白露　秋分	寒露　霜降	立冬　小雪	大雪　冬至
苗期	**拔节、孕穗期**	**抽穗、花期**	**灌浆、成熟**			
齐苗、壮苗	壮秆	促穗	保产保质			
①间苗，定苗，压青苗；②出苗前及时疏松表土；③及时补种；④及早间苗；⑤留足苗量；⑥齐苗首次中耕不宜灌溉	①拔节浇头遍水，水分不宜过大；②中耕除草培土；③随水追肥；④拔节后彻底进行清垄	①中耕，抽穗期需水较多；②虫害防治、抽穗前中耕；③适当浅锄；④根外追肥	①蜡熟末期收获最好；②及时打场、脱粒、晒干和扬净入库			
苗期	**花期—结荚期**	**结荚期—鼓粒期**	**成熟收获期**			
齐苗、壮苗，中耕除草	及时防病，施促花肥	根外追肥，保产增产	及时脱粒，保产、保质			
①间苗，中耕；②苗前土壤封闭处理；③早定苗；④及时间苗、铲趟、松土；⑤苗出齐后，第1次中耕除草	①灌水施肥；②喷雾防治病虫害；③现蕾初期追肥；④初花期叶面喷雾；⑤花后期适时打顶	①灌水施肥；②鼓粒期以根外喷肥为主；③脱肥地块叶面喷肥补充养分	①霜前收获；②清晨傍晚采收为主；③收获后及时脱粒、晾干			
归仓交易期				**秋播准备**	**耕整、播种、出苗期**	**分蘖期／越冬期**
丰产丰收				精细整地	高播种质量，一播全苗	壮苗越冬，防冻
①收获晾晒；②规避梅雨，颗粒归仓				①及时收前茬并秸秆还田；②选用良种并包衣或拌种；③准备农资	①适期适墒适量机播；②三沟配套；③播后镇压、化学除草	①清沟理墒，中耕培土，增施有机腊肥等覆盖防冻；②旺苗镇压
归仓交易期				**播种出苗期**	**出苗期**	**幼苗分枝期**
丰产丰收				出苗防冻	播种出苗	防冻
①收获晾晒；②规避梅雨，颗粒归仓				①适期适墒播种，施基肥，防虫除草；②开排水沟，出苗后及时移密补稀查定苗；③培土壅根、防冻护苗	查苗补缺，查肥补肥，查沟补沟，查草化除	①清沟理墒、中耕培土；②壅根防冻、增施有机腊肥等覆盖防冻
			选种和整地	**播种期**	**播种期**	**出苗期**
			种子精选、精细整地及施足基肥	合理密植、灌排、除草及防治病虫害	合理密植、灌排、除草及防治病虫害	中耕松土、追肥
			①精选粒大饱满、整齐无病虫种；②深耕、耙平，宜二犁二耙；③播种起高畦并整平畦面碎土块；④腐熟农家肥加适量磷肥作基肥沟施或穴施	①穴播或播种沟点播；②播深一致；③覆土厚度因种而异；播后压实；④不可浇明水	①矮生早熟品种播量宜多，高茎晚熟和分枝品种宜少；②肥地宜稍稀，瘦地宜稍密；③播深宜在3~7厘米	①齐苗后中耕2~3次；②苗高5~7厘米浇粪尿水，二次中耕进行培土，护根防寒；③干旱需浇水2次，浇水或下雨后应中耕松土
分枝期、孕蕾期	**花荚期**	**鼓粒期—成熟期**	**收获期**		▲ 注：本区域秋播蚕豆农事历可参照江南华南地区	
搭架引蔓促光效	中耕除草促壮根	适时采收减损失	适期收获丰产丰收			
蔓生品种搭架引蔓，以利植株攀附，改善通风透光条件，提高光合效率	在花期、荚期田间拔除杂草，疏松土壤，利于植株生长和根瘤发育	①食嫩荚在幼荚长大但尚未鼓粒时采收；②荚鼓粒饱满，籽粒种脐颜色显黄时即可采收；③食嫩尖在开花前适时采收嫩尖	植株中下部叶片发黄，70%~80%豆荚枯黄，选晴天中午前豆荚略潮时用收割机收获或人工收割			
分蘖期、拔节期	**孕穗、抽穗、开花期**	**灌浆期**	**成熟期**	**收获后**		
肥水管理促壮苗	防病虫促生长	合理施肥促粒数增粒重	适时收获丰产丰收	耙耱保墒		
苗情诊断，酌情补苗松土除草	①合理水肥保生长；②追施拔节孕穗肥；③防倒伏；④防治病虫害	决定粒数和粒重的关键时期，采用喷施方式合理追肥	①籽粒含水量低于21%时收获，并晾晒除杂；②籽粒含水量低于11%时存储	深耕、杂草深埋以提升出苗率，降低病虫害		
出苗期	**拔节期、抽穗期**	**开花期**	**成熟期**			
培育壮苗	保证苗壮生长	防早衰，升质量	适时收获			
①查苗补苗；②松土除草；③施足底肥	①清垄除草；②合理追肥；③中耕培土；④水分控制	①防旱排涝；②防倒伏	①随熟随收；②脱粒晾晒			
出苗—分枝	**分枝—开花**	**开花—结荚—鼓粒**	**鼓粒—成熟—收获**	**播种前准备**		
防涝渍，及时定苗	及时中耕，防倒伏	综合防治病虫害，确保稳产丰收	防涝渍，适时收获保质保产	选良种，选好地、忌重茬、精整地		
①补苗、蹲苗，遇雨排水；②适时早间苗，定苗，初生叶展开间苗，第1对复叶展开时定苗；③中耕除草，及时防治病虫害	①中耕除草2~3次，分枝期深耕第2遍，开花前期即封垄前第3次浅耕，并培土，以增根防倒；②始花追肥	①开花结荚期需水高峰，遇旱应灌水；②结荚期追肥壮秆、抗倒，促进根瘤固氮；③做好病虫害防治	①鼓粒后期需排水；②小豆全株荚果2/3灰黄色、绿豆黑褐色时收获为好，以减少损失	①忌重茬和迎茬，实行2~3年轮作；②秋季深翻；③春季及时耙、耢、拖平，播前起垄		

八、油菜、花生主产区生产情况及农事月历简表

主要农区	项目	1月 小寒 大寒	2月 立春 雨水	3月 惊蛰 春分	4月 清明 谷雨	5月 立夏 小满
黄淮海地区 （花生）（冀鲁豫为主，约3 500万亩，占全国50%以上）	生育动态		注：本区域约500万亩油菜（约占全国5%）农事历可参照江淮地区 ▼		春花生播种期	出苗期、苗期
	田管目标				整地播种	精细播种，保证苗全、齐、匀、壮
	主要农事				①开始进行播前准备；②整地；③晒种剥壳；④播期早的地区4月下旬可根据温度、墒情适时播种	及时打孔放苗，及时进行查苗补种
江淮地区 （油菜）（江苏、安徽为主，约1 000万亩，占全国10%）	生育动态	越冬期	自南向北进入返青、蕾薹期	蕾薹期—开花期	开花期—角果期	成熟、收获期
	田管目标	安全越冬	早发稳长，建合理群体	护叶保花，促枝增角	防渍护根，建高效冠层	适时收获，秸秆还田，安全贮藏
	主要农事	①清沟培土壅兜，三沟畅通、防冻；②弱苗施用腊肥防冻	①保持三沟畅通；②自南向北追施薹肥；③及时摘除早薹（可蔬用）控旺防早花，防冻害；④防除杂草	①保持三沟畅通；②弱苗追施花肥；③结合菌核病防治，用叶面肥防花而不实、防早衰；④防治蚜虫、菜青虫等	①保持三沟畅通；②结合菌核病防治，用叶面肥防花而不实、防早衰；③防治蚜虫等	①及时收获，确保菜籽质量；②籽粒及时干燥降低含水量，安全贮藏；③秸秆粉碎还田
江南中南地区 （油菜）［湖湘鄂赣为主（华南几无油菜），约4 000万亩，占全国40%］	生育动态	越冬期	蕾薹期—初花期	花期	角果期	成熟、收获期
	田管目标	安全越冬	合理促控，壮秆抗倒	防渍防病，个体群体协调	保果增粒，促高产稳产	适时收获，秸秆还田，安全贮藏
	主要农事	①清沟培土壅兜，三沟畅通、防冻；②弱苗用腊肥，抗寒防冻；③旺苗喷烯效唑防早薹早花；④防治蚜虫、菜青虫	①保持三沟畅通；②弱苗追施薹肥；③及时摘除早薹、早花，防冻害；④监测与防治菌核病	①保持三沟畅通；②弱苗追施花肥；③结合菌核病防治，用叶面肥防花而不实、防早衰；④7—10天可重复1次	①保持三沟畅通；②缺肥田块喷施叶面肥，预防高温逼熟，防早衰；③防鸟害等	①及时收获，确保菜籽质量；②籽粒及时干燥降低含水量，安全贮藏；③秸秆粉碎还田
西南地区 （油菜）（云贵川渝为主，约3 500万亩，占全国35%）	生育动态	蕾薹期—初花期	开花期	角果期	成熟、收获期	收获扫尾
	田管目标	合理促控，壮秆防倒	防菌核病、防鸟害	养根护叶，保花保粒	适时收获，秸秆还田，安全贮藏	
	主要农事	①摘薹（可蔬用）控旺防早花；②培土雍根，三沟畅通；③弱苗追施蕾薹肥提苗；④旺苗化控，防治菜青虫、蚜虫等	①保持三沟畅通；②弱苗追施花肥防脱肥早衰；③结合菌核病防治，用叶面肥防花而不实、防早衰；④防蚜虫与鸟害	①保持三沟畅通；②防治蚜虫，防鸟害；③旱区、土壤薄瘠区追施角果肥、浇水	①及时收获，确保菜籽质量；②籽粒及时干燥降低含水量，安全贮藏；③秸秆粉碎还田	
西北地区 （油菜）（陕甘宁青藏，约1 000万亩，占全国10%）	生育动态		▲ 注：本区域（陕、甘）南部冬油菜农事历可参照中南地区		春油菜播种期	苗期
	田管目标				适时播种、苗全苗齐	培育壮苗、增蕾增枝
	主要农事				①包衣或药剂拌种；②施足底肥，适墒播种；③机械播种，确保密度；④播后镇压保墒；⑤适时适量喷灌出苗水	①防治跳甲、地老虎等虫害；②3~5叶期化学防控草害；③及时机械中耕，并抗旱保墒
东北地区 （花生）（辽吉黑为主，约850万亩，占全国12%）	生育动态				春花生备播	播种期
	田管目标				整地，准备种子	精细播种，保证苗全、齐、匀、壮
	主要农事				①开始进行播前准备；②整地；③花生晒种剥壳包衣	及时打孔放苗，及时进行查苗补种

本表参编人员 周广生 冷锁虎 徐冉 陈震 王龙俊

6月	7月	8月	9月	10月	11月	12月
芒种　夏至	小暑　大暑	立秋　处暑	白露　秋分	寒露　霜降	立冬　小雪	大雪　冬至
春花生开花下针期，夏花生播种期	**春花生结荚期，夏花生开花下针期**	**春花生饱果期，夏花生结荚期**	**春花生成熟收获期，夏花生饱果期**	**夏花生成熟收获期**		
春花生促花多针多，夏花生整地播种	春花生促果多，夏花生促花多针多	促果饱防早衰，促果多	促果饱防早衰	夏花生适时收获		
①春花生加强肥水管理，及时防治病虫害；②做好旱灌涝排；③夏花生及时倒茬播种，不晚于6月20日	①春花生培土迎针，控旺促壮，排涝防旱，防病治虫；②夏花生管理同春花生开花下针期	①春花生根外追肥，浇水排涝，防治叶斑病；②夏花生管理同春花生结荚期	①春花生从植株长相和荚果颜色判断收获时间，宜采用两段式收获；②夏花生的管理同春花生饱果期	①夏花生收获管理同春花生收获期；②注意防止霜冻，应在10月上旬收获完毕		
收获扫尾	▲		**秋耕备播**	**播种出苗、育苗期**	**苗前期**	**自北向南进入越冬期**
	注：本区域约1000万亩春、夏播花生（约占全国14%）农事历可参照黄淮海地区		备耕、适时早播	适墒抢播、确保质量	查苗补苗、培育壮苗	抑旺补弱，壮苗越冬
			①整地、灭茬、除草，农资准备；②厢、沟配套；③移栽油菜整理好苗床并及时播种	①包衣或药剂拌种；②施足底肥，由北向南适期适墒早播；③封闭除草；④防治菜青虫等；⑤移栽油菜适期早栽	①保持三沟畅通；②查苗补苗（种）；③抢墒、抢雨及时追施提苗肥；④防除杂草；⑤防治菜青虫、蚜虫等	①清沟培土，三沟畅通；②烯效唑等控旺苗；③施平衡肥提弱苗；④封冻前（日均温≥3℃）浇越冬水防冻
			备耕、播种	**播种出苗、育苗期**	**苗前期**	**苗后（冬前）期**
			备耕、适时早播	适墒抢播、确保质量	追施苗肥、培育壮苗	抑旺补弱，壮苗越冬
			①晒田、灭茬、除草，农资准备；②厢、沟配套；③施足底肥；④适时早播，封闭除草；⑤防治菜青虫等；⑥查苗补苗	①保持三沟畅通；②施足底肥；③抢墒、抢雨、抢时播种，封闭除草；④防治菜青虫等；⑤查苗补苗	①保持三沟畅通；②补苗、定苗；③追施提苗肥，培育壮苗；④防治菜青虫、蚜虫等；⑤冬前化学除草	①清沟培土，三沟畅通；②摘薹或喷施烯效唑等控旺苗；③施平衡肥提弱苗；④防治菜青虫、蚜虫等
			播前准备/播种出苗	**播种出苗、育苗期**	**苗期**	**苗期—抽薹期**
			适时播种、确保质量	适时播种、确保播种质量	促弱控旺，防虫防病，平衡生长	促弱控旺，培育壮苗，安全越冬
			①灭茬、除草；②厢、沟配套；③施足底肥；④适时播种、封闭除草；⑤防治地下害虫；⑥查苗补苗	①灭茬、除草、整地；②厢、沟配套，确保质量；③施足底肥，适时播种；④化学封闭除草；⑤防治地下害虫；⑥查苗补苗	①弱苗追施提苗肥，旺苗喷施烯效唑等；②人工或化学除草；③防治菜青虫、蚜虫；④防治根肿病；⑤适时灌溉	①弱苗追施薹肥，旺苗喷施烯效唑等；②防治菜青虫、蚜虫；③保持三沟畅通，适时灌溉
蕾薹期—初花期	**开花期—角果期**	**成熟、收获期**				
保花保枝、增角增粒	增加粒重、提高油分	适时收获，秸秆还田，安全贮藏		注：本区域约60万亩花生（约占全国1%）农事历可参照东北地区 ▼		
①化学除草；②结合除草防治草地螟、小菜蛾等；③蕾薹期追施尿素；④初花期喷施硼肥和氨基酸、腐殖酸类等叶面肥	①防菌核病、霜霉病；②结合防病喷施叶面肥；③有条件地块，如遇干旱、高温，可适时浇灌	①及时收获，确保菜籽质量；②籽粒及时干燥降低含水量，安全贮藏；③秸秆粉碎还田				
开花下针期	**结荚期**	**饱果期**	**成熟收获期**	▲		
促花多针多	促果多	促果饱防早衰	促果饱防早衰	注：本区域内蒙东部约400万亩春油菜（约占全国4%）农事历可参照西北地区		
①加强肥水管理，及时防治病虫害；②做好旱灌涝排	①培土迎针，控旺促壮；②排涝防旱，防病治虫	根外追肥，浇水排涝，防治叶斑病	9月下旬及时收获			

九、棉花生产情况及农事月历简表

主要农区	项 目	1月 小寒 大寒	2月 立春 雨水	3月 惊蛰 春分	4月 清明 谷雨	5月 立夏 小满
黄淮海棉区 （冀鲁豫晋陕津等省市，2018年棉花产量占全国8.33%）	生育动态	休闲	休闲	播前	播种出苗期或移栽期	直播棉幼苗期，移栽棉苗期
	田管目标	种子与农资准备	确定种子发芽率、制定棉田管理方案	土地准备、移栽育壮苗	防旱防冻适时齐苗	防旱防冻防虫，促根发育、促苗早发
	主要农事	①选用中早熟优质高产抗逆品种；②种子购买贮藏防潮防冻；③选购适用适量化肥、农药、地膜、灌溉设施等	①制订生产计划；②种子贮藏防潮防冻；③农机维修养护；④室内测定种子发芽率，计算播种量	①棉田整地，清理残茬残膜，施有机肥和底化肥；②做好种子处理准备，制营养钵；③棚内保温，浇足底墒，播种培育壮苗	①如受旱播前15~20天浇底墒水后耙耱；②铺地膜滴管；③稳定通过12℃时冷尾暖头播种，气温稳定通过14℃，棉苗2~3片真叶时移栽；④查苗补种，防治地下害虫	①直播棉查苗间苗定苗，移密补缺，地膜早放苗封土；②麦后棉麦收后移栽；③中耕除草，及早防治苗期虫害
长江中下游棉区 （鄂湘皖苏浙赣等省，2018年棉花产量占全国6.88%）	生育动态	休闲	休闲	播前	苗床播种与苗期	育苗后期、大田移栽期
	田管目标	种子与农资准备	确定种子发芽率、制定棉田管理方案	棉田与苗床准备	适时播种培育壮苗	培育壮苗，提高移栽成活率
	主要农事	①选用中晚熟优质高产抗逆品种；②种子购买贮藏防潮防冻；③选购适用适量化肥、农药、地膜、灌溉设施等	①制订生产计划；②种子贮藏防潮防冻；③农机维修养护；④室内测定种子发芽率，计算播种量	①棉田整地，清理残茬残膜，施有机肥和底化肥；②配营养土制钵，苗床化除、消毒，周围清沟排水；③晒种、浸种催芽、播种	①冷尾暖头苗床抢晴播种、覆膜；②齐苗后揭膜，化学防治苗病；③阴雨天盖膜保温防淋；④子叶展平喷洒缩节胺	①钵促根，增施肥水，栽前一周撤膜炼苗；②大田整地施底肥铺膜；③4、5片真叶时带水带肥带药移栽，合理密植；④及时防治病虫害；⑤查苗补栽
西北棉区 （新疆及甘肃河西走廊等，2018年棉花产量占全国84.40%，其中新疆占83.83%）	生育动态	休闲	休闲	播前	播种出苗期	苗期、现蕾初期
	田管目标	种子与农资准备，制定生产计划	播前准备，确定种子发芽率	土地准备，播前准备	防旱防冻适时齐苗	防旱防冻防虫，促根发育、促苗早发
	主要农事	①北疆地区选用早熟品种，南疆地区选用中熟或中早熟优质高产抗逆品种；②种子贮藏防潮防冻；③选购化肥、农药、地膜、灌溉设施等	①制订棉田管理方案；②测定发芽率计算播量；③种子贮藏防虫防潮防冻；④农机维修养护	①清理残茬残膜，解冻后耙耱整地保墒；②未冬灌的浇底墒水；③施除草剂、有机肥、底化肥	①铺地膜和滴灌管；②晒种浸种催芽包衣；③气温、地温稳定通过12~14℃冷尾暖头播种；④查苗放苗及时补种；⑤防治地下害虫	①棉苗1~2片真叶时查苗定苗，移密补缺合理密植，地膜棉早放苗封土；②出苗现行、2叶期和4~5叶期喷缩节胺化控；③中耕除草，弱苗喷提苗肥；④防治蓟马、盲蝽象等苗期病虫害

本表参编人员 游松财 李雪源 郑大玮 潘学标 周治国 王龙俊

6月	7月	8月	9月	10月	11月	12月
芒种　夏至	小暑　大暑	立秋　处暑	白露　秋分	寒露　霜降	立冬　小雪	大雪　冬至
直播棉现蕾期，移栽棉现蕾至初花期	**现蕾后期、花铃前期**	**花铃后期、开始吐絮**	**花铃末期、吐絮初期**	**吐絮后期、开始收获**	**拔秆期**	**农闲**
多现蕾早开花，发棵稳长，控旺促弱	协调营养与生殖生长，少脱落、多结桃	多结桃结大桃，早吐絮，防早衰	防早衰，防贪青，早吐絮。	促吐絮，减少霜后花	收净棉絮，拔秆清理棉田	年度总结，为下年生产做准备
①中耕除草促根由浅到深；②适时揭膜撤走；③遇旱轻浇，瘦地少量追氮肥；④旺长苗化控，整枝打杈；⑤防治虫害	①初花期重施肥；②遇旱浇水、遇涝排水；③中耕培土，月末适时打顶，因苗化控前轻后重；④结合叶面喷肥防治病虫害	①施盖顶肥、微肥防早衰；②雨后清沟、遇旱浇水；③偏旺苗分次化控，打边心或摘晚蕾；④防治棉铃虫等	①雨后排水，除空枝赘芽和老叶防烂铃；②叶面喷肥防早衰；③吐絮集中的棉田及时收获；④贪青晚熟田施乙烯利促吐絮，防治病虫害	①秋霜冻到来前15~20天喷施乙烯利促进吐絮；②裂铃5~6天后及时抢晴采收棉絮；③清除病桃，及时晾晒打包，交售新棉	①收净霜后花分级交售；②收割和处理棉秸，清理棉田残茬残膜，耕翻耙耱；③自留种子处理和贮藏	①当年棉花生产总结和提出改进意见；②制订下年生产资料与良种采购计划；③种子贮藏防虫防鼠防冻防潮
现蕾期至开花期	**现蕾后期、花铃前期**	**花铃后期、开始吐絮**	**花铃末期、吐絮初期**	**吐絮后期、开始收获**	**收获扫尾、拔秆期**	**农闲**
多现蕾早开花，发棵稳长，控旺促弱	协调营养与生殖生长，少脱落、多结桃	多结桃结大桃，早吐絮，防早衰	防早衰，防贪青，早吐絮。	早吐絮，减少霜后花	收净棉絮，清理棉田	年度总结，为下年生产做准备
①查苗补栽，清沟排水；②撤膜，中耕除草促根，培土；③化控、去叶枝；④蕾肥掌握壮苗少施、弱苗多施；⑤防治虫害	①两次追肥先轻后重；②遇旱浇水遇涝排水，中耕培土；③因苗适时化控前轻后重；④结合叶面喷肥防治病虫害	①遇旱浇、雨后排；②盖顶肥、微肥防早衰；③立秋前后打顶、去空枝赘芽，适时化控；④防治病虫害	①雨后排水，除空枝赘芽老叶防烂铃；②叶面喷肥防早衰；③贪青晚熟田施乙烯利促吐絮，防治病虫害	①雨后排水；②早衰田喷叶面肥，晚熟棉田施乙烯利促吐絮；③清除病烂桃，裂铃5~6天后及时抢晴采收；④分摘分晒分存分售	①收净霜后花分级销售；②收割处理棉秸，清理棉田残茬残膜，耕翻耙耱；③自留种子处理和贮藏	①当年棉花生产总结和提出改进意见；②制订下年生产资料与良种采购计划；③种子贮藏防虫防鼠防冻防潮
盛蕾期、初花期	**盛花期、结铃期**	**花铃期、见絮期**	**花铃末期、吐絮期、收获期**	**吐絮末期、收获末期**	**收获后**	**农闲**
多现蕾早开花，发棵稳长，控旺促弱	协调营养与生殖生长，少脱落、多结桃	保铃增重，促弱控旺	防贪青，早吐絮，及时收获。	提高收获质量与进度，减少霜后花	棉田清理造墒	年度总结，为下年生产做准备
①盛蕾期浇头水前揭撤地膜，初花期第2次滴水；②瘦地弱苗追氮钾肥，旺苗控肥水并化控；③多次中耕培土除草促根、由浅到深；④防治蚜虫、黄萎病等	①滴灌少量多次或沟灌两次；②中耕施肥蕾期轻花铃期重；③上中旬视长势打顶，化控两次前轻后重；④结合叶面肥防治黄萎病及棉蓟马、蚜虫和棉铃虫等	①隔5~7天只滴水不滴肥至处暑；②补施盖顶肥叶面磷钾微肥防早衰；③防治棉铃虫、棉叶螨及角斑、炭疽、疫病、僵铃烂铃等；④稀植棉田去群尖，旺长棉田分次化控	①青晚熟田秋霜冻前15天趁暖乙烯利催熟；②回收滴灌带；③机收棉喷脱叶催熟剂（北疆9月上旬、南疆9月10—15日）；④北疆南疆先后开始收获	①清除棉田残膜杂草滴灌带；②人工采摘地边地角，适时机收，清田复采；③分级分晒分存分售；④北疆冬灌耙耱	①收割棉秸，耕翻灭茬耙耱；②南疆冬灌造墒	①当年棉花生产总结和提出改进意见；②制订下年生产资料与良种采购计划；③种子贮藏防虫防鼠防冻防潮

十、苹果、柑橘、蔬菜主产区生产情况及农事月历简表

主要农区	项目	1月 小寒　大寒	2月 立春　雨水	3月 惊蛰　春分	4月 清明　谷雨	5月 立夏　小满
江南 / 华南 / 江淮地区（柑橘）	生育动态	休眠期	花芽分化期	花芽分化、春梢抽生期	春梢抽生、现蕾、开花期	开花、春梢自剪、第1次生理落果期
	管理目标	果园冬季管理	橘园春季管理	维持正常的生长，保证好的萌芽	促进开花和合理的营养生长	树体健康，保证良好坐果
	主要农事 	①防寒防冻、冬旱灌水、下雪后及时摇雪；②进行果园修整，如整修梯面、沟渠、道路；③清园消毒	①松土增温；②修剪橘树，间移、间伐、移栽大树；③继续修理果园沟渠、道路，清理边沟	①施肥，修剪，松土；②施催芽肥；③栽植，间移，间伐，移大树；④育苗，剪砧，解绑，高接换种树锯砧挑膜；⑤防治红黄蜘蛛，疮痂病，粉虱等；⑥清沟抬田，清理边荒；⑦生草；⑧高接换种，靠接换砧	①防治柑橘红黄蜘蛛、疮痂病、粉虱、恶性叶甲、花蕾蛆；②果园种植绿肥；③进行叶面喷肥；④保花 / 疏花；⑤橘园合理间作	①保果 / 疏果；②叶面喷肥；③果园覆盖，预防高温；④防治疮痂病、矢尖蚧、恶性叶甲、卷叶蛾、橘蚜、柑橘大实蝇等
江淮 / 黄淮海地区（设施蔬菜）	生育动态	大棚果菜育苗期，温室果菜结果期	大棚叶菜生育期，温室果菜结果期	大棚果菜定植期，温室果菜采收期	大棚蔬菜采收期，露地蔬菜育苗期	大棚蔬菜采收期，露地蔬菜定植、营养生长期
	田管目标	壮苗、及时采收增收	采收、增产	大棚果菜按时定植，温室果菜及时采收	大棚蔬菜早采收早上市；露地蔬菜育出壮苗。	大棚蔬菜采收增产；露地蔬菜缓苗生长
	主要农事	①大棚果菜育苗夜加温和覆盖保温；②育苗白天防风降湿；③温室果菜栽培夜多层覆盖保温；④昼通风、照光，及时采收	①大棚叶菜及时浇水、施肥；②叶菜及时采收上市；③温室果菜夜多层覆盖保温；④昼通风、照光，及时采收上市	①大棚整地、做垄、铺膜；②及时定植、浇水、保温促缓苗。③温室栽培通风、照光，及时采收；④追肥防止秧苗早衰，延长采果期	①植株管理，促进开花，授粉促果；②浇水、施肥，促果实膨大，及时采收；③苗床通风降湿，防病；④施肥促进壮苗	①大棚蔬菜浇水、施肥；②通风降温、降湿；③植株管理，及时采收；④露地蔬菜整地、做垄、覆膜、定植；⑤缓苗、除草
西北地区（苹果）	生育动态	休眠期	休眠期	萌芽期 / 新梢展叶	新梢抽生 / 现蕾期 / 开花期 / 坐果	幼果期
	管理目标	树干涂白、冬季修剪、清园	树干涂白、冬剪、清园、病虫防控	土壤管理、刻芽、病虫防控、复剪	建园、花果管理、病虫防控	定果、夏剪、病虫防控
	主要农事	①对主干进行涂白，防治日灼和病虫；②按不同树龄、密度和砧木进行冬剪；③冬剪结束后立即清园	①～③同1月，要求本月底前完成冬剪；④刮治腐烂病斑	①追肥；②春灌；③树盘覆盖保墒；④刻芽促枝；⑤萌芽前和萌芽后分别喷一次3~5 Be和0.3~0.5Be石硫合剂；⑥花前复剪	①幼园栽植至4月下旬；②高接换头；③疏花疏果（霜冻疏果）；④保花保果，防控霜冻；⑤病虫防控；⑥行间种草	①花后20天内疏果定果；②夏季修剪，去背上枝，拉枝；③病虫防控，防治早期落叶病、炭疽病、轮纹病和卷叶蛾、叶螨、蚜虫等

本表参编人员　马锋旺　刘继红　郭世荣　陆爱华

6月	7月	8月	9月	10月	11月	12月
芒种　夏至	小暑　大暑	立秋　处暑	白露　秋分	寒露　霜降	立冬　小雪	大雪　冬至
夏梢抽生、第2次生理落果期	夏梢自剪、早秋梢抽生、果实膨大期	秋梢抽生、果实膨大期	果实膨大、花芽生理分化开始期	花芽生理分化、果实成熟期	果实成熟期、花芽分化期	花芽分化、休眠期
保果、抗旱、防病虫、控夏梢	抗旱和高温，保证果实膨大	防抽发晚秋梢	特早熟果实销售，防秋旱	保证果实成色好，果实销售	施还阳肥，清园	施还阳肥，冬季清园
①育苗追肥，除草，摘心，除萌；②控制夏梢生长；③防高温干旱；④疏劣质果、病虫果、粗皮大果；⑤下旬施壮果促梢肥；⑥叶面喷肥；⑦苗圃地治虫，施肥，除草；⑧防治矢尖蚧，锈壁虱，天牛、炭疽病、蚜虫、大实蝇等	①继续施壮果促梢肥；②夏季修剪，重点修剪徒长枝；③防高温干旱；④苗圃地继续施肥，除草，病虫防治；⑤防治锈壁虱，炭疽病，树脂病，矢尖蚧，潜叶蛾，黑刺粉虱，天牛等	①橘园抗旱，果园覆盖保墒；②做好嫁接准备；③防治锈壁虱、矢尖蚧、天牛、吸果夜蛾，炭疽病、树脂病等	①嫁接；②秋季高接换种；③特早熟、早熟柑橘销售；④防治红蜘蛛、黑刺粉虱、柑橘粉虱、吸果夜蛾等	①果实采收、销售；②蜘蛛防治；③摘除、捡拾蛆果处理；④种绿肥	①施用还阳肥；②橘园清理（疏剪枯枝、病虫枝、落花落果枝、衰退结果树枝）；③清理橘园边荒；④防治柑橘红蜘蛛、柑橘大实蝇；⑤继续摘除、捡拾蛆果并深埋处理	①清园消毒，清除枯枝、病果、病叶；②当年核算、总结，建立生产档案；③新建果园开垦、抽槽、平梯、修路；④修整农机具、药械，处理包装物；⑤防寒
大棚蔬菜采收末期，露地蔬菜果实始收期	**大棚蔬菜地消毒修整，露地蔬菜结果盛期**	**大棚秋延后蔬菜育苗期，露地春夏菜采收末期**	**温室越冬蔬菜育苗期，露地秋菜播种期**	**大棚秋延后蔬菜定植期，露地秋菜生长期**	**温室越冬果菜定植期，露地秋菜采收期**	**温室越冬果菜生长期，大棚蔬菜育苗期**
大棚蔬菜延长采收期争取高产；露地蔬菜壮秧、采收	大棚菜地杀菌、消除病虫害；露地蔬菜争高产	苗全、苗壮、不徒长；延长期采收争高产	苗全、苗壮、无病虫、不徒长；露地秋菜保全苗	大棚秋延后蔬菜及时定植；露地秋菜保生长。	温室越冬蔬菜及时定植；露地秋菜及时采收，保稳产	保证温室蔬菜正常生育；大棚蔬菜育出壮苗
①大棚蔬菜施肥保苗，采收果实；②及时拉秧、整地；③露地蔬菜浇水、施肥；④植株管理；⑤及时采收上市	①大棚菜地翻地、施药；②浇水、覆膜、闷棚；③露地蔬菜浇水、施肥；④植株管理；⑤及时采收	①遮阳降温、降湿，施用防虫网防虫；②防秧苗徒长；③露地蔬菜浇水、施肥；④植株管理；⑤抓紧采收上市	①降温、降湿，防病虫害；②肥水管理，防徒长；③露地秋菜整地、施肥、做垄、覆膜；④播种、浇水、保全苗	①大棚整地、做垄、铺膜；②定植、浇水；③注意防高温，促缓苗；④露地秋菜浇水、施肥；⑤植株管理；⑥防治病虫害，除草	①温室整地、做垄、铺膜；②定植、浇水；③注意保温，促缓苗；④露地秋菜施肥保苗延长生长期；⑤及时采收、拉秧	①温室夜加温保温，昼通风降湿；②施肥、浇水；③植株管理，保花、保果；④大棚菜育苗，夜加温保温，昼通风降湿、防病
新梢旺长期	果实膨大期	果实膨大期 / 早熟品种收获期	果实生长后期	晚熟品种收获期	落叶期	休眠期
肥水和树体管理、套袋、病虫防控	夏剪、病虫防控	同七月，早熟品种采收	秋剪、果实管理、病虫防控、施肥、采收	果实管理、病虫防控、施肥、采收	施肥	涂白、冬剪、清园、完善档案
①追肥促果实膨大和花芽分化；②花后30~35天套袋果实，套袋前喷施杀虫杀菌剂；③夏剪促进透光和花芽分化；④病虫防控同5月	①夏季修剪，主要是疏除密闭枝和徒长枝；②病虫防控同5~6月；③生草果园及时刈割	同7月，早熟品种采收后应及时销售	①秋剪，拉枝和改善光照；②套袋果除袋；③铺反光膜增色；④防控枝干病害；⑤秋施基肥；⑥中熟和中晚熟品种及时采收	①~⑤同9月，晚熟品种采收，分级包装入库或者直销	未施用基肥的继续施用基肥	①~③同1月，为避免冻害，修剪伤口尽量小；④上一年生产活动总结

主要参考文献

东篱子,2018. 二十四节气全鉴 [M]. 北京 : 中国纺织出版社 .

段长春,2017. 二十四节气一节一养生 [M]. 南京 : 江苏凤凰科学技术出版社 .

国馆,2018. 图说二十四节气 [M]. 武汉 : 长江文艺出版社 .

矫友田,2018. 二十四节气 [M]. 济南 : 济南出版社 .

邱丙军,2018. 中国人的二十四节气 [M]. 北京 : 化学工业出版社 .

孙颔,沈煜清,石玉林,等,1994. 中国农业自然资源与区域发展 [M]. 南京 : 江苏科学技术出版社 .

王龙俊,陈震,蒋小忠,2015. 黄淮海地区农事旬历指导手册 [M]. 南京 : 江苏凤凰科学技术出版社 .

王龙俊,丁艳锋,郭文善,2016. 东北地区农事旬历指导手册 [M]. 南京 : 江苏凤凰科学技术出版社 .

王龙俊,郭文善,2016. 图说农谚 [M]. 南京:江苏凤凰科学技术出版社 .

王龙俊,丁艳锋,郭文善,姜东,2017. 农事实用旬历手册(第 3 版)[M]. 南京 : 江苏凤凰科学技术出版社 .

王龙俊,丁艳锋,张洁夫,2018. 江南华南地区农事旬历指导手册 [M]. 南京 : 江苏凤凰科学技术出版社 .

王龙俊,姜东,2018. 图说小麦 [M]. 南京 : 江苏凤凰科学技术出版社 .

王龙俊,丁艳锋,郭文善,2019. 西南地区农事旬历指导手册 [M]. 南京 : 江苏凤凰科学技术出版社 .

王龙俊,郭文善,2020. 西北地区农事旬历指导手册 [M]. 南京 : 江苏凤凰科学技术出版社 .

王龙俊,张洁夫,陈震,2020. 图说油菜 [M]. 南京 : 江苏凤凰科学技术出版社 .

王明强,2014. 不可不知的 24 节气常识 [M]. 南京 : 江苏凤凰科学技术出版社 .

中华农业科教基金会,2015. 农诗 300 首 [M]. 北京:中国农业出版社 .

中华农业科教基金会,2016. 农业物种及文化传承 [M]. 北京:中国农业出版社 .

周立三,1993. 中国农业区划的理论与实践 [M]. 合肥 : 中国科学技术大学出版社 .